Bibliografische Information der Deutschen Nationalbibliothek
Die Deutsche Nationalbibliothek verzeichnet diese Publikation in der Deutschen Nationalbibliografie; detaillierte bibliografische Daten sind im Internet über http://dnb.d-nb.de abrufbar.

Die Vorauflagen erschienen unter dem Titel „Geheimnisvolle Pflanzengallen“.

www.quelle-meyer.de

Umschlagabbildungen: Gallen von *Contarinia loti* (oben links), *Diplolepis rosae* (oben rechts), *Euura acutifolia* (unten), *Cynips divisa* (Rückseite oben), Weibchen von *Diplolepis rosae* (Rückseite unten rechts): Roland Spohn; Galle von *Diplolepis rosae* (Rückseite unten links): Heiko Bellmann
Druck und Verarbeitung: Himmer GmbH Druckerei & Verlag, Augsburg
Printed in Germany/Imprimé en Allemagne
ISBN 978-3-494-01752-5

Inhaltsverzeichnis

Vorwort zu „Faszinierende Pflanzengallen“

Mit seinem Buch „Geheimnisvolle Pflanzengallen“ hat Heiko Bellmann vor einigen Jahren eine Lücke gefüllt, die es in der deutschsprachigen Bestimmungsliteratur seit Jahrzehnten gab. Die erste Auflage seines Buches war schon nach wenigen Jahren vergriffen. Mittlerweile ist Heiko Bellmann leider verstorben. So entschied sich der Verlag kurzfristig, die „Geheimnisvollen Pflanzengallen“ mit unverändertem Inhalt als 2. Auflage herauszugeben. Gleichzeitig suchte er nach einem Autor, der das Werk fortführen kann. Da auch wir uns in den vergangenen Jahren viel mit den faszinierenden Pflanzengallen beschäftigt und diese zum Teil in unseren Büchern zu Lebensgemeinschaften auf Pflanzen beschrieben haben, kam Herr Gerhard Stahl vom Quelle & Meyer Verlag auf uns zu, die Neubearbeitung aufzunehmen. Diese Aufgabe haben wir sehr gerne übernommen.
Prinzipiell kann man von verschiedenen Seiten auf das Thema Gallen stoßen: von der Pflanzenseite aus, wenn auf einmal Gebilde an einem Gewächs auftauchen, die sich mit den botanischen Merkmalen nicht vereinbaren lassen. Von der zoologischen Seite aus, wenn bestimmte Insekten oder andere Tiere an einer Pflanze immer zu bestimmten Veränderungen führen und die Tiere nur dort zu finden sind. Oder von der gärtnerischen oder forstwirtschaftlichen Seite aus, wenn Gallbildungen oder die Auslöser der Gallen als nützlich oder – häufiger – als schädlich eingestuft werden.
Wir haben uns die Welt der Gallen insbesondere von der botanischen Seite her erarbeitet. Margot bringt zudem viele Kenntnisse aus dem Bereich der Pilzkunde (Mykologie) mit. So stellen wir in dem vorliegenden Buch auch diese Seite der Gallenkunde ausführlicher dar, als Heiko Bellmann dies tat, und zeigen weitere Beispiele. Auch bei den von Tieren und Bakterien verursachten Gallen haben wir weitere Arten ergänzt. Trotzdem zeigt das Buch nur eine Auswahl des tatsächlichen Gallenspektrums in Mitteleuropa.
Besonders wichtig bei diesem neuen Buch ist es uns – wo immer möglich –, biologische Aspekte zu den Gallenerregern, ihren Interaktionen mit dem Wirt oder weitere ökologische Aspekte darzustellen und so das Verständnis für die teilweise komplizierten Lebensgemeinschaften zu vertiefen. Auch Tipps zum Beobachten haben wir bei einigen Arten ergänzt, um dem Leser nicht nur über Lektüre, sondern direkt in der Natur den Zugang zu diesem Thema zu erleichtern. Hierzu haben wir nicht nur wissenschaftliche Arbeiten ausgewertet und uns mit fremdsprachiger Gallenliteratur beschäftigt, sondern auch viele eigene Beobachtungen einfließen lassen. Das dem Buch angefügte Literaturverzeichnis ist stark gewachsen, deckt aber immer noch nur einen Teil der von uns verwendeten Arbeiten ab. Wo vorhanden, haben wir deutsche Namen der Gallenerreger, der Gallen und der durch sie ausgelösten Krankheiten ergänzt. Bei der Schreibweise der deutschen Tiernamen verwenden wir dabei meistens Bindestriche, da dies aus unserer Sicht die Lesbarkeit der sonst teilweise langen Bezeichnungen erhöht. In der Literatur werden Bindestriche bei den deutschen Namen sehr unterschiedlich verwendet.
Viele der gallbildenden Organismen lassen sich am einfachsten bestimmen, wenn ihre Wirtspflanze bekannt ist. Deshalb haben wir für eine erste Orientierung am Anfang jeder Pflanzengattung auch Fotos ergänzt, die einen Eindruck der Wirte vermitteln. In vielen Fällen wird so selbst jener Leser, der sich mit der Botanik nicht so gut auskennt, auf ein Pflanzenbestimmungsbuch verzichten können.

Margot und Roland Spohn
Engen, im Juli 2018

Vorwort zu „Geheimnisvolle Pflanzengallen“

Gallen sind Bildungen an Pflanzen, die unter dem Einfluss eines Gallerregers entstanden sind. Sie werden daher im Allgemeinen als krankhafte Wucherungen betrachtet, die es zu bekämpfen gilt. Sie stellen – bei etwas anderer Betrachtungsweise – zugleich aber auch Sonderbildungen dar, sozusagen eine eigene Welt von Erscheinungsbildern, die erst durch das Zusammenspiel beider Beteiligten möglich wurde. Das Ergebnis dieses Zusammenspiels sind normalerweise aber nicht etwa undefinierbare Geschwüre, sondern durchaus ästhetische und oft ganz sonderbare Bildungen, die erstaunlicherweise bei gleicher Entstehungsweise einander sehr ähneln. Es ist somit in aller Regel möglich, den Verursacher einer Gallbildung anzusprechen, ohne ihn selbst vor sich zu haben. Bei der Vielzahl bekannter Gallen in Mitteleuropa (von hier sind einige tausend Formen bekannt) erscheint es allerdings zunächst einmal notwendig, eine gewisse Ordnung in die ganze Vielfalt zu bringen. Dies geschieht sinnvollerweise zunächst einmal durch eine Vorsortierung nach den Pflanzengattungen, denn die meisten Gallen finden sich nur an Pflanzen einer ganz bestimmten Gattung, bisweilen sogar nur einer einzigen Art. In einigen Fällen, etwa bei den Doldengewächsen und Kreuzblütlern, erscheint aber eine Sortierung nach den Familien günstiger, da hier die meisten Gallen an Pflanzen verschiedener Gattungen zu finden sind. Die alphabethische Sortierung erfolgte bei diesem Buch jeweils nach den wissenschaftlichen Namen, da diese eindeutiger sind als die deutschen (so haben viele Gattungen mehrere deutsche Namen). Im Zweifelsfall hilft hier das Register weiter. Da damit einer Bestimmung der Gallen auch eine Grobbestimmung der Pflanzen vorauszugehen hat, sollte zusätzlich auch ein Buch für diesen Zweck vorhanden sein. Natürlich können in einem Bildbestimmungsbuch auf engem Raum nicht alle heimischen Pflanzengallen vorgestellt werden. Es wird daher besonders auf die im Literaturverzeichnis angeführten Bestimmungsbücher verwiesen. Standardwerk ist derzeit immer noch das längst vergriffene, zweibändige Werk von Buhr (1964), das über 7000 verschiedene Gallen in einem Bestimmungsschlüssel anführt, aber leider kaum illustriert ist. Sehr empfehlenswert ist das englische Gallenbuch von Redfern & Shirley (2002), das aber wegen seiner Beschränkung auf die Gallen in Großbritannien manche mitteleuropäische Art nicht anführt. Sehr aktuell und gut gemacht ist ferner das Werk von Roskam (2009), wenn auch hier die holländische Sprache für manchen Leser ein Problem darstellen wird. Aktuelle deutschsprachige Bestimmungsbücher sind derzeit leider nicht verfügbar. Daher soll dieses Buch wenigstens teilweise diese Lücke schließen. Vielleicht gelingt es auf diese Weise, der bei uns so lange vernachlässigten Gallenkunde neue Freunde zuzuführen. Diese so reizvolle Wissenschaft hätte es auf jeden Fall verdient.

Ich möchte mich bei vielen Freunden und Kollegen für ihre Hilfe bedanken, ohne die dieses Buch nicht hätte entstehen können. Besonders hervorheben möchte ich Ralf Lauterbach (Boll) und Klaus Hellrigl (Brixen), die mir beim Auffinden vieler spektakulärer Gallen eine große Hilfe waren. Nicht vergessen möchte ich meine Ehefrau Reni, die oft die schönsten Gallen entdeckte, während ich gerade mit dem Fotografieren beschäftigt war. Schließlich bedanke ich mich ganz herzlich beim Leiter des Quelle & Meyer Verlages, Gerhard Stahl, für seine unendliche Geduld mit mir, nachdem sich die Fertigstellung des Manuskripts aus unterschiedlichsten Gründen immer wieder verzögert hatte.

Heiko Bellmann
Lonsee, im September 2011

Was ist eine Pflanzengalle?

Der Artauswahl für dieses Buch liegt eine sehr allgemeine Definition von Pflanzengallen zugrunde:

> Eine Pflanzengalle ist eine abnorme Wachstumsreaktion einer Pflanze unter dem Einfluss eines fremden Organismus. Sie umfasst eine Vergrößerung und/oder eine Vermehrung von Wirtszellen und bietet dem fremden Organismus sowohl Schutz als auch Nahrung oder Nährstoffe.

Unter diese Definition, die unter anderem von der britischen Gallenforscherin Margaret Redfern sowie von der British Plant Gall Society vertreten wird, fallen eine Vielzahl von interessanten Bildungen, ausgelöst von den unterschiedlichsten Erregern.
Eine allgemeingültige, von allen Wissenschaftszweigen anerkannte Definition von Gallen ist bis heute nicht vorhanden. Zeitweise wurde der Begriff so eng gefasst, dass er nur für Bildungen verwendet wurde, an denen Tiere beteiligt sind. Erst später erweiterte man das Erregerspektrum auf alle Organismen. Bis heute jedoch verwendet insbesondere die mykologische Literatur den Begriff nur sehr zögerlich, selbst wenn mancher Pilzbefall deutliche Wucherungen oder Wachstumsreaktionen an seinem Wirt auslöst. Manche Gallendefinitionen – auch jene, die im Vorgängerwerk zu diesem Buch verwendet wurde – fordern ein zeitlich und räumlich begrenztes Wachstum. Sie schließen damit unter anderem die Baumkrebse aus, die auf Basis der allgemeinen Definition in dieses Buch mit aufgenommen wurden.
Diese Wachstumsreaktionen führen je nach Wirt und Verursacher zu einer in vielen Fällen sehr charakteristischen Bildung, der Galle, die meistens sichere Rückschlüsse auf den Verursacher zulässt, ohne dass dieser selbst sichtbar ist. Das durch die Gallbildung veränderte oder neu gebildete Pflanzengewebe oder Teile davon dienen dem Gallenauslöser oder -bewohner in vielen Fällen als Nahrung. Zugleich bietet der Innenraum der Galle, in dem sich der Verursacher bzw. sein Nachwuchs in aller Regel aufhält, diesem einen besonderen Lebensraum. Je nach Auslöser der Galle profitiert er zum Beispiel von einem besonderen Kleinklima, geeigneten Wachstumsbedingungen oder Schutz vor Feinden.
Gallen können an allen Organen von Pflanzen entstehen, sofern diese Organe lebendes Gewebe enthalten, das zu einer Gallbildung angeregt werden kann. Sie treten an Pflanzen sehr unterschiedlicher Verwandtschaftskreise auf, sind aber an zweikeimblättrigen Pflanzen häufiger zu finden als an einkeimblättrigen. Vor allem an Algen und anderen niederen Pflanzen sind sie ausgesprochen selten. Manche Gallbildner bevorzugen ganz bestimmte Pflanzengruppen. So entwickelt sich beispielsweise die überwiegende Mehrzahl aller Gallwespenarten ausschließlich an Eichen. Dabei können die Wurzeln dieser Wirtspflanzen als Ansiedlungsort dienen, ebenso aber auch die Rinde des Stammes, Knospen an den Zweigen, Blätter, Blütenstände oder Früchte. Für jede Art Gallenerzeuger sind diese Orte aber in den meisten Fällen genau festgelegt.

Bildung der Pflanzengallen

Die Gallbildung an den Pflanzen erfolgt durch Reize, die von den Gallbildnern ausgehen. Dabei kann es sich einerseits um kleine Verletzungen an den sich teilenden Pflanzenzellen handeln, die zu einer Veränderung des Wachstums führen, andererseits um Wirkungen von Wuchsstoffen, die vom Gallbildner abgegeben werden. Diese Stoffe können vom Weibchen bereits vor oder bei der Eiablage injiziert werden, wie es für gallerzeugende Blattwespen nachgewiesen wurde. Hier entwickeln sich die Gallen an den angestochenen Weidenblättern auch dann, wenn die Eier gleich nach der Eiablage wieder entfernt werden oder absterben. Bei Gallwespen dagegen unterbleibt eine Gallbildung in einer entsprechenden Situation. Hier erfolgt die Abgabe der entscheidenden Wuchsstoffe erst durch die allmählich heranwachsende Wespenlarve. Gallmilben müssen während der ganzen Zeit, in der sie in den Gallen leben, Sekret in das Gewebe injizieren. Sonst bildet sich das Nährgewebe zurück, von dem sie leben.

Gallenähnliche Bildungen an Pflanzen

Außer Gallen gibt es verschiedene Veränderungen an Pflanzen, die man mit ihnen verwechseln könnte.

Blattminen

Eine weitverbreitete derartige Erscheinung sind Blattminen. Bei ihnen handelt es sich um Fraßgänge im Innern von Blättern, bei denen die oberste und unterste Blattschicht (Epidermis) ganz oder zumindest für längere Zeit unangetastet bleiben. Erst gegen Ende seiner Entwicklung verlässt der Erzeuger – in aller Regel ein Insekt – die Mine durch ein Loch an der Ober- oder Unterseite des Blattes. Dies kann noch während des Larvenstadiums erfolgen – dann findet die Verpuppung außerhalb der Mine statt – oder die Larve verpuppt sich in ihrer Mine und diese wird erst durch das ausgewachsene Insekt verlassen. Allen Minenverursachern gemeinsam ist eine geringe Körpergröße, da die geringe Blattdicke nur solchen Tieren einen ausreichenden Platz bietet. Zusätzlich sind diese kleinen Minenbewohner meist durch einen auffallend flachen Körperbau ausgezeichnet. Auch Minenauslöser sind in der Regel auf bestimmte Wirtspflanzen spezialisiert und ihre Minen können je nach Art der Erzeuger sehr unterschiedlich aussehen. Wirt und Form eignen sich daher, ähnlich wie Pflanzengallen, meist sehr gut für eine Bestimmung des Verursachers, ohne dass dieser selbst angetroffen wurde. Viele Minen stellen, wie viele Gallen, ausgesprochen dekorative Bildungen dar. Sie können in geschlängelten, allmählich sich verbreiternden Linien verlaufen und dabei einheitlich hell gefärbt sein, da die durch Chlorophyll grün gefärbten, inneren Blattschichten gefressen wurden und die durchsichtige Epidermis stehen bleibt (**Abb. 1**). In ihnen kann aber zum Beispiel auch der von der Larve abgegebene Kot eine feine, dunkle Mittellinie bilden (**Abb. 2**). Interessant ist das Bild der Minen bei der Obstbaum-Miniermotte (*Lyonetia clerkella*): Bei der herbstlichen Verfärbung des Blattes verhindern die Minengänge dort, wo sie Teile der Blattfläche ringsum einschließen, dass der Baum das Chlorophyll aus dieser Fläche zurückzieht. So bleibt es in diesen Bereichen grün, während es sich ansonsten gelb verfärbt (**Abb. 3**). Eine andere Form von Blattminen sind Platzminen. Hier frisst die Larve eine zusammenhängende Fläche im Innern des Blattes leer. Ein sehr bekanntes

Abb. 1: Blattmine der Minierfliege *Phytomyza xylostei* in einem Blatt der Roten Heckenkirsche (*Lonicera xylosteum*).

Abb. 2: Blattminen der Miniermotte *Phyllocnistis unipunctella* in Blättern der Zitter-Pappel *(Populus tremula)*.

Abb. 3: Blattminen der Obstbaum-Miniermotte (*Lyonetia clerkella*) in einem Blatt der Süß-Kirsche (*Prunus avium*).

Beispiel hierfür sind die Platzminen der Kastanien-Miniermotte (*Cameraria ohridella*, **Abb. 4**). Der Übergang von Platzminen zu Gallen ist allerdings fließend. So erhebt sich einerseits zum Beispiel das Gewebe über den Minen der Ilex-Minierfliege (*Phytomyza ilicis*) leicht verdickt über die restliche Blattfläche (**Abb. 5**). Andererseits sehen sehr flache Gallen mancher Gallmücken Minen täuschend ähnlich. Beispiele hierfür sind die Gallen der Birkenparenchym-Gallmücke (*Anisostephus betulinus*, S. 93) oder die der Gewöhnlichen Löwenzahnblatt-Gallmücke (*Cystiphora taraxaci*, S. 408).

Abb. 4: Platzminen der Kastanien-Miniermotte (*Cameraria ohridella*) in einem Blatt der Gewöhnlichen Rosskastanie (*Aesculus hippocastanum*).

Abb. 5: Platzmine der Ilex-Minierfliege (*Phytomyza ilicis*) in einem Blatt der Gewöhnlichen Stechpalme (*Ilex aquifolium*).

Bauwerke aus Pflanzenteilen

Auch die Kunstwerke, die manche Insekten aus Blättern herstellen, um ihrem Nachwuchs einen Lebensraum zu bieten, können Gallen ähneln. Hierzu gehören die Blattwickel der Blattroller, einer nahe mit den Rüsselkäfern verwandten Käferfamilie. Eine dieser Arten, der Hasel-Blattroller (*Apoderus coryli*), schneidet, klappt und rollt ein Haselblatt (*Corylus*) zu einer Zigarre zusammen und legt darin Eier ab (**Abb. 6**). Seine Larven fressen später das vertrocknende Blattgewebe.

Abb. 6: Blattrolle des Hasel-Blattrollers *(Apoderus coryli).*

Wohngehäuse

Schließlich gibt es Insektenlarven mit sonderbaren Wohngehäusen, die an Gallen erinnern, etwa bei den Sackträgermotten (Coleophoridae), einer Familie unscheinbarer Kleinschmetterlinge. Ihre Raupen stellen aus einem besonderen Sekret, viele auch aus Pflanzenteilen, ein Gehäuse her, in dem sie Schutz finden (**Abb. 7**, **Abb. 8**). Dieses kann artspezifisch sehr verschieden aussehen und wird normalerweise mit der Öffnung an einem Blatt festgesponnen. Auch zum Fressen bleibt es in dieser Position: Die Raupe frisst sich ins Blatt hinein und stellt dort eine Platzmine her (**Abb. 8**). Nur wenn sie von Zeit zu Zeit den Ort wechseln muss, streckt sie ihren Vorderkörper mit den Beinen aus der schützenden Behausung hervor.

Abb. 7: Raupe der Sackträgermotte *Coleophora palliatella* in ihrem Wohngehäuse auf einem Eichenblatt (*Quercus*).

Abb. 8: Die Raupe der Sackträgermotte *Coleophora vibicella* frisst von ihrem Wohngehäuse aus in einer Platzmine an einem Ginsterblatt (*Genista*).

Schaumnester von Schaumzikaden und Schaumgallen

Ältere Gallenliteratur wie etwa das Bestimmungswerk von Buhr aus den 1960er-Jahren nennt auch Schaumzikaden (Aphrophoridae) bei den Gallenerregern. Diese Tiere stechen zwar die Wasserleitungsbahnen (Xylem) ihres Wirtes an, um Nahrung daraus zu gewinnen. Die Pflanze bildet jedoch in der Regel kein Reaktionsgewebe. Auch der Schaum selbst erfüllt nicht die Voraussetzungen an eine Galle. Vielmehr scheiden die Larven gefilterten Pflanzensaft aus, den sie im Darm mit Schleimstoffen und Eiweißen versetzt haben. In diese Flüssigkeit pumpen sie Luftbläschen aus einer Atemhöhle am Bauch. So erzeugen sie einen stabilen Schaum, der sie vor Austrocknung und Feinden schützt. Noch stabilere Gebilde formen die Larven der Kreuzkraut-Saatfliege (*Botanophila seneciella*, **Abb. 9**). Obwohl sie manchmal als Schaumgallen bezeichnet werden, erfüllen auch sie nicht die eingangs genannte Definition einer Pflanzengalle.

Abb. 9: Schaumgallen der Kreuzkraut-Saatfliege (*Botanophila seneciella*) in Blütenkörbchen eines Kreuzkrauts (*Senecio*).

Eigelege

Auch die Eiablagen mancher Insekten können wie Gallen wirken, wenn sie in Pflanzengewebe erfolgen. Ein markantes Beispiel hierfür ist die Eiablage der Weidenjungfer (*Lestes viridis*), einer besonders an Fischteichen häufigen Kleinlibelle. Die Art bohrt zur Eiablage mit ihrem Legebohrer in regelmäßigen Abständen Löcher in die Rinde von am Ufer wachsenden Bäumen und Sträuchern und schiebt bei jedem Loch jeweils ein Ei nach rechts und links unter die etwas angehobene Rinde der Zweige. Hierdurch entstehen paarige Hügel von etwa 2 mm Größe mit einem dazwischenliegenden Loch (**Abb. 10**). Da meist mehrere Libellenpaare die gleichen Zweige aufsuchen, sind diese später oft über und über mit diesen

Abb. 10: Eiablagen der Weidenjungfer (*Lestes viridis*) in einem Weidenzweig (*Salix*).

merkwürdigen Bildungen besetzt (**Abb. 11**). Die Eier überwintern in den Zweigen. Erst im Frühjahr schlüpfen die Larven, schieben sich durch das bei der Eiablage gebohrte Loch nach außen und lassen sich ins Wasser fallen. Da diese Eiablagen nicht in einer Nahrungsbeziehung zur Pflanze stehen, handelt es sich nicht um Gallbildungen.

Insekten

Manche Insekten wirken selbst wie Gallen. In besonderem Maße gilt dies für Schildläuse (Coccoidea), die als ausgewachsene Weibchen meist zu einem unbeweglichen, fremdartigen Gebilde abgewandelt sind, sodass sie kaum mehr an Insekten erinnern. Die bei vielen Arten sehr seltenen Männchen dagegen sind frei beweglich und normal geflügelt. Eine der am stärksten abgewandelten Arten ist die Kermes-Schildlaus (*Kermes roboris*), deren Weibchen eine regelmäßige Kugelgestalt besitzen (**Abb. 12**). Manche Schildläuse regen durch ihre Saugtätigkeit das Pflanzengewebe, auf dem sie sitzen, zu Wachstum an. Diese Arten können Gallen auslösen.

Abb. 11: Günstig orientierter, dicht mit den Eiablagen der Weidenjungfer besetzter Weidenzweig.

Abb. 12: Kermes-Schildlaus (*Kermes roboris*) an einem Eichenzweig (*Quercus*).

Pilzbefall

Pilze rufen viele Veränderungen bei Pflanzen hervor. Sind Blätter fleckig verfärbt, handelt es sich in den meisten Fällen um keine Gallbildung. Selbst wenn die Flecken deutlich verdickt sind, muss es sich immer noch nicht um eine Galle handeln. So erzeugt der Ahorn-Runzelschorf (*Rhytisma acerinum*, **Abb. 13**) auf Blättern verschiedener Ahornarten (*Acer*) rundliche, bis über 1 cm große, schwarze Flecken. An den entsprechenden Stellen verdickt sich das Blatt sichtbar und fühlt sich deutlich fester und lederartig an. Dabei handelt es sich jedoch nicht um Wucherungen des Blattgewebes, sondern der Pilz selbst hat unter der Epidermis der Pflanze ein festes Hypengeflecht (Stroma) entwickelt.

Abb. 13: Die schwarzen Flecken des Ahorn-Runzelschorfs (*Rhytisma acerinum*) besitzen oft einen gelben Rand.

Verbänderung

Eine weitere auffallende Wachstumsreaktion, die an Weiden (*Salix*), Löwenzahn (*Taraxacum*), Wolfsmilch (*Euphorbia*) und vielen anderen Pflanzen auftreten kann, ist die Verbänderung oder Fasziation. Sich teilende Zellen an den Triebspitzen wurden dazu angeregt, sich bevorzugt in zwei Richtungen zu teilen. Hierdurch entstehen abgeflachte und verbreiterte Sprosse, die in der Regel mit einer besonders großen Zahl von Blättern besetzt sind (**Abb. 14**). Diese Bildungen entstehen meist durch spontane Mutationen und stehen dann in keiner ernährungsphysiologischen Beziehung zu einem fremden Organismus. In

Abb. 14: Verbänderung an der Triebspitze einer Kanadischen Goldrute (*Solidago canadensis*).

diesen Fällen können sie daher nicht als Gallen betrachtet werden. Sobald jedoch Bakterien oder andere Erreger als Auslöser der Verbänderung nachgewiesen werden können, erfüllen die Gebilde die Definition einer Galle.

Wundreaktion

Werden Pflanzen verletzt, so versuchen sie, die Wunden zu verschließen oder abzuschotten, und bilden hierzu besonders Wundgewebe. Besonders auffällig sind Überwallungen an Stammwunden von Bäumen und Sträuchern. Wenn es sich um abiotische Verletzungen handelt oder der Verursacher nur kurzfristig, bei der Verletzung, mit der Pflanze in Kontakt stand, kann die Reaktion der Pflanze nicht den Gallen zugeordnet werden.

Abb. 15: Stamm einer Bastard-Platane (*Platanus x hispanica*) mit überwalltem Schild.

Pflanzengallen bildende Organismen

Pflanzengallen können durch Vertreter sehr verschiedener systematischer Organismengruppen verursacht werden, insbesondere durch Bakterien, Pilze, Blütenpflanzen, Nematoden, Milben und vor allem durch Insekten. Bei der Bestimmung der Gallen hilft es, außer der Wirtspflanze zumindest grob die systematische Zugehörigkeit des Gallenerzeugers zu erkennen. Manche Gallenerreger sind in den Gallen anwesend oder hinterlassen charakteristische Spuren, die selbst bei leeren Gallen auf den Erzeuger schließen lassen.

Bakterien (Bacteria)

Eine Beschäftigung mit durch Bakterien hervorgerufenen Gallen ist recht schwierig, da einerseits die Gallenerzeuger praktisch nicht sichtbar sind und andererseits ihre Gallen in vielen Fällen wenig charakteristische Merkmale aufweisen. So wundert es nicht, dass die Erreger selbst mancher gut bekannten Pflanzengalle, etwa der Wirrzöpfe an Weiden (*Salix*, S. 363 ff.), bis heute nicht sicher identifiziert werden konnten. Eine besondere Schwierigkeit ergibt sich auch daraus, dass offensichtlich viele Gallen von Bakterien besiedelt werden, ohne dass diese die Ursache für deren Entstehung darstellen. Es gibt aber auch eine Reihe hinsichtlich ihrer Erreger gut ansprechbarer Bakteriengallen. Dazu zählen die Wurzelgallen an Erlen (*Alnus*, S. 76 f.) und die Wurzelknöllchen der Leguminosen (**Abb. 16** sowie *Robinia*, S. 346 f.; *Trifolium*, S. 421 f.) oder die oft an eine Walnuss erinnernden Zweiggallen an Weiden (*Salix*, S. 362 f.). Ein typisches Merkmal der Bakteriengallen ist, dass sie normalerweise im Innern keine Hohlräume besitzen. Dies gilt allerdings auch für die meisten von Pilzen verursachten Gallen. Trotz ihrer geringen Größe sind Bakterien in der Lage, mit die größten Gallen auszulösen: Einige von ihnen gehören zu den wichtigsten Verursachern von Baumkrebs (zum Beispiel an *Platanus*, S. 242 f.; an *Prunus*, S. 262 f.).

Einige der gallbildenden Bakterien können auch frei, ohne die Pflanze, leben und auf Kulturmedien gezüchtet werden. Andere besitzen zumindest Zellwände und können in mikroskopischen Schnitten bei hoher Vergrößerung nachgewiesen werden. Als Auslöser von Veränderungen bei Pflanzen sind zellwandlose Bakterien am schwierigsten zu entdecken. Diese Phytoplasmen sind meist unter 1 Mikrometer groß, haben nur ein sehr kleines Erbgut und können nur in den Phloemzellen von Pflanzen überleben. Lange Zeit führten Wissenschaftler die durch sie ausgelösten Veränderungen auf Viren zurück. 1967 entdeckten sie die Bakterienwinzlinge erstmals

Abb. 16: Wurzelknöllchen an Feuer-Bohne (*Phaseolus coccineus*).

Abb. 17: Verlaubung des Blütenstands bei Spitz-Wegerich (*Plantago lanceolata*), wahrscheinlich hervorgerufen durch *Candidatus Phytoplasma asteris.*

im Phloem von Pflanzen. Dank moderner molekularbiologischer Methoden gelingt es ihnen seither in immer mehr Fällen, in denen bisher kein Erreger für eine Wuchsänderung gefunden werden konnte, solche Phytoplasmen nachzuweisen. So ist für *Candidatus Phytoplasma asteris* (Aster Yellows Group Phytoplasmen) heute bekannt, dass er in über 300 Pflanzenarten aus verschiedenen Pflanzenfamilien wachsen und diese verändern kann.
Die Phytoplasmen werden durch Insekten, vor allem Zikaden und Blattläuse, übertragen. Bei den infizierten Pflanzen können Blätter vergilben oder Blattbereiche absterben, die Pflanzen können Zwerg- oder Besenwuchs zeigen oder auch anstelle von Blütenteilen, Blüten oder Blütenständen Laubblätter entwickeln (Phyllodie, Verlaubung, **Abb. 17**). Sowohl Besenwuchs wie auch Phyllodie erfüllen die Definition an eine Galle.

Pilze

Viele auffallende Gallbildungen werden durch Organismen verursacht, die früher als „Pilze“ zusammengefasst wurden. Einige der betroffenen Organismengruppen haben heute einen anderen Platz in der Systematik der Lebewesen erhalten: die früher zu den „Niederen Pilzen“ gestellten Eipilze (Oomycota), die heute als Algenpilze bezeichnet werden, sowie die Parasitischen Schleimpilze (Phytomyxea). Die anderen in diesem Buch vorgestellten gallbildenden Pilze gehören zu den „Echten Pilzen“.

Algenpilze (Oomycota)

Diese Organismen sind näher mit bestimmten Algen verwandt als mit den im Folgenden beschriebenen Schlauch- und Ständerpilzen. Hierher gehören unter anderem die Erreger der Fal-

Abb. 18: Kreuzblütler-Weißrost (*Albugo candida*) auf Öl-Rettich (*Raphanus sativus* var. *oleiformis*).

schen Mehltaue (Peronosporales). Sie bilden nur selten Gallen, etwa der Falsche Mehltau der Kreuzblütler (*Hyaloperonospora parasitica*). Verbreiteter sind solche in der Ordnung der Weißrosterreger (Albuginales). Der Kreuzblütler-Weißrost *Albugo candida* führt zu starken Verkrümmungen und Veränderungen bei verschiedenen Kreuzblütlern und überzieht ganze Sprosse und Blütenstände mit seinen porzellanartigen Krusten (**Abb. 18** und S. 102 f.).

Parasitische Schleimpilze (Phytomyxea)

Schleimpilze, die an Pflanzen parasititieren, gehören in die Familie Plasmodiophoraceae. Sie entwickeln sich im Innern von Wirtszellen. Bei der Infektion der Pflanze setzen sie Stoffe frei, die das Gewebe zu Zellteilungen anregt und so zur Bildung von Gallen führt. In diesem Gewebe werden später Dauersporen gebildet, die entweder mit begeißelten Sporen (Zoosporen) oder mit kriechenden Zellen (Myxamöben) keimen. Da sich sowohl die Zoosporen als auch die Myxamöben nur im Wasser fortbewegen können, muss für die Infektion ein feuchtes Milieu vorhanden sein. Deshalb treten die Gallen besonders häufig an Wurzeln oder anderen unterirdischen Pflanzenteilen auf. Wirtschaftlich bedeutsam aus dieser Gruppe ist der Erreger der Kohlhernie (*Plasmodiophora brassicae*), der Wurzelwucherungen an verschiedenen Kreuzblütlern auslöst und zu Verlusten in Kulturen von Kohl, Raps, Senf und anderen führen kann.

Flagellatenpilze (Chytridiomycetes)

Bei dieser auch „Töpfchenpilze“ genannten Pilzgruppe handelt es sich um primitive Pilze, die im Wasser oder feuchten Boden oder auch als Parasiten wachsen. Viele Pflanzenparasiten unter ihnen bilden kleine, warzenartige, oft zu vielen beieinandersitzende oder zusammenfließende Gallen an oberirdischen, bodennahen Pflanzenteilen. Sie entwickeln sich in Wirtszellen und entlassen begeißelte Sporen nach außen. Später entwickeln sich dickwandige Dauersporangien. Im Buch wird *Synchytrium aureum* vorgestellt, der auf verschiedenen Wirten Gallen bildet (**Abb. 19** und S. 394).

Abb. 19: Je nach Wirtsart sehen die Gallen von *Synchytrium aureum* etwas unterschiedlich aus. Hier sitzen sie an Gewöhnlicher Braunelle (*Prunella vulgaris*).

Schlauchpilze (Ascomycota)

Diese große Abteilung im Reich der Echten Pilze besitzt charakteristische Sporenschläuche (Asci), in denen die sexuellen Ascosporen gebildet werden. Gallbildungen bei den Ascomycota finden insbesondere in den Ordnungen der Wucherlinge statt sowie gelegentlich bei den Echten Mehltaupilzen. Auch in der Ordnung der Krustenkugelpilzartigen (Hypocreales) gibt es entsprechende Bildungen.

Wucherlinge (Taphrinales)

Diese relativ primitiven Schlauchpilze bilden keine Fruchtkörper. Ihre aus zweikernigen Zellen bestehenden Hyphen (dikaryotische Hyphen) wachsen zwischen den Zellen des Wirtsgewebes. Auch ihre Sporenschläuche, die Asci mit den Ascosporen, entstehen im Wirtsgewebe. Bei der Gattung *Taphrina* durchbrechen sie die äußere Wirtschicht und bilden einen reifartigen, abwischbaren Belag. Bei der Gattung *Protomyces* dagegen überwintern sie als Dauersporen. Die haploiden Ascosporen sprossen mit einkernigen Hefezellen, die sich saprobiontisch ernähren und Zellketten bilden können. Erst wenn sie sich mit einem Partner eines anderen Myzeltyps vereinigt haben und so wieder eine dikaryotische Zelle entstanden ist, kann wieder ein Wirt infiziert werden.

Die Vertreter der Gattung *Taphrina* lösen Gallbildungen aus, die sehr unterschiedlich aussehen können. Sie erzeugen zum Beispiel bei Birken (*Betula*) die bekannten „Hexenbesen" (S. 90 f.), an Pflaumen (*Prunus*) die „Narrentaschen" (S. 264) und an Weißdorn (*Crataegus*) blasige, meist rot gefärbte Aufwölbungen der Blattfläche (S. 126). Die Pilze der Gattung *Protomyces* wachsen ausschließlich auf Doldenblütlern (Apiaceae), Korbblütlern (Asteraceae) und Sumpfdotterblume (*Caltha palustris*). Auf den Doldenblütlern bilden sich feste, dauerhaft sichtbare Schwielen oder Warzen an den befallenen Stängeln, Blattstielen oder Blattadern (S. 75).

Echte Mehltaupilze (Erysiphales)

Diese Pflanzenparasiten überziehen Blätter und andere grüne Pflanzenteile mit ihren Hyphen und dringen mit Haustorien in die Epidermis ein. Einige davon sorgen zusätzlich für mehr oder weniger ausgeprägte Wuchsveränderungen ihres Wirtes. Blätter kräuseln sich oder ganze Sprossspitzen krümmen sich ein und verkümmern. Solche Veränderungen erinnern oft stark an Gallen von Blattläusen. Zu den Arten, deren Bildungen eindeutig als Gallen bezeichnet werden können, gehört der Deformierende Mädesüßmehltau (*Podosphaera filipendulae*, S. 152) sowie der Echte Mehltau *Podosphaera tridactyla* auf Lorbeer-Kirsche (*Prunus laurocerasus*, **Abb. 20**). Das Pilzmyzel der Echten Mehltaupilze bildet ungeschlechtliche Konidiosporen, die der

Abb. 20: Echter Mehltau *Podosphaera tridactyla* auf Lorbeer-Kirsche (*Prunus laurocerasus*).

Vermehrung dienen. Später entstehen kleine, kugelige Fruchtkörper, die mit bloßem Auge gerade noch erkannt werden können. Anfangs sind sie gelb, später schwärzlich. In diesen geschlossenen Kleistothezien entwickeln sich die Asci mit den Ascosporen.

Krustenkugelpilzartige (Hypocreales)

Bei dieser Pilzgruppe sitzen die Asci in kleinen Fruchtkörpern, die eine schmale Öffnung haben (Perithezien). Die winzigen Fruchtkörper sind of zusätzlich in ein festes Hyphengeflecht (Stroma) eingebettet. Bei den gallbildenden Pilzen dieser Gruppe sind die Schäden durch den Obstbaum- oder Nectriakrebs bedeutsam, für den der Pilz *Neonectria ditissima* verantwortlich ist (an *Acer*, S. 55, *Betula*, S. 89 f.; an *Populus*, S. 245 f.). Mittlerweile konnte auch gezeigt werden, dass der zur selben Ordnung zählende Mutterkornpilz (*Claviceps*, S. 390 f.) Gewebeveränderungen auslöst, die die Definition einer Galle erfüllen.

Ständerpilze (Basidiomycota)

Die größte Vielfalt unter den von Pilzen hervorgerufenen Gallbildungen haben Vertreter der Ständerpilze entwickelt. Die zu diesem Reich zählenden Pilze schnüren ihre sexuellen Sporen an besonderen Sporenständern, den Basidien, nach außen ab. Unter den Ständerpilzen gibt es zahlreiche Gruppen, die parasitisch oder symbiontisch an oder in Pflanzen leben. Viele davon können Gallbildungen auslösen.

Brandpilze

Früher galten alle pflanzenparasitischen Pilze, die tiefschwarze, staubende Sporenlager ausbilden, als Brandpilze. Mittlerweile haben Mykologen jedoch herausgefunden, dass Brandpilze mindestens zweimal unabhängig entstanden sind und nicht in jedem Fall schwarze Sporen ausbilden. Es handelt sich um konvergente Entwicklungslinien, die Ustilagomycotina sowie die zu den Pucciniomycotina zählende Klasse der Microbotryomycetes. Eine Gemeinsamkeit haben beide Gruppen der Brandpilze, die sie klar von den nachfolgend behandelten Rostpilzen unterscheidet: Beide bilden neben einer parasitischen Phase noch eine vom Wirt unabhängige saprobiontische Hefephase. Deren Zellen sind haploid, besitzen also nur einen Chromosomensatz. Erst wenn nach Vereinigung (Konjugation) mit einem Partner eines anderen Paarungstyps zweikernige Zellen entstehen, wachsen dikaryotische Hyphen und dringen in die Wirtspflanze ein. Im Gegensatz zu den Rostpilzen beschränken sich Brandpilze immer auf einen einzigen Wirt, d. h. es gibt keinen Wirtswechsel.

Bei den Brandpilzen der **Microbotryomycetes** ist besonders die Familie der Microbotryaceae wichtig. Die Pilze der Gattung *Microbotryum* bilden ihre Brandsporen meistens in den Staubblättern, vorwiegend von Nelkengewächsen (Caryophyllaceae, **Abb. 21** und S. 395 f.) und Fruchtknoten ihres Wirtes. Bei Pflanzenfamilien wie Körbchenblütler (Asteraceae) und Kardengewächse (Dipsacaceae), bei denen kleine Einzelblüten in Körbchen oder Köpfchen vereint sind, entwickelt sich das braunrote bis schwarze Sporenpulver auch in diesen, wie beim Bocksbart (*Tragopogon*, S. 420). Das Myzel, das die Pflanze infiziert hat, wächst zunächst meist ohne auffällige Symptome. Bei mehrjährigen Pflanzen überdauert es den Winter im Wurzelstock. Erst wenn die Pflanze zum Blühen kommt, nutzt der Pilz dies für seine eigene Vermehrung und bildet dort Brandsporen. Bei einer befallenen Pflanze sind alle Blüten oder Blütenkörbchen infiziert und eine einmal infizierte Pflanze bleibt dies ihr Leben lang.

Zu den Brandpilzen der **Ustilagomycotina** gehören viele Arten, die auf einkeimblättrigen Pflanzen wachsen. Besonders markant sind die Auftreibungen der Samen durch den Mais-

Abb. 21: Seifenkraut-Blütenbrand (*Microbotryum saponariae*) auf Echtem Seifenkraut (*Saponaria officinalis*).

beulenbrand (*Ustilago maydis*, S. 450). Für Landwirte ebenfalls als Schadpilz bedeutend ist der Stinkbrand des Getreides (*Tilletia*), der die Früchte in nach Hering (Trimethylamin) stinkende Sporenmassen verwandelt.
Interessante Gallbildungen treten auch bei den Nacktbasidienarten (*Exobasidium*) auf. Diese gehören in die Ordnung Exobasidiales (Nacktbasidienartige), die ebenfalls zu der Abteilung der Ustilagomycotina zählt. Sie bilden aber keine schwarzen Sporen, sondern einen weißen, oft kreideartigen Belag auf den Pflanzenoberflächen. Sie erzeugen an verschiedenen Heidekrautgewächsen (Ericaceae) fleischige, blass weißlich, rosa oder leuchtend rot gefärbte Deformationen und Verdickungen mit oft dekorativem Erscheinungsbild (S. 342 f. u. S. 436 ff.). Neben Nacktbasidienarten, die lokale Gallbildungen auslösen, gibt es auch solche, die systemisch in der Pflanze wachsen und zu Wuchsveränderungen führen. Diese Arten überdauern im Wirt und können jedes Jahr erneut Sporen bilden.

Rostpilze (Pucciniales)

Während der Evolution sind Rostpilze nur einmal entstanden. Sie bilden damit eine monophyletische Gruppe, die Ordnung der Pucciniales innerhalb der Klasse der Pucciniomycotina. Ihr Entwicklungszyklus ist oft noch komplizierter als der der Brandpilze. Allerdings sprossen sie nie mit Hefezellen und sind in allen Stadien als Parasiten auf lebende Pflanzen angewiesen. Im Extremfall können sie bis zu fünf verschiedene Sporentypen bilden und dabei zwischen zwei verschiedenen Wirtsarten wechseln. Teilweise entstehen die Sporenlager unter Gallbildung, teilweise aber auch ohne eine solche. Ein Beispiel für einen Rostpilz mit vier Sporentypen und einem Wirtswechsel ist der Birnen-Gitterrost (*Gymnosporangium sabinae*, **Abb. 22**). Diese Art entwickelt an bestimmten Wacholderarten (*Juniperus*) Zweigverdickungen und gallertige Fruchtkörper (S. 191 f.), an der zweiten Wirtspflanze, der Birne (*Pyrus*), dagegen Blattflecken und an afrikanische Rundhütten erinnernde Warzen, die sich mit Längsrissen öffnen (S. 269 f.). Kein Wunder, dass ein so unterschiedlich in Erscheinung tretender Pilz früher für verschiedene Arten gehalten wurde und zwei Namen trug – Wachholder-Blasenrost auf dem Wacholder und Birnen-Gitterrost auf der Birne.

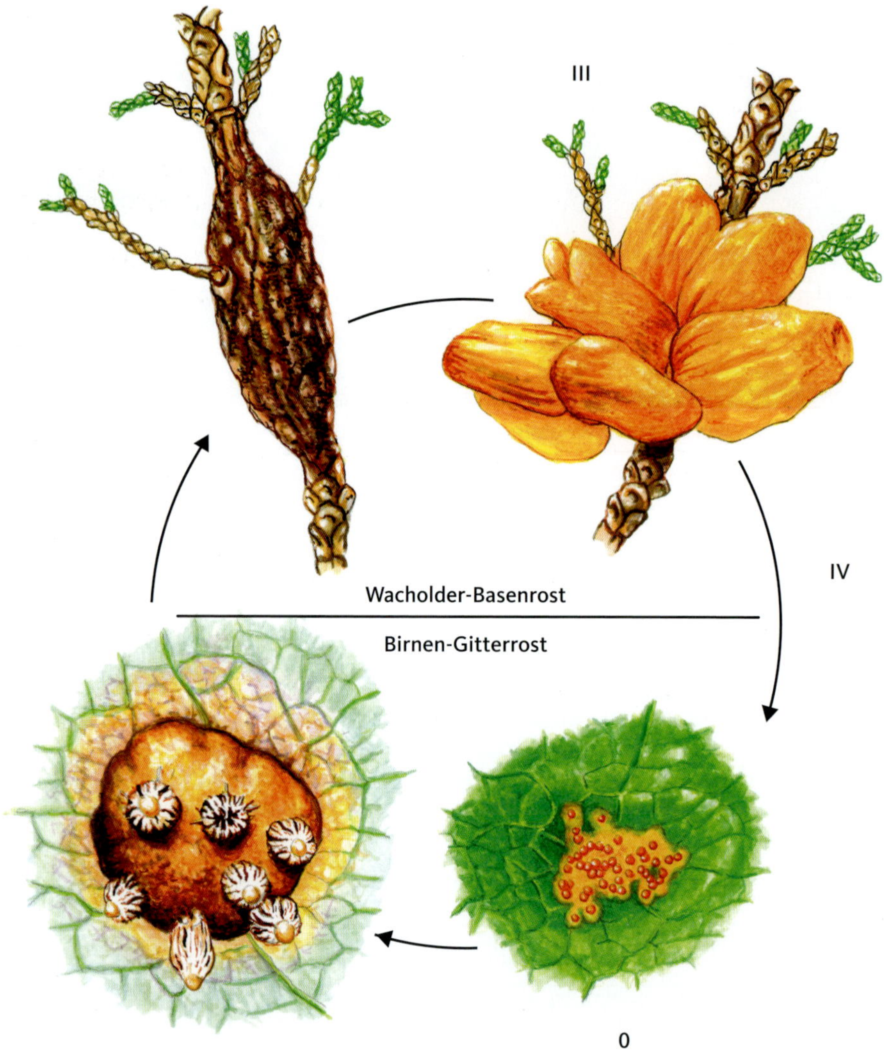

Abb. 22: Sporentypen und Wirtswechsel von *Gymnosporangium sabinae*.

In der Rostpilzliteratur werden die fünf möglichen Sporentypen mit römischen Ziffern bezeichnet:

- **0: Spermogonien** bilden die Geschlechtszellen des Pilzes, die **Spermatien.** Im Rahmen der sexuellen Fortpflanzung müssen diese auf Empfängnishyphen eines anderen Spermogoniums übertragen werden.
- **I: Aecidien.** In diesen Sporenlagern entstehen zweikernige (dikaryotische) **Aecidiosporen.** Meist entstehen die Aecidien auf der anderen Blattseite gegenüber den Spermogonien oder in unmittelbarer Nähe. Diese Sporengeneration ist am häufigsten verantwortlich, wenn ein Rostpilz Gallen verursacht. Aecidien besitzen meist eine auffällige Form. Bei den besonders artenreichen Gattungen *Puccinia* und *Uromyces* sind sie immer napf- bis becherförmig. Der Becher reißt bei der Reife auf und präsentiert seine Sporenketten in einem orangefarbenen Krönchen. Handelt es sich um einen Rostpilz mit Wirtswechsel, so keimen die Aecidiosporen erst auf dem nächsten Wirt aus. Dieser gehört grundsätzlich zu einer anderen Pflanzenfamilie.
- **II: Uredolager** sind gewöhnlich dunkler gefärbt als die Aecidien. Der Pilz kann diese Lager in einer Vegetationsperiode wiederholt bilden und sich dank der zahlreichen zweikernigen (dikaryotischen) **Uredosporen** stark vermehren und so den Pilz weiter ausbreiten.
- **III: Teleutosporenlager** können sich direkt aus den Uredolagern entwickeln. In den **Teleutosporen** findet die Verschmelzung der beiden Zellkerne statt (Karyogamie). Bei vielen Arten besitzen diese Sporen eine dunkelbraune oder schwarze, dicke Wand und dienen der Überdauerung. Bei anderen Arten dagegen, wie jenen der Gattung *Gymnosporangium*, können sie sofort auskeimen.
- **IV: Basidien.** Teleutosporen keimen mit der für Ständerpilze typischen vierzelligen Basidie, an der vier haploide **Basidiosporen** entstehen. Keimen sie aus, können wieder neue Spermogonien entstehen.

Mykorrhiza

Viele Pilze leben in Symbiose mit Wurzeln (**Abb. 23**). Es mag für manchen befremdlich wirken, auch bestimmte Veränderungen an Wurzeln, die durch solche Mykorrhizapilze hervorgerufen werden, als Gallen zu bezeichnen. Je nach Mykorrhizatyp dringen die Pilzhyphen jedoch auf unterschiedliche Art in die Wurzeln ein, verändern deren Zellen und stehen im Austausch mit Wurzelzellen. Besonders bei einer Ektomykorrhiza, wie sie bei den meisten unserer Waldbäume vorkommt und durch verschiedene Ständer- und Schlauchpilze (Basidiomycota, Ascomycota) ausgelöst wird, verändern sich die Wurzeln und ihre Zellen: Im Gegensatz zu steril kultivierten Bäumen fehlen den Wurzeln von solchen mit einer Ektomykorrhiza die feinen Wurzelhaare und die Wurzelhauben. Stattdessen umhüllt dichtes Pilzgewebe die Wurzeln (**Abb. 24, 25, 26**). Die in diesen „Pilzhandschuhen“ steckenden Wurzelspitzen sind häufig etwas angeschwollen. Mikroskopisch zeigen sich weitere Unterschiede: Umgibt das Myzel eines Ektomykorrhizapilzes eine Wurzel, fehlen bei den Rindenzellen der Pflanze die sekundären Wände. Die Endodermis – die innerste Rindenschicht – ist meist zusätzlich durch Tannineinlagerungen imprägniert. Diese schotten die inneren Schichten der Wurzel ab und verhindern ein weiteres Vordringen der Pilze in das Gehölz. Je nach Pilz- und Baumpartner unterscheidet sich das Aussehen der Ektomykorrhiza. Mit den Gewebeveränderungen, die dem Austausch zwischen Pilz und Wirt dienen, erfüllt eine solche Ektomykorrhiza die Definition einer Galle.

Abb. 23: Der Fliegenpilz (*Amanita muscaria*) bildet eine Ektomykorrhiza an Gewöhnlicher Fichte (*Picea abies*).

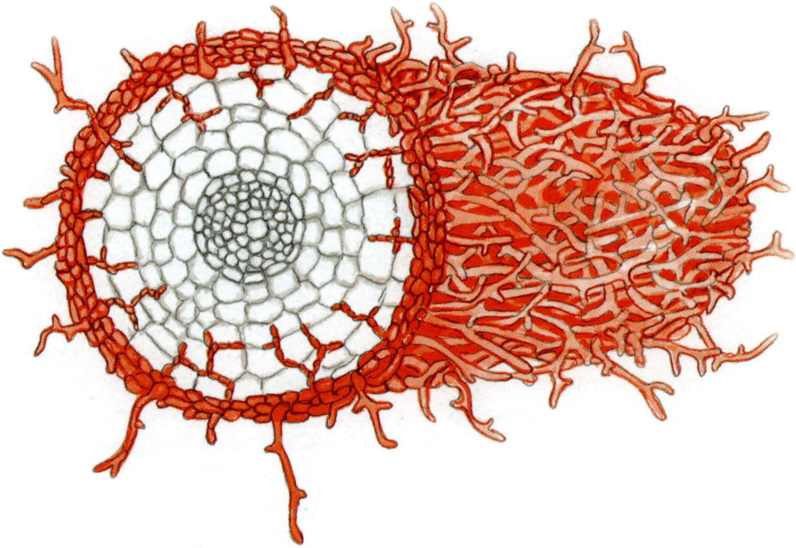

Abb. 24: Bei der Ektomykorrhiza umschließt das Pilzmyzel (rot dargestellt) die Wurzel und dringt in die Wurzelrinde ein.

Abb. 25: Ektomykorrhiza an Gewöhnlicher Fichte (*Picea abies*).

Abb. 26: Ektomykorrhiza an Rot-Buche (*Fagus sylvatica*).

Blütenpflanzen

Nur ganz wenige Blütenpflanzen zählen zu den Gallbildnern. Bei ihnen handelt es sich um Parasiten, die auf oder neben anderen Pflanzen wachsen und ihnen über spezielle Saugwurzeln (Haustorien) Nährstoffe oder Stoffwechselprodukte entziehen. Die Wirtspflanzen bilden dabei oft eigenes Gewebe aus, das die Haustorien des Parasiten umhüllt und so vielfach knollenartige Wucherungen entstehen lässt, die die Definition einer Galle erfüllen. Ein typisches Beispiel ist die Weißbeerige Mistel (*Viscum album*), die auf den Zweigen verschiedener Bäume wächst und deren Leitungsbahnen über in die Zweige versenkte Haustorien Nährstoffe entnimmt (**Abb. 27**). Da sie mit ihren grünen Blättern noch Fotosynthese betreibt und so Kohlenhydrate selbst erzeugt, ist sie ein Halbschmarotzer. An den Ansatzstellen der Misteln auf den Zweigen bilden die Bäume oft deutliche, knotige Verdickungen aus, die bis über 20 cm groß werden können. Die Laubholz-Mistel (*Viscum album* ssp. *album*) wächst auf zahlreichen Baumarten. Im Bestimmungsteil ist sie bei Apfel (*Malus*) aufgeführt, da sie dort sehr häufig vorkommt (S. 207 f.). Auch die spezialisiertere Kiefern-Mistel (*Viscum album* ssp. *austriacum*) ist im Bestimmungsteil enthalten (S. 234). Die Tannen-Mistel (*Viscum album* ssp. *abietis*), die dritte Unterart der Weißbeerigen Mistel, wächst fast ausschließlich auf Tannen (*Abies*). Eine andere Art der Mistelgewächse ist die Europäische Riemenblume oder Eichenmistel (*Loranthus europaeus*). Sie wird auf S. 272 f. vorgestellt.

Abb. 27: Vom primären Haustorium der Laubholz-Mistel gehen grüne Saugstränge aus, die unter der Rinde des Astes verlaufen.

Auch einige Halbschmarotzer, die auf den Wurzeln ihrer Wirte sitzen, lösen Gallen aus. Hierzu gehören in Europa zum Beispiel die Leinblatt- (*Thesium*) und Klappertopfarten (*Rhinanthus*). Wenn sie ihre Haustorien ausbilden, vermehren und teilen sich die Zellen von feinen Wurzeln und Wurzelhaaren des Wirtes. Als Vollschmarotzer vollständig auf Kosten ihrer Wirte leben die Seidenarten (*Cuscuta*). Sie senken ihre Haustorien in oberirische Pflanzenteile und führen dort ebenfalls zu verändertem Wachstum. Im Porträtteil wird die Nessel-Seide (*Cuscuta europaea*) vorgestellt (S. 433 f.).

Fadenwürmer (Nematoda)

Die Fadenwürmer oder Nematoden sind meist dünne, etwa 1–2 mm lange, an beiden Körperenden zugespitzte Würmer, von denen einige Arten einfach gebaute Pflanzengallen erzeugen (**Abb. 28**). Meist handelt es sich dabei um Knötchen oder Verdickungen unterirdischer Pflanzenorgane. Einige leben aber auch oberirdisch in Pflanzenstängeln, wie etwa das Stängelälchen *Ditylenchus dipsaci*. Von ihm ist bekannt, dass es an über 400 Pflanzenarten Gewebeveränderungen auslösen kann. Diese sorgen beispielsweise an Habichtskraut (*Hieracium*) für auffällige Verkrümmungen des Stängels (S. 181) oder führen an Pippau (*Crepis*) zu Blattgallen (S. 128 f.).

Abb. 28: Weibliches Stängelälchen (*Ditylenchus dipsaci*).

Milben (Acari)

Aus der Gruppe der Spinnentiere sind nur Vertreter der Milben als Gallbildner bekannt. Als Verwandte der Spinnen besitzen sie normalerweise – im Unterschied zu den Insekten – vier Laufbeinpaare. Aber gerade die artenreichste Gruppe gallbildender Spinnentiere, die Gallmilben, entsprechen nicht dieser Regel: Sie besitzen nur zwei Beinpaare. Außer ihnen sind nur sehr wenige weitere Milben als Gallbildner bekannt.

Gallmilben (Eriophyoidea)

Weltweit gibt es fast 4000 Gallmilbenarten, bei uns über 500. Diese Milben gehören mit nur 0,1–0,2 mm Körperlänge zu den kleinsten Gliederfüßern. Außer der schon erwähnten Reduktion ihrer Laufbeine auf nur zwei Paare sind sie durch einen wurmartig schmalen Körper ausgezeichnet, bei dem die einzelnen Segmente des Hinterkörpers durch eine sekundäre Ringelung in eine Vielzahl schmaler Ringe nochmals zusätzlich untergliedert sind (**Abb. 29**). Die Tiere haben einen Mundstachel, mit dem sie Pflanzenzellen anstechen und aussaugen können. Die Vermehrung erfolgt über Eier. Aus diesen schlüpft eine Larve. Nach einer Häutung erfolgt ein Nymphenstadium, dem nach nochmaliger Häutung die Imago folgt. Je nach Milbenart können in einem Jahr viele Generationen entstehen. Bei der Ausbreitung spielt der Wind eine wichtige Rolle. Die Überwinterung findet

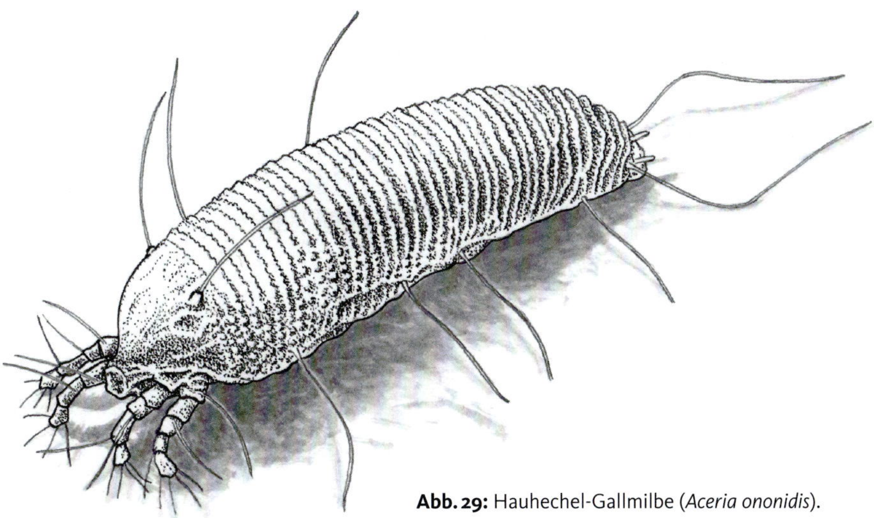

Abb. 29: Hauhechel-Gallmilbe (*Aceria ononidis*).

Abb. 30: Haselknospen-Gallmilben (*Phytoptus avellanae*) in einer aufgeschnittenen Galle.

meistens unter Knospenschuppen oder in Rindenspalten statt. Bei manchen Arten gibt es im Aussehen unterschiedliche Sommerweibchen (Protogyne) und Winterweibchen (Deutogyne). Außer den Gallmilben, die Pflanzengallen verursachen, gibt es auch solche, die frei auf den Pflanzen leben und auf diesen nur zu Verfärbungen führen. Angesichts der geringen Körpergröße erscheinen die von Gallmilben hervorgerufenen Gallen oft spektakulär und sind manchmal schon auf größere Entfernung zu erkennen. Die Eschenklunkern-Gallmilbe (*Aceria fraxinivora*) etwa verwandelt Teile der Blüten- und Fruchtstände von Eschen (*Fraxinus*) in oft mehrere Zentimeter große, klumpige Gebilde, die jahrweise außerordentlich häufig auftreten können (S. 157 f.). Eine weitere, fast das ganze Jahr hindurch (auch im Winter) leicht auffindbare Gallmilbe ist die Haselknospen-Gallmilbe (*Phytoptus avellanae*), die in deutlich verdickten Blattknospen von Hasel (*Corylus*) lebt. Trotz ihrer winzigen Größe von nur etwa 0,2 mm kann man in der aufgeschnittenen Knospe bereits bei etwa zehnfacher Vergrößerung die weißen, wurmförmigen Tiere gut erkennen (**Abb. 30**). Andere Arten erzeugen streng spezifisch bei bestimmten Holzgewächsen kugelige, stiftförmige oder hornartige, innen hohle Anschwellungen. Wieder andere bewirken silbrige, filzartig dichte Haarbildungen, wie etwa die Buchenblattfilz-Gallmilbe (*Aceria nervisequa*) entlang der Nerven auf der Oberseite oder zwischen den Nerven auf der Unterseite von Buchenblättern (*Fagus*, S. 147). Schließlich erzeugen verschiedene Gallmilben Randrollungen an Blättern, so die Pfaffenhütchen-Blattrandmilbe (*Eriophyes convolvens*) an Blättern des Pfaffenhütchens (*Euonymus*, S. 141). Auch an krautigen Pflanzen kommen viele zahlreiche Gallmilben vor.

Sonstige Milben

Von den wenigen sonstigen gallbildenden Milbenarten wird im Buch die Weichhautmilbe *Steneotarsonemus phragmitidis* vorgestellt. Sie besitzt, wie bei den Milben üblich, vier Laufbeinpaare und erzeugt an Schilf (*Phragmites*) etwas „unordentlich“ wirkende Gallen aus verknickten und faltig zusammengeschobenen Triebspitzen der Wirtspflanze (S. 220 f.).

Insekten

Die weitaus meisten Pflanzengallen werden durch Insekten hervorgerufen. Sowohl Insekten mit unvollständiger Verwandlung oder Metamorphose (hemimetabole Insekten) als auch solche mit vollständiger Verwandlung (holometabole Insekten), also Arten, die außer einem Larven- auch ein Puppenstadium besitzen, sind als Gallbildner bekannt.

Schnabelkerfe (Hemiptera)

Diese arten- und formenreiche Gruppe fasst hemimetabole Insekten zusammen, die mit ihren Mundwerkzeugen nur stechen und saugen, nicht dagegen beißen können. Dies ist für Gallbewohner insofern von Bedeutung, als dass sie nur überleben können, wenn entweder ihre Gallen nicht vollständig geschlossen sind oder sich die Gallen bei der Reife von selbst öffnen, sodass sie diese verlassen können. Aus dieser Gruppe werden hier Vertreter der Wanzen, der Blattläuse, der Blattflöhe und der Schildläuse vorgestellt.

Wanzen (Heteroptera)

Nur sehr wenige Wanzen sind als Gallbildner bekannt. In Mitteleuropa rufen nur zwei Netzwanzenarten (Familie Tingidae) typische Gallen hervor, beide an Gamanderarten (*Teucrium*, S. 411 f.). Die ausgewachsen nur etwa 3 mm großen Tiere gehören mit ihrem faszinierenden, fast die ganze Oberseite ihres Körpers bedeckenden Netzmuster aus zahlreichen winzigen Maschen zu den schönsten heimischen Wanzenarten (**Abb. 31**). Die Tiere entwickeln sich in den stark angeschwollenen Blütenknospen ihrer Wirtspflanzen. Diese sind am oberen Ende nicht vollständig geschlossen, sodass ihre Bewohner sie am Ende der Entwicklung verlassen können.

Abb. 31: Edelgamander-Keulengitterwanze (*Copium clavicorne*).

Blattläuse (Aphidoidea)

Bei den meisten Arten der Blattläuse folgen auf eine bisexuelle Generation mit Männchen und Weibchen mehrere Generationen, die ausschließlich aus Weibchen bestehen. Diese Weibchen entwickeln sich parthenogenetisch, also durch Jungfernzeugung. Hierbei können in kurzer Zeit riesige Kolonien entstehen. Ein solcher Entwicklungsgang mit bisexueller und parthenogenetischen Generationen wird als Holozyklus bezeichnet. In zahlreichen Fällen leben nicht alle Generationen auf derselben Pflanzenart, sondern es findet zusätzlich ein Wirtswechsel statt. Als Primärwirt gilt in diesem Fall die Pflanzenart, auf der sich Geschlechtstiere entwickeln, die andere Pflanzenart ist der Sekundärwirt.

Unter den Blattläusen gibt es eine große Zahl gallerzeugender Arten. Außer solchen, die an Blättern mehr oder weniger angeschwollene, auf der Unterseite etwas ausgehöhlte Kräuselungen verursachen, rufen einige charakteristische und zum Teil kompliziert gebaute Gallen hervor, meist an einer oder wenigen Wirtsarten, vor allem an bestimmten Bäumen. Besonders spektakulär sind solche Bildungen an den Gattungen Fichte (*Picea*), Pappel (*Populus*) und Ulme (*Ulmus*), im Mittelmeergebiet außerdem an Pistazie (*Pistacia*). Die an diesen Wirten lebenden Blattläuse haben in den meisten Fällen einen komplizierten holozyklischen Entwicklungsgang, in aller Regel verbunden mit einem obligatorischen Wirtswechsel.

Die Entwicklung beginnt mit einem befruchteten und am Primärwirt überwinterten Ei, aus dem die ungeflügelte Stammmutter schlüpft. Diese regt durch ihre Saugtätigkeit die Gallbildung an der Wirtspflanze an und bringt parthenogenetisch zahlreiche flügellose Nachkommen hervor, die meist lebend geboren werden, aber auch aus Eiern schlüpfen können. Oft erzeugen sie weitere flügellose Nachfolgegenerationen, bis schließlich im Frühsommer oder Hochsommer eine geflügelte Generation entsteht. Zur gleichen Zeit öffnet sich die Galle an einer oder

Abb. 32: Die Grüne Fichtengallenlaus (*Adelges viridis*) erzeugt an Lärchen (*Larix*), ihrem Sekundärwirt, gekrümmte oder geknickte Nadeln (Lärchenknicklaus).

mehreren Stellen, sodass die geflügelten Läuse sie verlassen können. Die Wanderstadien begeben sich nun zum Sekundärwirt, bei dem es sich – je nach Blattlausart – um eine andere Baumart, aber auch um bestimmte Kräuter oder Gräser handeln kann. Dort gebären sie wiederum ungeflügelte Nachkommen, die teils oberirdisch, teils unterirdisch am Sekundärwirt leben, meist ohne dort Gallen auszulösen. Es können aber zum Beispiel auch bestimmte Teile der Wirtspflanze verkrüppeln, wie dies etwa am Sekundärwirt der Grünen Fichtengallenlaus (*Adelges viridis*) der Fall ist (**Abb. 32**, siehe auch S. 229). Auch am Sekundärwirt entwickeln sich, oft nach weiteren Generationen ungeflügelter Nachkommen, geflügelte Blattläuse, die wieder zum Primärwirt zurückfliegen. Sie bringen dort wiederum eine ungeflügelte Generation hervor, die ihrerseits – zum ersten Mal im gesamten Entwicklungszyklus – Geschlechtstiere gebärt. Die Weibchen legen schließlich nach der Paarung oft nur ein einziges überwinterndes Ei ab. Damit beginnt der gesamte Zyklus wieder von vorn. Er kann sich – je nach Art – über ein oder zwei Jahre erstrecken.
Die meisten der gallbildenden Blattläuse scheiden Wachs ab. Dies schützt ihren eigenen Körper, überzieht aber auch den Innenraum der Galle. Im Innern der Galle abgegebene Honigtautropfen werden auf diese Weise sofort mit Wachs umgeben. Dies verringert die Gefahr, dass die Gallenbewohner am Honigtau kleben bleiben und verenden.

Blattflöhe (Psylloidea)

Blattflöhe sind meist kleine, 2–4 mm lange, springende und pflanzensaugende Insekten. Mit ihren dachförmig getragenen Flügeln (**Abb. 33**) erinnern sie an Zikaden, die jedoch meist deutlich größer sind. Ähnlich wie Zikaden haben auch Blattflöhe als geschlechtsreife, erwachsene Insekten (Imagines) dank ihrem verlängerten und kräftigen hinterem Beinpaar ein gut

Abb. 33: Imago des Buchsbaum-Blattflohs (*Trioza buxi*) neben der letzten Larvenhaut.

entwickeltes Sprungvermögen. Ein wichtiges Unterscheidungsmerkmal außer der Größe sind die recht langen Fühler der Blattflöhe. Verwandtschaftlich gehören Blattflöhe zu den Pflanzenläusen (Sternorrhyncha).

Sowohl die Imagines als auch die Larven der Blattflöhe stechen das Phloem ihrer Wirtspflanzen an. Dabei verursachen manche Arten typische Pflanzengallen. Diese sind nicht vollständig geschlossen oder sie öffnen sich am Ende der Larvalentwicklung durch einen Spalt. Oft stellen sie aber auch nur einfache, bucklige Emporwölbungen an Pflanzenblättern dar, an deren Unterseite sich die Tiere aufhalten. Die Eier werden mit einem Stiel in das Pflanzengewebe verankert. Bereits dieser Reiz führt bei manchen Arten wie dem Löwenzahn-Blattfloh (*Trioza dispar*, S. 407) dazu, dass eine kleine grubenförmige Galle in der Blattfläche entsteht. Die fünf Stadien durchlaufenden Larven sind stark abgeflacht. Bei vielen Arten produzieren sie weiße, oft stabförmige Wachsausscheidungen, die ihren Körper als dichten Kranz umgeben können. Das Wachs schützt die Tiere vor dem Austrocknen und lässt den Honigtau abperlen, den sie ausscheiden. Möglicherweise stellt das Wachs auch einen Schutz gegenüber Fressfeinden dar. Dennoch haben auch sie ihre speziellen Fressfeinde. So gibt es räuberische Wanzen, die gezielt in bestimmte Blattflohgallen eindringen, um die darin lebenden Blattflohlarven zu erbeuten (siehe S. 160).

Schildläuse (Coccoidea)

Die wie Blattflöhe zu den Pflanzenläusen (Sternorrhyncha) gehörenden Schildläuse zählen eigentlich nicht zu den typischen Gallenerzeugern. Abgesehen davon, dass man die meist unbeweglichen Weibchen manchmal mit Gallen verwechseln könnte (siehe S. 15), produzieren jedoch einige Wirtspflanzen um die saugenden Läuse herum wallartige Wucherungen, die der in diesem Buch vertretenen Definition der Gallen entsprechen. Als Beispiele werden die Eichen-Pockenschildläuse (*Asterodiaspis*, S. 274 f.), die Efeu-Pockenschildlaus (*Planchonia arabidis*, S. 176 f.) und die Buchen-Wollschildlaus (*Cryptococcus fagisuga*, S. 148) vorgestellt.

Käfer (Coleoptera)

Diese sehr artenreiche Insektenordnung enthält nur wenige typische Gallbildner. In den meisten Fällen handelt es sich um unspektakuläre Anschwellungen von Zweigen, wie sie etwa durch viele Bockkäfer oder Prachtkäfer hervorgerufen werden. Ein Beispiel hierfür ist der Kleine Pappelbock (*Saperda populnea*, S. 257 f.), der mit seiner interessanten Nagefigur vor der Eiablage und der daraus folgenden Gewebswucherung am Wirtsbaum eine

Abb. 34: Der 2–3 mm große Rüsselkäfer *Gymnetron villosulum* entwickelt sich in kugeligen Gallen an Ehrenpreisarten, die im Wasser wachsen.

Besonderheit unter den Käfern darstellt. Recht typische und spektakuläre Gallen werden von einigen Rüsselkäfern verursacht, etwa die spindelförmigen Gallen an den blattlosen Trieben von Seidenarten (*Cuscuta*, S. 129), die knolligen Wurzelgallen an Leinkraut (*Linaria*) oder die zu fleischigen Kugeln umgewandelten Knospen aquatischer Ehrenpreisarten (*Veronica*). Entsprechend der geringen Ausmaße der entsprechenden Pflanzenorgane handelt es sich bei gallenbildenden Rüsselkäfern fast ausnahmslos um kleine Arten von kaum mehr als 2–3 mm Körperlänge. Oft findet man die Käfer auch außerhalb der Paarungs- und Eiablagezeit auf den Pflanzen (**Abb. 34**).

Schmetterlinge (Lepidoptera)

Auch unter den Schmetterlingen gibt es nur wenige Gallenerzeuger. Es handelt sich dabei ausschließlich um Vertreter der sogenannten Kleinschmetterlinge (**Abb. 35**) und damit um Schmetterlinge, die in aller Regel ziemlich klein und unscheinbar gefärbt sind und die eine eher versteckte, meist nächtliche Lebensweise führen. Bei den meisten der gallbildenden Arten fressen die Raupen im Innern der Pflanzentriebe. Diese verdicken sich dadurch oft nur schwach. Doch es gibt auch Arten mit geradezu spektakulären Gallen (siehe S. 236 f.). Etwas aus dem Rahmen fallen auch die interessanten Gallbildungen des Kiefern-Harzgallenwicklers (*Retinia resinella*, S. 235 f.) und der Eichentriebmotte (*Stenolechia gemmella*, S. 277 f.).

Abb. 35: Heckenkirschen-Triebgeistchen (*Pterotopteryx dodecadactyla*).

Zweiflügler (Diptera)

Die Zweiflügler, also die Fliegen und Mücken, stellen neben den Käfern und Hautflüglern die artenreichste Insektenordnung dar. Zu ihnen gehören auch viele Gallenerzeuger. Unter den Fliegen sind es dabei vergleichsweise wenige Vertreter einiger verschiedener Familien, während unter den Mücken die Familie der Gallmücken die artenreichste Gruppe aller Gallbildner darstellt.

Fliegen (Brachycera)

Einige typische Gallenerzeuger gehören zur Familie der Frucht- und Bohrfliegen (Tephritidae). Ihre Vertreter sind meist durch auffällig gescheckte Flügel ausgezeichnet, die von den Männchen als Signalgeber bei der Balz, aber auch zur Abwehr von Konkurrenten eingesetzt werden. Außer einigen bedeutenden Schädlingen wie der Kirschfruchtfliege (*Rhagoletis cerasi*) und der Walnussfruchtfliege (*Rhagoletis completa*) zählen hierzu verschiedene Arten, die sich in Stängelgallen oder Blütenkopfgallen zum Beispiel an Kratzdisteln (*Cirsium*) entwickeln (S. 115 ff.). Außer einer markanten Flügelzeichnung besitzen sie, wie die meisten Bohrfliegen, sehr bunt gezeichnete Augen (**Abb. 36**). Die Männchen besetzen die Blütenköpfe der Kratzdisteln und verteidigen ihr Revier gegenüber gleichgeschlechtlichen Artgenossen. Weibchen dagegen sind jederzeit willkommen. Diese versenken nach der Befruchtung mit ihrem gut entwickelten Legebohrer die Eier – je nach Art – entweder in ein Distelkörbchen oder in den Stängel, wo sich dann später das ausgesprochen harte Gallengewebe entwickelt. Eine andere hier vorgestellte Art entwickelt sich in Wurzelgallen an Schafgarbe (*Achillea*, S. 72 f.). Sehr auffallend sind auch die Zigarrengallen der Schilfgallenfliege (*Lipara lucens*), die regelmäßig an Schilfstängeln (*Phragmites*) zu finden sind (S. 223 f.).

Abb. 36: Distel-Bohrfliege (*Urophora cardui*).

Gallmücken (Cecidomyiidae)

Weltweit sind 6000 Gallmückenarten bekannt, davon sind über 800 bei uns heimisch. Allerdings lösen bei Weitem nicht alle von ihnen Gallen aus. Bei vielen Gallmücken besiedeln die Larven bereits vorhandene Gallen als Einmieter (Inquilinen). Andere führen eine vollkommen andere Lebensweise, indem sie als Larven Blattläuse jagen. Wieder andere ernähren sich von den Sporen von Rostpilzen (**Abb. 37**). Die meisten Gallmücken erlangen als ausgewachsenes Insekt eine Größe von gerade einmal 2–3 mm. Nur wenige, wie die Gewöhnliche Buchen-Gallmücke (*Mikiola fagi*), werden größer (**Abb. 38**). Sie fliegt bereits an den ersten warmen Frühlingstagen und ist an ihrer Größe und Färbung leicht zu erkennen. Ihr Hinterkörper ist – wie bei vielen anderen Gallmücken – leuchtend rot, ähnlich wie bei einer Stechmücke, die kurz zuvor Blut gesaugt hat. Sie kann aber, ganz im Gegensatz zu dieser, nicht stechen, da ihre Mundwerkzeuge verkümmert sind. Während sich mit dieser weitverbreiteten und leicht kenntlichen Art schon verschiedene Forscher beschäftigt haben, wissen wir über die Lebensweise vieler anderer Arten nur wenig. Auch die Arten selbst sind derzeit vielfach noch unzureichend bekannt.

Abb. 37: Die Larven der Gallmückengattung *Mycodiplosis* ernähren sich von Rostpilzen, hier von dem Ehrenpreisrost (*Puccinia veronicarum*, S. 440 f.).

Abb. 38: Die Gewöhnliche Buchen-Gallmücke (*Mikiola fagi*) ist rund 5 mm lang.

Hautflügler (Hymenoptera)

Auch die artenreiche Ordnung der Hautflügler, also die als Bienen, Wespen und Ameisen bekannten Insekten, stellt eine größere Zahl von Gallbildnern. Die meisten von ihnen gehören zu den Blattwespen und den Gallwespen. Auch einige, hier nicht näher vorgestellte Vertreter der Erzwespen (Chalcidoidea), insbesondere solche aus der sonst überwiegend parasitisch lebenden Familie Eurytomidae, sind als Gallbildner bekannt. Sie erzeugen vor allem Stängelgallen an Gräsern.

Echte Blattwespen (Tenthredinidae)

Die Echten Blattwespen besitzen als primitive Vertreter der Hautflügler keine Wespentaille. Ihnen fehlt somit die Einschnürung im vorderen Teil des Hinterleibs, die für andere Wespen charakteristisch ist. Als Gallbildner sind vor allem die Arten der Gattung *Euura* bekannt. Sie rufen streng wirtsspezifisch jeweils an meist nur einer einzigen Weidenart (*Salix*) blasenförmige

Abb. 39: Etwa 4 mm große Blattwespe der Gattung *Phyllocolpa*.

Blattgallen hervor (S. 372 ff.). Die Arten der nahe verwandten Gattung *Phyllocolpa* (**Abb. 39**) erzeugen dagegen sehr einfache Gallen an den Rändern von Weidenblättern, die aus dem umgeschlagenen oder etwas gerollten Blattrand bestehen (S. 383). Von den übrigen gallerzeugenden Blattwespen sei auf *Hoplocampoides xylostei* hingewiesen, die an jungen Zweigen der Heckenkirsche (*Lonicera*) sehr auffallende, stark an Radieschen erinnernde Anschwellungen hervorruft (S. 204 f.).

Gallwespen (Cynipidae)

Die bekanntesten Gallbildner sind zweifellos die Gallwespen. In Europa leben rund 250 Arten. Aber nicht alle lösen tatsächlich Gallen aus, einige entwickeln sich auch als Einmieter in Gallen anderer Gallwespen. Nur wenige Gallwespen erzeugen Gallen an Kräutern, etwa die Gundermann-Gallwespe (*Liposthenes glechomae*, S. 173 f.). Die Arten der Gattung *Diplolepis* rufen Gallen an Rosen hervor. Am bekanntesten sind dabei die bis über 5 cm großen, mit verzweigten, haarigen Fortsätzen ausgestatteten „Schlafäpfel" oder Bedeguare der Schlafapfel-Gallwespe (*Diplolepis rosae*, S. 355 f.).

Etwa die Hälfte aller europäischen Gallwespen entwickelt sich in Eichengallen. Diese findet man artspezifisch in sehr unterschiedlichen, zum Teil geradezu abenteuerlichen Formen an fast allen Teilen der Bäume. Erstaunlich ist auch der komplizierte Generationswechsel der Eichengallwespen, der erst vor etwa 140 Jahren in Nordamerika entdeckt wurde und sich später auch bei unseren Arten bestätigen ließ. Die heimischen Eichengallwespen bringen, soweit man bisher weiß, zwei verschiedene Generationen hervor. Die eine besteht aus Männchen und Weibchen und vermehrt sich zweigeschlechtlich (bisexuell). Die andere dagegen umfasst nur Weibchen, die sich durch Jungfernzeugung (Parthenogenese) eingeschlechtlich über unbefruchtete Eizellen fortpflanzen. In der Literatur werden diese beiden Generationen oft auch als geschlechtlich (sexuell) und ungeschlechtlich (agam) bezeichnet. Diese Bezeichnungen sind aber unkorrekt, da es sich bei der Parthenogenese ebenfalls um einen Geschlechtsvorgang handelt. Die Form des regelmäßigen Wechsels von bisexueller und parthenogenetischer Vermehrungsweise ist als Heterogonie bekannt.

Die Wespen der beiden Generationen sehen meist verschieden aus und entwickeln sich grundsätzlich in ganz verschiedenen Gallen. So können die Tiere der einen Generation geflügelt, die der anderen ungeflügelt sein. Die Gallen der einen Generation können beispielsweise an Eichenwurzeln sitzen, die der anderen an Zweigen, Blättern oder Knospen. Einige Arten wechseln sogar von Generation zu Generation die Wirtsbaumart, indem sich etwa die zweigeschlechtliche Generation nur an der Zerr-Eiche (*Quercus cerris*), die eingeschlechtliche dagegen an der Stiel-Eiche (*Quercus robur*) entwickeln. Sie kommen daher nur dort vor, wo beide Wirtsarten in nicht zu großer Entfernung voneinander wachsen. Ein Beispiel hierfür ist *Andricus quercuscalicis*, die Knoppern-Gallwespe (S. 302 f.). Die parthenogenetische Generation entwickelt sich in auffälligen Gallen am Fruchtbecher der Stiel-Eiche, die bisexuelle Generation dagegen in nur 1–2 mm großen Gallen an den männlichen Blütenständen der Zerr-Eiche. Auch bei vielen anderen Eichengallwespen sind die Gallen einer (meist der bisexuellen) Generation winzig oder sitzen an verborgenen Stellen.

So war es in vielen Fällen schwierig, diese Zusammenhänge aufzuklären, und es wundert nicht, dass die beiden Generationen lange Zeit für verschiedene Arten gehalten und auch als solche beschrieben wurden. Teilweise wurden sie sogar verschiedenen Gattungen zugeordnet. Bis heute kennt die Wissenschaft von vielen Arten nur einen Gallentyp und damit nur einen Fortpflanzungsmodus. Vielleicht verbirgt sich die andere Generation unter einer scheinbar anderen Art, oder aber die Galle und mit ihr die Wespe der anderen Generation wurden bisher noch nicht entdeckt. Es wäre aber auch denkbar, dass einige, möglicherweise sogar alle bisher nur mit einem Gallentyp bekannten Eichengallwespen tatsächlich nur in einem Fortpflanzungsmodus vorkommen, sich also nur zweigeschlechtlich oder nur durch Jungfernzeugung vermehren. Ein solcher Fall ist aber bisher nicht sicher bekannt. Um dies zu klären, wären aufwendige Zuchtversuche notwendig.

Merkwürdig ist auch, dass sich in Mitteleuropa ansonsten nur noch die einzige an einem anderen Baum lebende Gallwespe, die Ahorn-Gallwespe (*Pediaspis aceris*), wie die Eichengallwespen über zwei verschiedene Generationen fortpflanzt. Alle übrigen Gallwespen haben nur einen Fortpflanzungstyp, in der Regel den zweigeschlechtlichen.

Der komplizierte Entwicklungsgang lässt sich besonders gut bei der Eichenschwamm-Gallwespe (*Biorhiza pallida*) beobachten. Regelmäßig laufen mitten im Winter (vor allem im Dezember und Januar) ihre parthenogenetischen Weibchen über den Schnee (**Abb. 40**).

Abb. 40: Das parthenogenetische Weibchen der Eichenschwamm-Gallwespe hat keine Flügel und erinnert damit an eine Ameise.

Abb. 41: Mit dem Legebohrer versenkt es seine Eier in Eichenknospen.

Sie haben sich aus Wurzelgallen an Eichen (*Quercus*) zur Erdoberfläche emporgearbeitet und streben nun Eichenstämmen zu, um dort zu den Zweigspitzen zu wandern und ihre Eier in die Knospen zu legen (**Abb. 41**). Bis zum Frühjahr schlüpfen die Wespenlarven, und die Knospen entwickeln sich unter ihrem Einfluss in wenigen Wochen zu den weithin sichtbaren Schwammgallen (**Abb. 42**). Aus ihnen schlüpft im Juni oder Juli eine Generation mit Männchen und Weibchen (**Abb. 43**). Diese paaren sich und anschließend graben sich die Weibchen in den Erdboden hinab, um dort ihre Eier in Eichenwurzeln abzulegen. Dort entwickeln sich die Wurzelgallen (**Abb. 44**), aus denen wiederum, aber erst nach eineinhalb Jahren, die flügellosen Weibchen der parthenogenetischen Generation schlüpfen.

Abb. 42: Die schwammigen Zweiggallen der bisexuellen Generation erinnern etwas an Kartoffeln.

Abb. 43: Die Wespen der bisexuellen Generation sind meist normal geflügelt.

Abb. 44: Die parthenogenetische Generation entwickelt sich in knollenartigen Gallen an Eichenwurzeln.

Insektenlarven und Puppen in Gallen

Gallen, die durch Insekten verursacht wurden, sind in der Regel die „Kinderstuben“ der Erzeuger: In ihrem Innern entwickeln sich deren Larven. Bei den holometabolen Insekten liegen oft auch noch die Puppen in den Gallen. Wer die Merkmale dieser Entwicklungsstadien kennt, kann in vielen Fällen auch unbekannte Gallen einordnen. Im Folgenden werden deshalb einige Larven und Puppen der gallbildenden Insekten vorgestellt.

Larven hemimetaboler Insekten

Bei diesen Insekten ähneln die Larven bereits der Imago. Im Laufe mehrerer Häutungen nähert sich die Larve schrittweise dieser an, so treten beispielsweise Flügel immer mehr hervor. Diese späten Larvenstadien werden auch als Nymphen bezeichnet. Es gibt kein Puppenstadium.

Wanzen

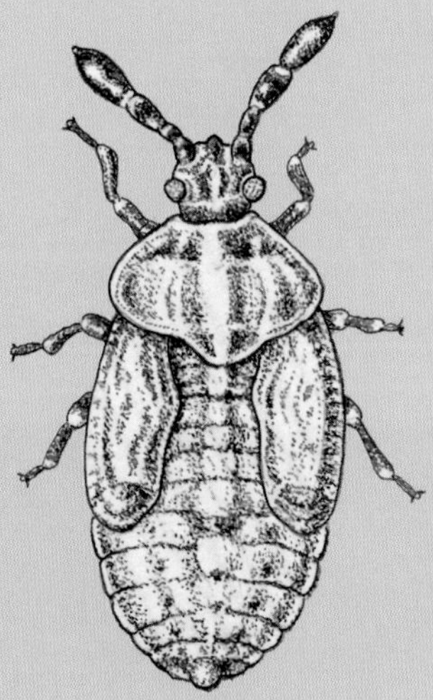

Abb. 45: Larve der Netzwanze *Copium* sp.

Blattläuse

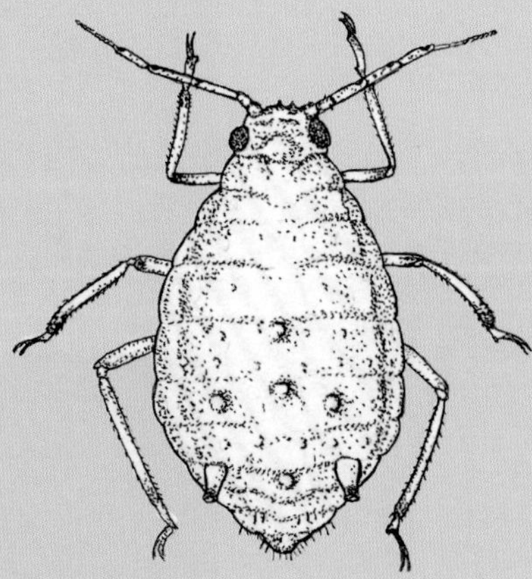

Abb. 46: Larve der Blattlaus *Brachycaudus* sp.

Blattflöhe

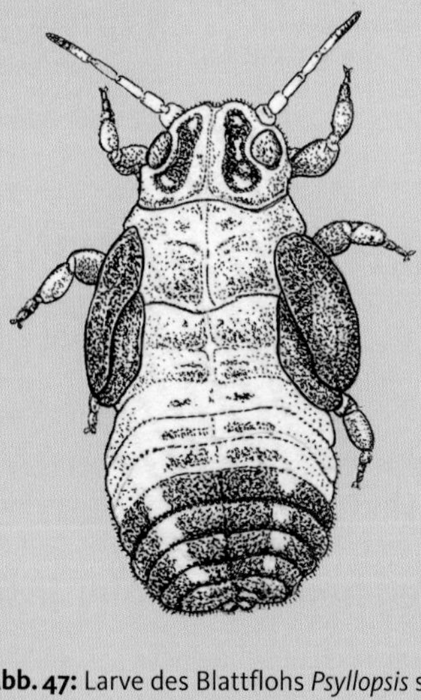

Abb. 47: Larve des Blattflohs *Psyllopsis* sp.

Larven und Puppen holometaboler Insekten

Die Larven unterscheiden sich sehr stark von der Imago. Zwischen dem letzten Larvenstadium und der Imago ist ein Puppenstadium eingeschaltet. Während dieses Ruhe- oder Übergangsstadiums findet die Metamorphose zur Imago statt.

Käfer

Die Larven der Rüsselkäfer sind beinlos und leicht gekrümmt und haben beißende Mundwerkzeuge. Die ebenfalls beinlosen Larven des Kleinen Pappelbocks (*Saperda populnea*) können sich dank Stemmwülsten am Körper in ihren Gängen fortbewegen. Sie haben besonders kräftig ausgebildete Mundwerkzeuge. Bei den Puppen der Käfer handelt es sich um freie Puppen.

Schmetterlinge

Die walzenförmigen Larven, die Schmetterlingsraupen, tragen deutliche Mundwerkzeuge am Kopf, haben aber nur unscheinbare Punktaugen. An den ersten drei Körpersegmenten sitzen gegliederte Beinpaare, weitere Segmente können insgesamt bis zu vier Paar ungegliederte Bauchbeine tragen. Am letzten Hinterleibssegment sitzt ein Paar Nachschieber. Bei den Puppen handelt es sich um Mumienpuppen, die bei manchen Arten von einem Kokon umgeben sind.

Fliegen

Die Fliegenlarven sind beinlose Maden ohne Kopfkapsel. Sie verpuppen sich in der nicht abgeworfenen vorletzten und letzten Larvenhaut zu einer Tönnchenpuppe. Innerhalb des Tönnchens liegt eine Puppe, bei der die Scheiden der Extremitäten frei sind.

Gallmücken

Die Larven der gallbildenden Arten sind spindelförmig, beinlos und ohne Kopfkapsel. Bei den meisten Gattungen besitzen sie im letzten oder vorletzten Stadium eine Verdickung der Kutikula an der Brust. Diese Brustgräte dient zum Beispiel den Larven der Gattung *Contarinia* als Sprunggabel. Dank dieser können sie sich in die Luft schnellen und so ruckartig, jeweils bis zu mehrere Zentimeter weit fortbewegen. Da sich diese Larven nicht in der Galle, sondern im Erdboden verpuppen, ermöglicht es ihnen diese Fortbewegungsart, möglichst rasch an einen geeigneten Ort zu gelangen. Bei den Puppen handelt es sich um Mumienpuppen. Manche Puppen tragen auf dem Scheitelgebiet zwei Chitinhöcker, die als Bohrhörnchen dazu dienen können, die Gallenwand zu durchdringen.

Echte Blattwespen

Die walzenförmigen Larven der Blattwespen ähneln auf den ersten Blick jenen von Schmetterlingen und werden als Afterraupen bezeichnet. An ihrem rundlichen Kopf sitzen zwei deutliche Punktaugen. Meist besitzen sie 3 Paar gegliederte Brustbeine und 7 oder 8 Paar ungegliederte Bauchbeine. Bei den meisten gallbildenden Blattwespen verlassen die Afterraupen die Galle und verpuppen sich im Boden.

Gallwespen

Die Larven der Gallwespen sind beinlos und besitzen eine Kopfkapsel mit zwei stumpfen Zähnen. Ihr Körper ist weißlich und weich. Bei den Puppen handelt es sich um Mumienpuppen.

Käfer

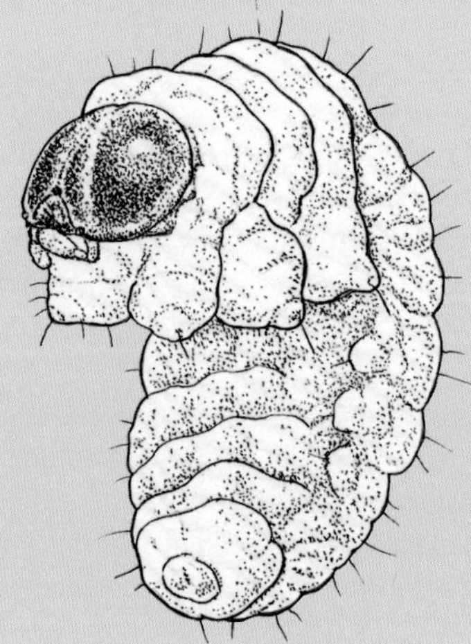

Abb. 48: Larve des Rüsselkäfers *Rhinusa* sp.

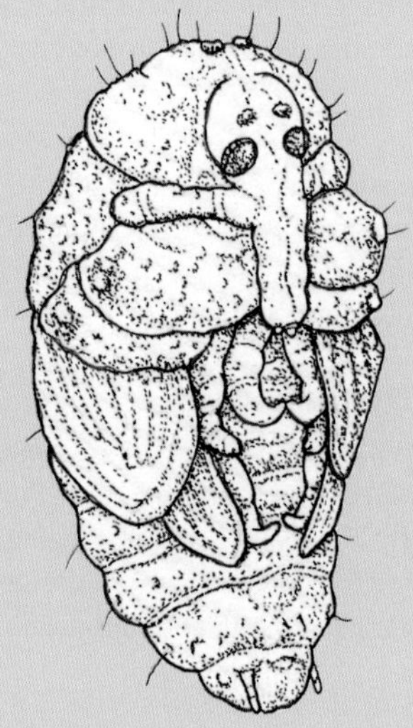

Abb. 49: Puppe des Rüsselkäfers *Rhinusa* sp.

Schmetterlinge

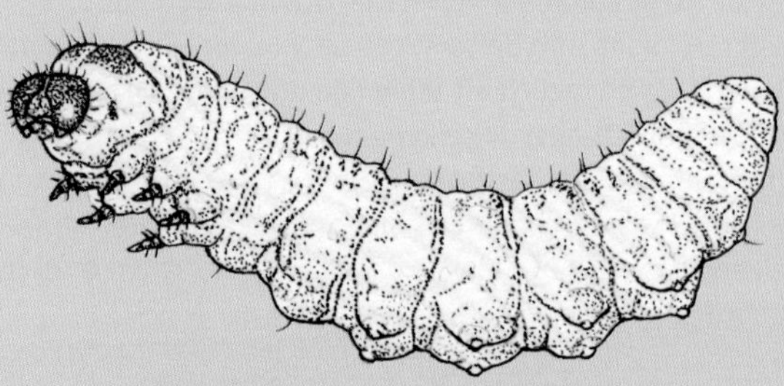

Abb. 50: Raupe der Fransenmotte *Mompha* sp.

Abb. 51: Puppe der Fransenmotte *Mompha* sp., abgebildet ohne Kokon.

Fliegen

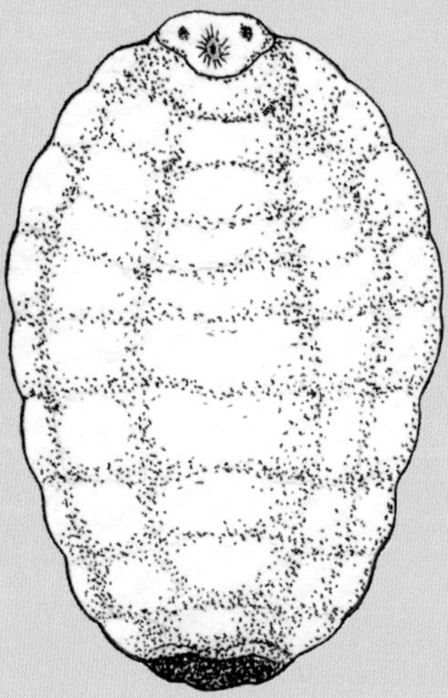

Abb. 52: Larve der Bohrfliege *Urophora* sp.

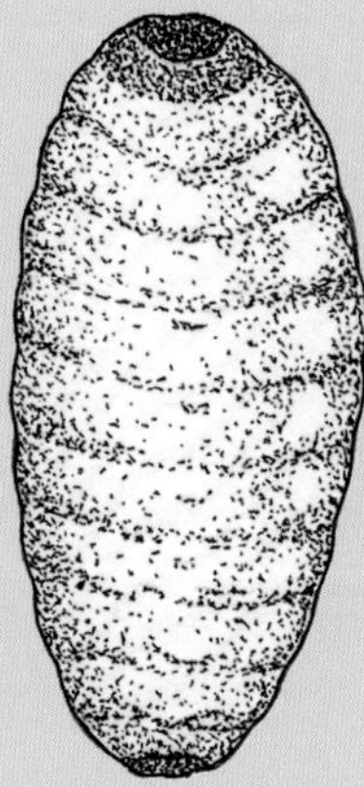

Abb. 53: Puppe der Bohrfliege *Urophora* sp.

Gallmücken

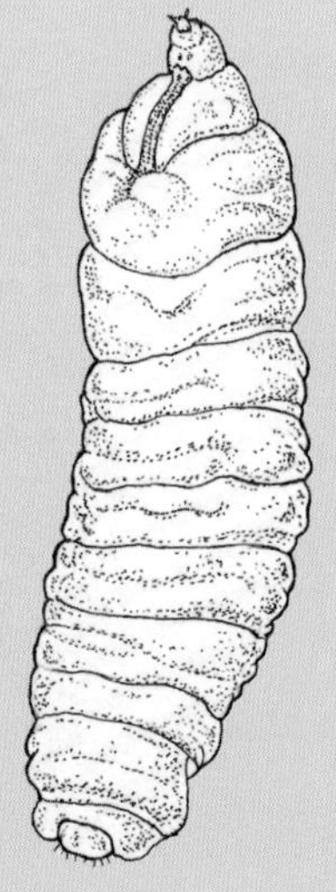

Abb. 54: Larve der Gallmücke *Lasioptera* sp.

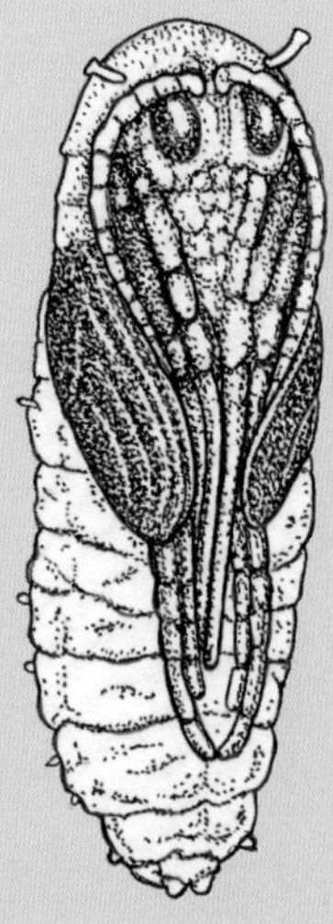

Abb. 55: Puppe der Gallmücke *Obolodiplosis* sp.

Blattwespen

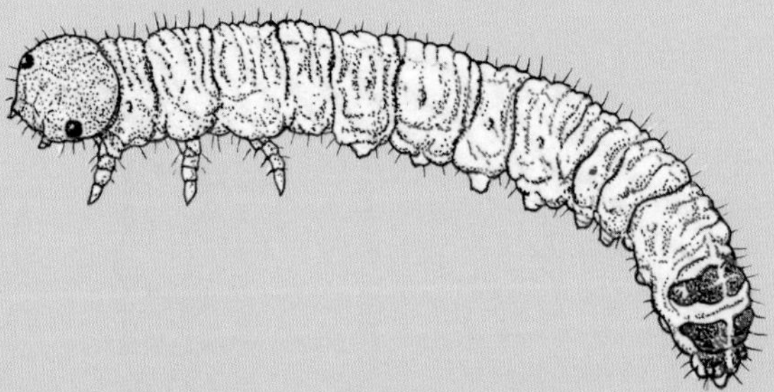

Abb. 56: Afterraupe der Blattwespe *Phyllocolpa* sp.

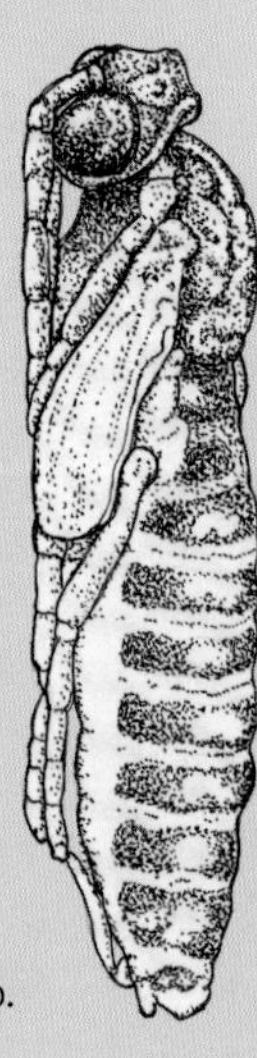

Abb. 57: Puppe der Blattwespe *Euura* sp.

Gallwespen

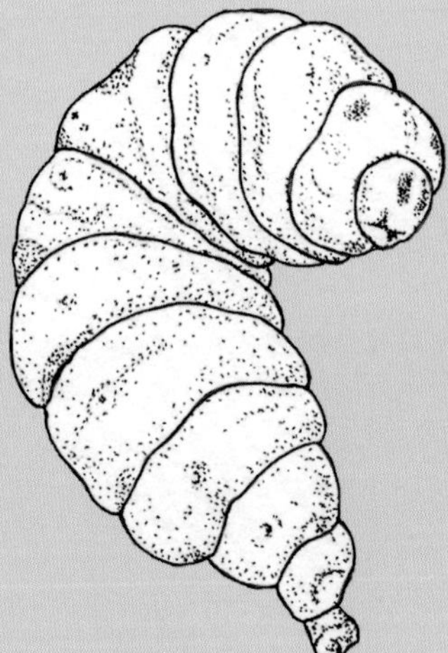

Abb. 58: Larve der Gallwespe *Diplolepis* sp.

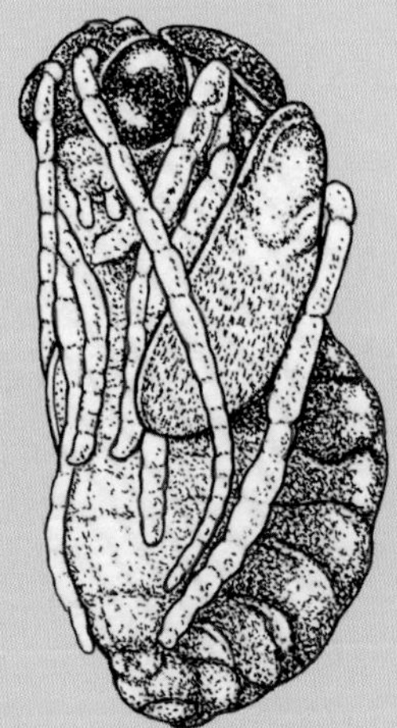

Abb. 59: Puppe der Gallwespe *Neuroterus* sp.

Einteilung der Gallen nach ihrer Form

Noch ohne die Verursacher zu kennen, lassen sich Gallen anhand ihrer Form klassifizieren. Dabei handelt es sich um ein sehr altes Prinzip, das jedoch auch heute noch bei der Einteilung und Charakterisierung der Gallen hilft. Traditionsgemäß wird es ausschließlich für tierische Gallen angewandt und nicht für solche, die durch Pflanzen, Pilze oder Bakterien ausgelöst werden. In vielen Fällen lassen die Formen Rückschlüsse auf ihre Erzeuger zu. Die wichtigsten Formen sind:

Filzgallen: Ausschließlich von Gallmilben ausgelöste, stark behaarte Flecken oder Haarbüschel, die sich gewöhnlich auf der Blattfläche befinden. Die Milben leben zwischen den oft charakteristisch geformten Haaren. Beispiel: Feldahornfilz-Gallmilbe (*Aceria eriobia*, S. 62).

Grubengalle: Ein mehr oder weniger runder Bereich der Blattspreite ist auf der einen Blattseite aufgewölbt, auf der anderen vertieft. Ausgelöst von Gallmilben, Blattflöhen und Schildläusen. Beispiel: Nelkenwurzblatt-Gallmilbe (*Cecidophyes nudus*, S. 170 f.).

Blasengalle, Blistergalle: Ähnlich der Grubengalle, aber der aufgewölbte Bereich ist auf beiden Seiten von Pflanzengewebe bedeckt. Er kann ganz verschlossen sein oder eine winzige Öffnung aufweisen. In manchen Fällen überzieht auf der vertieften Seite nur die Epidermis die Mulde und der Verursacher befindet sich ähnlich wie ein Arzneimitteldragee in seinem Blister in einem von einem dünnen Häutchen überzogenen Schutzraum. Als Auslöser kommen besonders Gallmilben und Gallmücken infrage. Beispiele: Birnenpockenmilbe (*Eriophyes pyri*, S. 270 f.), Gewöhnliche Löwenzahnblatt-Gallmücke (*Cystiphora taraxaci*, S. 408).

Beutelgalle: Hohle Aufwölbung des Blattes. Auf der einen Seite der Blattspreite entsteht ein Beutel oder Dom, auf der anderen bleibt eine mehr oder weniger kleine Öffnung bestehen oder bildet sich während der Gallenentwicklung. Verursacher können Gallmilben, Gallmücken, Blattläuse oder Blattflöhe sein. Beispiel: Gewöhnliche Buchen-Gallmücke (*Mikiola fagi*, S. 150 f.).

Rollengalle und Faltengalle: Der Blattrand oder ein größerer Bereich der Blattfläche ist eingerollt oder eingefaltet. Hierfür kommen eine Vielzahl von Auslösern infrage: Gallmilben, Gallmücken, Blattläuse, Blattflöhe, Blattwespen und Thripse. Beispiele: Robinienblattroll-Gallmücke (*Obolodiplosis robiniae*, S. 347 f.), Krause Ahornblattfalten-Gallmücke (*Dasineura irregularis*, S. 69).

Geschlossene Galle: Oft sehr komplexe Gallen, bei denen der Verursacher vollständig von Gewebe eingeschlossen ist. Dabei kann die Larve schon sehr früh von Pflanzengewebe umgeben sein, wenn das Weibchen das Ei in das Pflanzengewebe abgelegt hat oder die frisch geschlüpfte Larve sich hineingegraben hat. Solche Gallen können von Gallmücken, Gallwespen, Blattwespen und Bohrfliegen ausgelöst werden. Geschlossene Räume können auch entstehen, wenn der Verursacher zuerst auf der Oberfläche des Blattes oder Stängels frisst und dadurch das Wachstum des Pflanzengewebes so anregt, dass dieses um ihn herum wächst und schließlich vollständig einschließt. Hierfür kommen Blattläuse, Schildläuse, Gallmücken und Blattwespen infrage. Geschlossene Gallen lassen sich anhand ihrer Form und Konsistenz weiter untergliedern, zum Beispiel in Ballgallen, Murmelgallen, Spindelgallen, Igelgallen oder Stachelige Gallen. Beispiel: Gemeine Eichengallwespe (*Cynips quercusfolii*, S. 321 ff.).

Knospen- und Rosettengalle: Es kann sich hierbei um vergrößerte Knospen handeln oder auch um ganze Gruppen umgebildeter Blätter, die Rosetten oder artischocken- bis ananasähnliche Formen bilden. Diese Gallenformen können von Gallmilben, Gallmücken oder Fichtengallenläusen verursacht werden. Beispiel: Eichenrosen-Gallwesepe (*Andricus foecundatrix*, S. 287 f.), Weidenrosen-Gallmücke (*Rabdophaga rosaria*, S. 369 f.).

Wenn mehrere der Gallenerzeuger einer Art gleichzeitig auftreten, können sich ihre Gallen auch miteinander verbinden und so ganze Komplexe bilden. Beispiel: Gundermann-Gallwespe (*Liposthenes glechomae*, S. 173 f.), Lindentrieb-Gallmücke (*Contarinia tiliarum*, S. 417), *Xestophanes potentillae*, S. 262.

Parasiten und Parasitoide

Die gallbildenden Insekten sind zahlreichen parasitischen Insektenarten ausgesetzt, also anderen Insekten, die an, in oder von ihnen schmarotzen. Endet der Befall mit dem Tod des Wirts, so handelt es sich um Parasitoide.

In den Gallen entwickeln sich vor allem verschiedene Wespen aus der sehr artenreichen Überfamilie der Erzwespen (Chalcidoidea, **Abb. 60**), insbesondere verschiedene Arten der Torymidae. Bei den meist auffällig metallisch gefärbten Tieren besitzen die Weibchen einen oft mehr als körperlangen Legebohrer, mit dem sie ihre Eier in Gallen ablegen. *Torymus bedeguaris* etwa parasitiert bei den Larven der Schlafapfel-Gallwespe (*Diplolepis rosae*, S. 355 f.). Andere Arten dieser Gattung sind als Parasitoide von an Eichen lebenden Gallwespenlarven bekannt. Auch Gallmücken und weitere gallerzeugende Insekten besitzen ihre speziellen Parasitoide. Oft schlüpfen auch Schlupfwespen (Ichneumonidae) aus den Gallen (**Abb. 61**).

Vor allem durch Parasitoide kommt es zu den auffallenden Häufigkeitsschwankungen bei Gallen von Jahr zu Jahr. In manchen Jahren treten die Gallen und mit ihnen die Gallenerzeuger besonders häufig auf und bieten damit ihren Parasitoiden optimale Entwicklungs- und Vermehrungsbedingungen. In der Folge werden diese immer häufiger, bis sie schließlich ihre Wirtsarten so weit zurückgedrängt haben, dass sie zwangsläufig wieder immer seltener werden.

Abb. 60: Erzwespe aus der Galle der Buchsbaum-Gallmücke (*Monarthropalpus flavus*, S. 98).

Abb. 61: Gelbe Rosenschlupfwespe (*Orthopelma mediator*) aus der Galle der Schlafapfel-Gallwespe (*Diplolepis rosae*).

Die Populationen der Wirte können sich dann wieder erholen, bis es nach einigen Jahren wieder zu auffallenden „Gallenjahren“ kommt.
Da einige der Parasiten auf ganz bestimmte Wirtsarten spezialisiert sind, andere aber über ein weiteres Spektrum geeigneter Wirte verfügen, können die Massenentwicklungen einmal nur einzelne Arten, in anderen Fällen ein größeres Artenspektrum betreffen. Das Ganze wird aber noch viel komplizierter, da auch die Parasiten spezielle Hyperparasiten besitzen, die sie dezimieren, und auch die Hyperparasiten können wiederum von Tertiärparasiten heimgesucht werden. So entsteht schließlich ein sehr unübersichtliches Beziehungsgeflecht, bei dem sich mit jeder neuen Parasitierungsebene ein jeweils umgekehrter Effekt auf den ursprünglichen Wirt ergibt. Oft wird mit jeder Parasitierungsstufe der Parasit kleiner, oft wird aber auch zusätzlich jeweils seine Anzahl größer. So kann es nicht überraschen, dass aus den vielkammerigen Schlafapfelgallen oft viel mehr Parasitoide als Gallwespen schlüpfen.

Inquilinen

Nicht alle Gallbesiedler, die außer dem Gallenerzeuger die Gallen bewohnen, sind Parasiten oder Parasitoide, die vom Körper des Gallenerzeugers zehren. In sehr vielen Fällen handelt es sich vielmehr um Inquilinen, also Einmieter, die neben dem Gallenerzeuger in der Galle leben und sozusagen als „Mitesser“ Teile des Gallengewebes verzehren. Auch sie schaden hierdurch meist dem rechtmäßigen Gallbewohner, können sich aber oft durchaus gleichzeitig mit ihm erfolgreich entwickeln. So ergibt es sich bei der Untersuchung von Milbengallen nicht selten, dass mehrere Arten von Gallmilben die gleichen Gallen bewohnen. Hier handelt es sich in aller Regel um eine Milbenart, die die Gallen erzeugt hat, und eine oder mehrere weitere, die zusätzlich in diesen Gallen leben. Manchmal wird es schwierig zu erkennen, welche dieser Arten tatsächlich die Gallbildung ausgelöst hat, und es wird verständlich, dass bei manchen Gallbildungen ihre Entstehungsweise noch nicht restlich geklärt ist. Ein Beispiel hierfür sind die „Wirrzöpfe“ an Weiden (S. 363 ff.), für die es bisher immer wieder andere Erklärungen gab.
Außer solchen „friedlichen“ Inquilinen gibt es auch solche, die den Gallenerzeuger zwar nicht angreifen, durch ihre Lebensweise und die daraus resultierenden Ereignisse aber indirekt seinen Tod bewirken. Ein Beispiel hierfür ist die winzige Erzwespe *Dichatomus acerinus* (**Abb. 62**). Das Weibchen legt mehrere Eier in eine Galle der Ahorn-Gallwespe (*Pediaspis aceris*). Die Larven beginnen in der Folge an der Innenwand der Galle zu fressen, wodurch das Wachstum des Gallgewebes im Sinne der Inquilinen gewissermaßen „umprogrammiert“ wird. An jeder Stelle, an der eine *Dichatomus*-Larve frisst, bildet sich eine nach außen zugespitzte Vorwölbung (**Abb. 63**). Zusätzlich bildet sich weiteres, holzartig festes Gewebe im zuvor großen Hohlraum im Innern der Galle, sodass dieser schließlich vollkommen verschwindet und dadurch die ursprüngliche Gallenerzeugerin erdrückt wird (**Abb. 64**). Aus der weichen, leicht komprimierbaren Kugelgalle mit weniger als 1 mm Wanddicke (siehe S. 70) ist nun eine holzig harte Galle mit unregelmäßiger Form geworden. Später schlüpfen aus ihr nur die Inquilinen.
Für Weiden-Blattwespen (Gattung *Euura*, S. 372 ff.) tödliche Einmieter sind der Kreuz-Gallenbohrer (*Archarius crux*, **Abb. 65**) und die beiden anderen Arten dieser Rüsselkäfergattung. Das Weibchen beißt vor der Eiablage zunächst ein Loch in die Gallenwand und zerstört das Ei der Blattwespe. Anschließend legt es sein eigenes Ei in den Innenraum der Galle. Die Käferlarve ernährt sich später vom weiter wachsenden Gallengewebe.

Abb. 62: Im April lässt sich die Erzwespe *Dichatomus acerinus* auf der kugeligen Galle der Ahorn-Gallwespe beobachten.

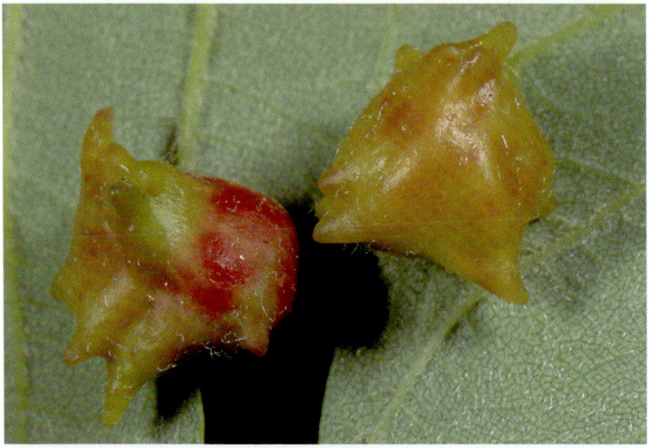

Abb. 63: Die von der Inquiline *Dichatomus acerinus* bewohnten *Pediaspis*-Gallen bekommen eine unregelmäßige Gestalt mit mehreren spitzen Fortsätzen.

Abb. 64: Die aufgeschnittene Galle zeigt das Gewebe, das durch den Einfluss der Inquilinen den Gallenraum ausfüllt.

Abb. 65: Der unter 3 mm große Kreuz-Gallenbohrer besitzt eine typische weiße Kreuzzeichnung auf den Flügeldecken.

Auch der Zottige Gallenbohrer (*Curculio villosus*) entwickelt sich als Inquiline in Gallen, allerdings in solchen der Eichenschwamm-Gallwespe (*Biorhiza pallida*, S. 312 ff.). Hier verhungern offenbar die Gallwespenlarven, weil die Käferlarven anscheinend schneller sind und ihnen die Nahrung wegfressen.

Schließlich gibt es auch Gallwespen, die nicht selbst Gallen erzeugen, sondern sich in die Gallen anderer Arten einmieten und dabei oft, aber nicht in jedem Fall, den ursprünglichen Bewohner töten. Es handelt sich dabei um etwa 20 heimische Arten, die größtenteils zur Gattung *Synergus* gehören. Die Weibchen suchen zur Eiablage junge, noch in Entwicklung befindliche Gallen anderer Gallwespen auf und legen darin ihre Eier ab (**Abb. 66**). Sie sind in der Regel nicht streng wirtsspezifisch, sondern besiedeln jeweils die Gallen mehrerer einander verwandter Wirtsarten. Ihre Larven leben teilweise in eigenen Kammern, teilweise dringen sie aber auch in die Kammer der Gallenerzeugerin vor und töten deren Larven. Daher schlüpfen aus solchen Gallen teils nur die Inquilinen, teils außer ihnen auch die Gallenerzeuger.

Abb. 66: Weibchen einer Gallwespe der Gattung *Synergus* bei der Eiablage in die Galle einer anderen Gallwespe.

Ambrosiagallen

Eine Besonderheit unter den Gallbildungen stellen jene Gallmückengallen dar, in denen außer den Gallmückenlarven zusätzlich regelmäßig Pilzmyzel wächst. Solche Gallen treten bei allen Arten der Gallmückengruppen Asphondyliini (Gattungen *Asphondylia*, *Schizomyia*) und Lasiopterini (Gattungen *Lasioptera*, *Microlasioptera*) auf. Nur wenige dieser Dreiecksbeziehungen sind bisher genauer untersucht.

Die Bezeichnung „Ambrosiagalle" suggeriert, dass eine Ähnlichkeit mit Ambrosiakäfern besteht, Käfern, die im Holz leben, sich aber nicht von diesem ernähren, sondern gezielt Pilze züchten, die ihnen als Nahrung dienen. Gallmückenlarven züchten jedoch ihre Pilze nicht. Zwar ist nachgewiesen, dass die geschlüpften Mückenweibchen Pilzsporen aufnehmen und bei der Eiablage an bzw. in der Pflanze deponieren, darüber hinaus kümmern sie sich jedoch nicht um die Entwicklung des Pilzes.

Trotzdem sind Ambrosiagallen faszinierende Beispiele für Koevolution:

Der Pilz lebt parasitisch von seiner Wirtspflanze: Sein Myzel, das in der Galle wächst, entzieht der Pflanze Nährstoffe. Soweit untersucht, handelt es sich um Vertreter der Echten Pilze. In der Galle finden sich meist nur Nebenfruchtformen, die sich ungeschlechtlich mit Konidien vermehren. Bei manchen Arten existiert keine Hauptfruchtform oder sie ist noch nicht bekannt. Diese Pilze werden als Imperfekte Pilze (Deuteromycota) bezeichnet. Bei anderen kann sich die Hauptfruchtform zum Beispiel auf den verlassenen Gallen entwickeln. Bei diesen handelt es sich meist um einen Schlauchpilz (Ascomycota).

Pilz und Gallmückenlarven leben in Symbiose. Die Gallmückenlarven können sich nicht ohne den Pilzpartner entwickeln, denn im Gegensatz zu anderen Gallmückengallen bildet das Wirtsgewebe kein spezifisches Nährgewebe für die Mückenlarve, wenn der Pilzpartner fehlt. In den Ambrosiagallen leben sie von einem Nährgewebe, das sowohl aus Pilz- wie auch aus Pflanzenzellen besteht. Der Pilz profitiert vom gezielten Transport durch die Mückenweibchen zu passenden Pflanzen. Außerdem konnten Wissenschaftler zum Beispiel bei *Lasioptera arundinis* (S. 222) nachweisen, dass der Pilz nur dann die Pflanzenoberfläche durchdringen kann, wenn eine Gallmückenlarve diese verwundet hat. Einmal eingedrungen bildet der Pilz im Schilfstängel eiweißspaltende Enzyme, die auf das Pflanzengewebe einwirken. Seine langen, dünnen Hyphen wachsen tief in das Wirtsgewebe hinein und schaffen so auch den Gallmückenlarven einen Weg, den Gallenraum zu vergrößern.

Bei Gallmücken der Gattung *Asphondylia* und *Schizomyia* fällt der Pilz zumindest in jungen Gallen kaum auf, wenn er die Innenwand nur mit wenigen dünnen, durchsichtigen Hyphen überzieht. Sein Myzel wächst nur oberflächlich auf der Innenseite der Gallen und dringt nur gelegentlich mit seinen Hyphen zwischen die Wirtszellen ein.

Sobald die Mückenlarven ihre Fresstätigkeit einstellen, durchwuchert das Pilzmyzel in der Regel den Gallenhohlraum, der dadurch mehr oder weniger verschimmelt wirkt (**Abb. 67**). Bei Gallmückenarten, die sich in der Galle verpuppen, liegen die Puppen jedoch unversehrt in diesen Gallen voller Pilzgewebe.

Wer eine Ambrosiagalle öffnet, kann, wie bei anderen Gallen, anstelle des Verursachers häufig auch Parasitoide antreffen. Dabei gibt es Fälle, bei denen viel mehr Larven oder Puppen der Parasitoide in der Galle liegen, als Gallmückenlarven darin gelebt haben, und diese zudem verhältnismäßig groß sind – größer, als es die Larven als alleinige Nahrungsquelle ermöglicht hätten. Hier haben die Parasitoide ihre Ernährung umgestellt, nachdem die Larven der

Gallmücke als Nahrungsquelle verbraucht waren. Sie haben nun, wie vorher die Gallmückenlarve, vom Pilzmyzel gefressen. Ein Beispiel hierzu ist die Erzwespe *Sigmophora brevicornis* (**Abb. 68, 69**).

Abb. 67: Geöffnete Galle der Gallmücke *Asphondylia sarothamni* an Besenginster (*Cytisus scoparius*) mit dichtem Pilzmyzel (S. 131 f.).

Abb. 68: Puppen der Erzwespe *Sigmophora brevicornis* in den Gallen der Gallmücke *Asphondylia sarothamni* an Besenginster (*Cytisus scoparius*).

Abb. 69: Imago der Erzwespe *Sigmophora brevicornis*.

Baumkrebs, Pflanzenkrebs

Baum- und Pflanzenkrebse unterscheiden sich von den meisten anderen Gallbildungen dadurch, dass ihr Wachstum zeitlich und örtlich nicht begrenzt ist und die Wucherung recht umfangreich werden kann. Es handelt sich um eine Reaktion der Pflanzen auf den Auslöser, der meist über kleine Wunden in das Gehölz eindringt. Die Pflanze bildet vermehrt Wundgewebe und versucht damit, den Erreger abzuschotten und die von ihm ausgelösten Verletzungen zu überwallen.

Als Auslöser für Baum- und Pflanzenkrebs kommen in erster Linie verschiedene bakterielle und pilzliche Erreger infrage. Ohne Labortests und mikroskopische Untersuchungen lässt sich oft nicht sagen, wodurch ein Krebs ausgelöst wurde. In anderen Fällen kann jedoch einer bestimmten Wirtspflanze und einer bestimmten Form von Krebsgeschwulst auch ohne entsprechende Untersuchungen ein Erreger zugeordnet werden. So ist für den Tannenkrebs ein Rostpilz verantwortlich (*Melampsorella caryophyllacearum*, S. 59 f.) und für den Eschenkrebs ein Bakterium (**Abb. 70**).

Abb. 70: Krebs an Gewöhnlicher Esche (*Fraxinus excelsior*) durch das Bakterium *Pseudomonas syringae* ssp. *savastanoi* pv. *fraxini*.

Unter den Bakterien spielt das Bodenbakterium *Agrobacterium tumefaciens* (= *Rhizobium radiobacter*) eine wichtige Rolle. An krautigen Pflanzen wie der Zuckerrübe (*Beta vulgaris* ssp. *vulgaris* var. *altissima*) oder dem Meerrettich (*Armoracia rusticana*) entstehen kropfartige Gebilde am Wurzelhals. Bei den Bäumen treten bis weit über kopfgroße Geschwülste an den Stämmen auf (siehe S. 242 f. und S. 262 f.). Sie besitzen meist eine raue Oberfläche. Die pathogenen Formen des *Agrobacterium tumefaciens* tragen in ihrem Erbgut zusätzliche Gene, die nicht im Chromosom, sondern separat auf einem ringförmigen Strang (Plasmid) lokalisiert sind. Gelangen die Bakterien über Verletzungen in die Pflanze, schleusen sie diese Gene in das pflanzliche Erbgut ein. Die Gene werden in der Pflanze aktiv und führen zu den entsprechenden Wucherungen. Die von

den Bakterien veränderten Zellen wachsen und teilen sich über einen langen Zeitraum unkontrolliert immer weiter – selbst wenn die Bakterien abgestorben sind.
Unter den Pilzen löst am häufigsten der Schlauchpilz *Neonectria ditissima* einen Stammkrebs aus (S. 89 f., 245 f.). Er kann über 60 verschiedene Baum- und Straucharten infizieren. Gefürchtet ist dieser Nectriakrebs als Obstbaumkrebs im Obstbau, besonders wenn er an jungen Bäumen auftritt und diese manchmal zum Absterben bringt. Dringt der Pilz dagegen in einen dickeren Stamm ein, entstehen meistens Wucherungen mit mehr oder weniger konzentrischen Wällen (**Abb. 71**). Nur auf manchen Baumarten, wie der Eiche, wuchert das Gewebe unregelmäßig.

Abb. 71: Nectriakrebs an Spitz-Ahorn (*Acer platanoides*).

Bedeutung für den Wirt

In den meisten Fällen handelt es sich bei dem Verhältnis des Gallenerzeugers zu seinem Wirt um einen Parasitismus. Lediglich der Gallenerzeuger profitiert, der Wirt dagegen verliert Nährstoffe, Wurzeln für die Nährstoffaufnahme, Blattfläche für die Fotosynthese oder er wird im Bereich der Blüten oder Früchte geschädigt. Im Extemfall verliert er sogar die Möglichkeit zur sexuellen Fortpflanzung wie etwa die weiblichen Exemplare der Weißen Lichtnelke (*Silene latifolia*) nach Befall durch den Weißen Nachtnelken-Blütenbrand (*Microbotryium lychnidis-dioicae*, S. 395 f.).
Symbiotische Beziehungen zwischen dem Gallenerreger und seinem Wirt treten fast nur mit Bakterien und Pilzen als Gallenauslöser auf.
Die bekanntesten sind sicher die Wurzelknöllchen der Schmetterlingsblütler (zum Beispiel an *Robinia*, S. 346 f.; an *Trifolium*, S. 421 f.). Die Rhizobium-Bakterien, die diese Knöllchen auslösen, profitieren von den Fotosyntheseprodukten des Wirts. Ihm kommt im Gegenzug zugute, dass die Bakterien molekularen Stickstoff aus der Luft fixieren können – eine Fähigkeit, die Pflanzen nicht haben. So machen sie dieses Nährelement ihrem Wirt zugängig. Da Stickstoff normalerweise das wachstumsbegrenzende Element im Boden ist, handelt es sich bei diesen Bakterien um wichtige Düngerlieferanten. Nicht nur ihr Wirt profitiert davon, sondern, wenn

dessen Wurzeln oder er selbst absterben, auch seine Umgebung. Denselben Effekt haben die Wurzelknöllchen der Erlen (*Alnus*, S. 76 f.) und des Sanddorns (*Hippophae rhamnoides*, S. 186), die durch *Frankia*-Arten ausgelöst werden.
Wie oben ausgeführt, kann auch eine Mykorrhiza, zumindest eine Ektomykorrhiza, als eine Gallbildung angesehen werden. Die meisten Landpflanzen besitzen eine Mykorrhiza. Bei dieser Art der Symbiose erhält der Pilz von der Pflanze Kohlenhydrate. Bei einer Ektomykorrhiza versorgt er im Gegenzug den Baum in erster Linie mit Stickstoff. Da Pilzhyphen viel feiner als Wurzelhaare sind und in feinste Erdspalten vordringen können, vergrößert sich gegenüber einer Wurzel mit Wurzelhaaren der Einzugsbereich der Wurzeln. Dies verbessert sowohl die Nährstoffversorgung als auch die Wasseraufnahme. So sind mykorrhizierte Pflanzen resistenter gegenüber Trockenheit. Gleichzeitig zeigen sie sich oft auch widerstandsfähiger gegenüber Schädlingen.
Eine einzigartige symbiontische Beziehung besteht zwischen Feigen und Erzwespen: Bestimmte Feigenwespen (Agaonidae) lösen bei der Eiablage in Feigenblüten die Bildung von Gallen aus. Gleichzeitig sind sie die einzigen Bestäuber von Feigenblüten. Ohne diese können sich Feigen also nicht sexuell fortpflanzen.
Manche Autoren rechnen symbiontische Gebilde heute nicht mehr zu den Gallen.

Wirtschaftliche und kulturelle Bedeutung

Über 90 % aller Schmetterlingsblütler besitzen Wurzelknöllchen, in denen Stickstoff fixiert wird. Landwirte bauen deshalb Arten wie Rot-Klee und Luzerne gezielt an, um den Stickstoffgehalt der Böden zu verbessern. Bis zu 300 kg Stickstoff können die Rhizobien der Wurzelknöllchen einem Hektar Boden pro Jahr zuführen.
Die meisten Gehölze unserer Breiten sind auf eine Ektomykorrhiza angewiesen. Wird diese gestört, treten Schäden an den Bäumen auf oder sie können sogar absterben. Die Mehrzahl ihrer Pilzpartner gehört zu den Ständerpilzen. Zu ihnen zählen Wulstlinge (*Amanita*), Schleierlinge (*Cortinarius*), Täublinge (*Russula*), Dickröhrlinge (*Boletus*), Milchlinge (*Lactarius*) und viele andere. Feinschmecker schätzen viele davon als Speisepilze.
In früheren Zeiten hatten weitere Gallen eine wirtschaftliche Bedeutung. So machte man sich lange Zeit den hohen Gehalt an Gerbstoffen insbesondere in den Knopperngallen der Knoppern-Gallwespe (*Andricus quercuscalicis*, S. 302 f.) zunutze. Die Gerbstoffe, die von den Eichen als Abwehrreaktion gegen den Angriff der Gallwespe in hoher Konzentration in den Gallen abgelagert werden, dienten etwa bis zum Ende des 19. Jahrhunderts als wichtiger Grundstoff für das Gerben von Leder. Für diesen Zweck wurden seinerzeit ganze Waggonladungen mit Knopperngallen vom Balkan nach Deutschland importiert. Auch andere gerbstoffreiche Gallen wie die des Mastixstrauchs waren wirtschaftlich wichtig (siehe S. 238 f.). Erst später, mit dem Aufkommen der chemischen Industrie, fand man andere Wege zur Herstellung dieser Substanzen, und die Bedeutung der Gallen für deren Herstellung schwand.
Bereits seit vorchristlicher Zeit schrieben Gelehrte mit schwarzer Tinte aus Gallen. Die Eisengallustinte wurde vorzugsweise aus den (hier nicht vorgestellten) Gallen der mediterranen Färber-Gallwespe (*Andricus gallaetinctoriae*) hergestellt. Ersatzweise dienten hierfür auch die Gallen der Eichenschwammkugel-Gallwespe (*Andricus kollari*, siehe S. 295 f.). Noch im letzten Jahrhundert unterzeichneten Politiker Dokumente mit dieser dokumentenechten „Vertragstinte". Unter Künstlern spielt sie bis heute eine Rolle (**Abb. 72**).

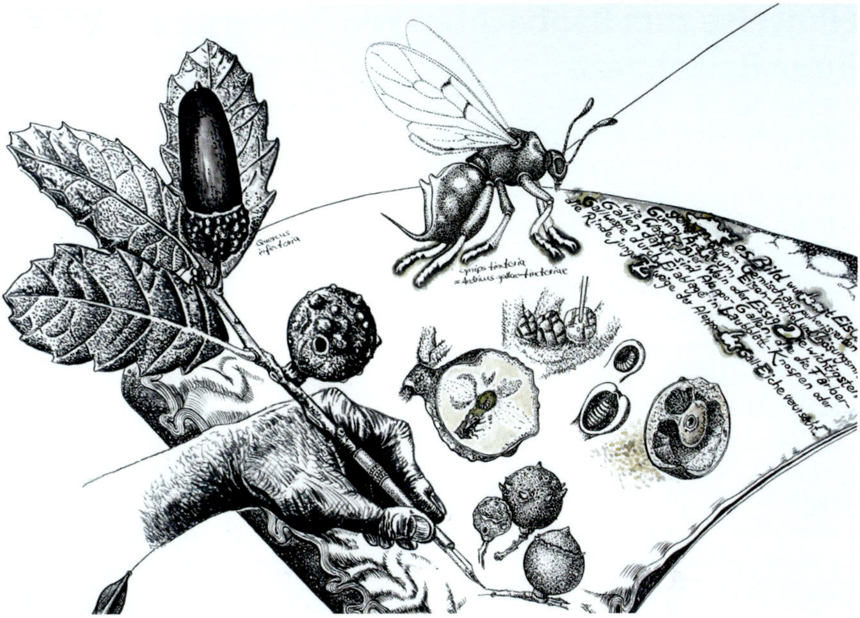

Abb. 72: Ausschnitt aus einer Federzeichnung von Roland Spohn zur Biologie der Färber-Gallwespe, gezeichnet 2010 mit Eisengallustinte.

Besonders die Heilkundigen der Alten Griechen und Römer nutzten außerdem verschiedene Eichengallen für medizinische Zwecke. Noch bis ins 18. Jahrhundert gehörten die Schlafäpfel der Schlafapfel-Gallwespe (*Diplolepis rosae*, S. 355 f.) zum Heilmittelsortiment der Apotheken. Unter das Kopfkissen gelegt, sollten sie den Schlaf fördern.

In neuerer Zeit sind einige Gallen im Zusammenhang mit wirtschaftlichen Schäden in die Schlagzeilen geraten. Insbesondere Pilzgallen können in der landwirtschaftlichen Produktion zu Verlusten führen, etwa der Maisbeulenbrand (*Ustilago maydis*, S. 450). Die Entschlüsselung der Zusammenhänge bei der Entwicklung der Rostpilze führte mancherorts dazu, dass die Gartenkultur des Sadebaums (*Juniperus sabina*) als wichtigem Überträger des Birnen-Gitterrosts (*Gymnosporangium sabinae*, S. 191 f. und 269 f.) verboten wurde. In der neuesten Zeit hat sich die vor wenigen Jahren aus Ostasien eingeschleppte Japanische Esskastanien-Gallwespe (*Dryocosmus kuriphilus*, S. 106 f.) in Südeuropa als ausgesprochen schädlich erwiesen. Auch Eichengallwespen können insbesondere in Baumschulen Schäden anrichten, da zum Beispiel einige der Stammgallen erzeugenden Arten Jungbäume zum Absterben bringen können.

Es gibt aber auch genau gegenteilige Entwicklungen: Gallenerzeuger, mit denen sich invasive Neophyten oder Unkräuter bekämpfen lassen und die deshalb gezielt erforscht und ausgesetzt werden. Neben dem Ackerkratzdistelrost (*Puccinia punctiformis*, S. 115) gehören hierher zum Beispiel Gallmilben wie *Aceria malherbae* (S. 120).

In aller Regel sind gallbildende Organismen jedenfalls nicht als Schädlinge, sondern eher als eine Bereicherung der Formenvielfalt der Natur zu betrachten.

Hinweise zum Beobachten von Gallen und ihren Bewohnern

Gallen gehören in unsere Ökosysteme. Wir sollten sie nicht unnötig stören oder entnehmen. Wer Gallen sammeln möchte, sollte sich auf nur wenige Exemplare beschränken, diese an Standorten mit größeren Vorkommen entnehmen und nicht vergessen, dass in Naturschutzgebieten auch Gallen geschützt sind.
Wer die Gallenerzeuger oder -bewohner beobachten will und nicht aus wissenschaftlichen Zwecken auf eine bestimmte Art fixiert ist, sollte sich häufig auftretende Arten wählen.
Um die Imagines zu beobachten, ist es in aller Regel nötig, sie aus der Galle heranzuziehen. Dies ist meist nicht ganz einfach und gelingt in der Regel erst dann, wenn die Galle „reif" ist, also nicht mehr weiterwächst, und der Bewohner sich bereits in einem späten Entwicklungsstadium befindet, also zum Beispiel schon verpuppt ist. Oft reicht es dann, die Gallen (artweise getrennt) in einem etwas belüfteten Gefäß aufzubewahren und das Schlüpfen des Bewohners abzuwarten. Insbesondere bei Gallwespen kann diese Vorgehensweise aber auch missglücken, da viele Gallen von Gallwespen „überliegen", also ihr Bewohner erst ein oder mehrere Jahre später schlüpft als erwartet. Daher ist es in vielen Fällen besser, die Gallen im Freien an einer vor Regen und Besonnung geschützten Stelle zu lagern. Das Gefäß muss außer einer mit Gaze bespannten Belüftungsfläche auch auf der Unterseite perforiert sein, um eventuell doch eingedrungene Nässe wieder abfließen zu lassen. Es kann je nach den jeweiligen Verhältnissen auch nötig sein, das Ganze von Zeit zu Zeit etwas zu befeuchten.
Bei Gallen an frischen, grünen Pflanzenteilen genügt es in vielen Fällen, insbesondere bei Gallmücken mit schneller Generationenfolge, die Pflanzen in eine Vase zu stellen und mit einer luftdurchlässigen Haube zu überziehen, mit der man die schlüpfenden Gallbewohner abfängt.
Wer Pflanzen mit Gallbildungen oder auch nur einzelne Gallen mitnimmt, sollte bedenken, dass auch aus „alten" Gallen noch Erzeuger, Parasiten oder Einmieter schlüpfen oder diese von Nachmietern bewohnt sein können. Im positiven Sinn bedeutet dies, dass auch alte Gallen nicht in den Mülleimer gehören, sondern möglichst an den Fundort zurückgebracht werden sollten. Im negativen Sinn sollte es eine Warnung sein: Verschleppte Gallen können zur unerwünschten Ausbreitung der Erreger in noch nicht von ihnen besiedelten Gebieten beitragen. So wurden viele der neozooischen Gallenerzeuger durch Baumschulmaterial verbreitet.
Das Fotografieren von Gallen ist vielleicht die aus heutiger Sicht perfekte Möglichkeit, sich mit Gallen zu beschäftigen, wenn es damit auch nicht in jedem Fall möglich sein wird, die Art des Gallenerzeugers sicher zu bestimmen. Pflanzengallen stellen aber zum einen durch ihr vielfach sehr ansprechendes Erscheinungsbild, zum anderen durch ihre den Eigenschaften der Wirtspflanze geschuldete Unbeweglichkeit geradezu perfekte Fotoobjekte dar. Auch manche Gallenerzeuger sind dankbare Fotomodelle. So bleiben viele Gallwespen, die aus mitgenommenen Gallen schlüpfen, noch lange auf den Gallen oder in deren Nähe sitzen.

Artenteil

Abies Tanne

1 Melampsorella caryophyllacearum

Tannenkrebs

Pucciniales (Rostpilze)

Beschreibung: Anschwellung des Zweiges durch Verdickung der Rinde und des Holzes (**A**), darauf ein Hexenbesen mit aufrechten Trieben und kurzen, gelbgrünen, weichen Nadeln (**B**). Der Austrieb erfolgt etwa 4 Wochen früher als der Neutrieb des Baumes, seine Nadeln fallen im Herbst ab. Im Sommer auf der Nadelunterseite bis zu 1 mm hohe, blassorange bis hellrötliche, röhrenförmige Sporenlager, die Aecidien, aus denen blassgelbe Aecidiosporen stäuben (**C**).
Vorkommen: Vor allem auf *Abies alba* (Weiß-Tanne), seltener auf anderen Tannenarten. In Gegenden mit reichen Tannenbeständen verbreitet, in Deutschland besonders im Schwarzwald. Sonst selten. Kann im Forst größere Schäden anrichten.

A

Biologie: Die Neuinfektion der Tanne findet im Mai durch eine auf einer jungen Nadel auskeimende Basidiospore statt. Der Pilz wächst von dort in den Zweig und in das Kambium. Bereits im Herbst ist eine Anschwellung des Zweiges zu sehen, der Hexenbesen wächst ab dem folgenden Frühjahr. Die Spermogonien (o) entstehen ab Juni besonders auf der Oberseite der Nadeln. Die Aecidien (I) bilden sich ab Juli. Mit den Aecidiosporen erfolgt ein Wirtswechsel zu einem Nelkengewächs (Caryophyllaceae), meistens der Gattung *Cerastium* (Hornkraut) oder *Stellaria* (Miere), auf dem ohne Gallbildung Uredosporen (II) und Teleutosporen (IV) gebildet werden. Nach dem Winter keimen die Teleutosporen mit einer Basidie. Auf der Tanne überdauert der Pilz im Hexenbesen. Dieser treibt jedes Jahr erneut aus, wird also von Jahr zu Jahr größer, trägt aber immer nur einen Nadeljahrgang.

Anmerkung: Die Hexenbesen können aus der Ferne mit der Tannen-Mistel (*Viscum album* ssp. *abietis*) verwechselt werden. Spätestens mit dem Fernglas sind bei dieser jedoch immergrüne Blätter zu erkennen (vgl. Kiefern-Mistel, Seite 234).

Acer Ahorn

1 *Aceria cephalonea*

Ahornbeutel-Gallmilbe

Eriophyoidea (Gallmilben)

Beschreibung: Beutelgallen. Auf der Blattoberseite zahlreiche unregelmäßige, sackförmige Aufwölbungen von höchstens 2 mm Größe. Zunächst grün, später meist leuchtend rot, auf der Blattunterseite weit geöffnet und nur durch lange Haare teilweise verschlossen. Oft in dichten Rasen die ganze Blattfläche bedeckend, sodass diese zwischen den Gallen bisweilen nicht mehr sichtbar ist.

Vorkommen: An *Acer campestre* (Feld-Ahorn) und *Acer pseudoplatanus* (Berg-Ahorn), überall sehr häufig.

Biologie: Die befruchteten Milbenweibchen werden zu Beginn des Frühjahrs aktiv und induzieren die Gallen auf den sich entwickelnden Blättern. In diesen entwickeln sich mehrere Generationen der Gallmilben. Neue befruchtete Weibchen verlassen die Gallen im Herbst, um in Borkenritzen oder unter Knospenschuppen zu überwintern. Die Gallen sind vom April bis zum Laubfall sichtbar.

2 *Aceria eriobia*

Feldahornfilz-Gallmilbe, Feldahornfilzrasen-Blattgalle

Eriophyoidea (Gallmilben)

Beschreibung: Filzgalle. Auf der Blattunterseite ein zunächst weißer, später dann zunehmend roter und schließlich brauner Filzrasen. Blattoberseite mit oder ohne entfärbte Aufwölbungen.
Vorkommen: Nur an *Acer campestre* (Feld-Ahorn), weniger häufig.
Ähnlich: An anderen Ahornarten mehrere weitere Filzrasen erzeugende Gallmilben.
Anmerkung: Die Artidentität der Filzrasen verursachenden Gallmilben an Ahorn ist bislang offenbar nur unzureichend geklärt. Zudem herrscht in der Literatur derzeit ein großes Durcheinander hinsichtlich der korrekten Artnamen. Auch am Berg- und Feld-Ahorn gibt es möglicherweise noch weitere solcher Milbenarten.

3 *Aceria macrochela*

Ahornblattwinkel-Gallmilbe

Eriophyoidea (Gallmilben)

Beschreibung: Beutelgallen. Auf der Blattoberseite unregelmäßige, kugelige, harte Aufwölbungen mit 2–5 mm Durchmesser. Oberfläche oft höckerig oder behaart. Einzeln oder in kleinen Gruppen am Stielansatz und strahlenförmig entlang der Hauptadern, besonders an Abzweigungen von Nebenadern. Gelblich, grün oder leuchtend rot. Oft gleichzeitig das ganze Blatt deformiert, zum Beispiel zum Rand hin deutlich nach unten gewölbt.

Vorkommen: Nur an Feld-Ahorn (*Acer campestre*) und Französischer Ahorn (*A. monspessulanum*), ziemlich verbreitet.
Biologie: Die adulten Milben überwintern auf den Zweigen.
Ähnlich: Die Gallen sitzen auf Feld-Ahorn oft mit denen von *Aceria cephalonea* (Nr. 1) auf den gleichen Blättern. Dies kann eine Trennung der Arten erschweren, die Unterscheidung ist aber schon durch die unterschiedliche Größe der Gallen in der Regel gut möglich.

4 *Aceria macrorhyncha*
Bergahornbeutel-Gallmilbe, Hörnchen-Gallmilbe
Eriophyoidea (Gallmilben)

Beschreibung: Beutelgallen. Auf der Blattoberseite bis zu 6 mm hohe, stiftförmige und am Ende zugespitze Erhebungen. Diese zunächst grün, später meist leuchtend rot. Auf der Blattunterseite mit einer durch Haare verschlossenen Öffnung.
Vorkommen: Nur an *Acer pseudoplatanus* (Berg-Ahorn), bei uns an der Wirtsplanze überall häufig.

A

5 *Aceria pseudoplatani*
Bergahornfilzrasen-Gallmilbe
Eriophyoidea (Gallmilben)

Beschreibung: Filzgalle. Auf der Blattunterseite ein dichter, anfangs weiß oder gelblich, auf rotlaubigen Berg-Ahornsorten rosa (**A**), später braun gefärbter Filzrasen. Haare bei mikroskopischer Betrachtung zylindrisch oder schwach keulenförmig, bei Betrachtung mit der Lupe blasig und stark glänzend. Filzrasen selten auch auf der Oberseite (**B**). Meist an den entsprechenden Stellen auf der Blattoberseite eine deutliche, meist gelblich entfärbte Aufwölbung, die später braun austrocknet.
Vorkommen: Offenbar nur an *Acer pseudoplatanus* (Berg-Ahorn), ziemlich häufig.
Biologie: Die Milben verlassen den Filz im Herbst und überwintern auf Zweigen und Ästen.

6 *Vasates quadripedes*

Silberahornbeutel-Gallmilbe

Eriophyoidea (Gallmilben)

Beschreibung: Beutelgallen. Auf der Blattoberseite 1,5–3 mm hohe, rundliche oder verlängerte Aufwölbungen, die mit einem kurzen, schmalen Hals dem Blatt aufsitzen. Oberfläche uneben und glänzend, zunächst gelbgrün, später meist mehr oder weniger rot gefärbt. Unterseitige Öffnung durch einzellige Haare dicht verschlossen. In kleinen Gruppen entlang der Blattadern, oft aber auch in dichten Rasen über die Blattfläche verteilt.

Vorkommen: Nur an *Acer saccharinum* (Silber-Ahorn), Rot-Ahorn (*A. rubrum*) und Zucker-Ahorn (*A. saccharum*), bei uns an Standorten des Silber-Ahorns regelmäßig zu finden.

Biologie: Die befruchteten Weibchen überwintern unter Rindenschuppen. Zur Zeit der Blattentfaltung regen sie von der Blattunterseite her die Bildung der Gallen an. Es entwickeln sich mehrere Generationen im Jahr. Die Nymphen schlüpfen nach etwa einer Woche aus den Eiern. Ab Ende Juli wandern Sommerweibchen (Protogyne) zum Stamm und den Zweigen, sodass sich die Populationen über große Teile des Baumes ausbreiten können.

Anmerkung: Der in Nordamerika heimische Silber-Ahorn wird bei uns oft in Gärten und Parkanlagen angepflanzt. Die an die aufgelisteten nordamerikanischen Ahornarten gebundene Gallmilbe tritt in Mitteleuropa als unbeabsichtigt verschleppter Neubürger (Neozoon) ausschließlich auf dieser Art auf. Im früheren Jugoslawien wurde sie in den 1990er-Jahren beobachtet, in Großbritannien tauchte sie erstmals 2002 auf. Der Silber-Ahorn dagegen wurde schon 1735 eingeführt.

7 *Acericecis campestre*

Feldahorn-Fenstergallmücke

Cecidomyiidae (Gallmücken)

Beschreibung: Linsenförmige Gallen wie bei der folgenden Art (*Acericecis vitrina*, Nr. 8).

Vorkommen: An *Acer campestre* (Feld-Ahorn).

Anmerkungen: Diese Gallmücke wird von manchen Wissenschaftlern nicht als separate Art eingestuft, sondern zu *Acericecis vitrina* (Nr. 8) gerechnet. Wie diese wird sie häufig von Blattpilzen infiziert.

8 *Acericecis vitrina*

Ahorn-Fenstergallmücke

Cecidomyiidae (Gallmücken)

Beschreibung: Geschlossene, linsenförmige Pustel von etwa 2 mm Größe auf der Spreite junger Blätter, oft von einem gelben Hof umgeben (**A**). Auf der Unterseite ist die Galle nur von einer häutigen Zellschicht bedeckt. Ränder der Galle transparent. Alte Gallen fallen aus der Spreite heraus und hinterlassen ein Loch. Im Innern eine einzelne, weiße Larve.

Vorkommen: An *Acer pseudoplatanus* (Berg-Ahorn), *A. opalus* (Schneeballblättriger Ahorn).
Biologie: Eine Generation im Jahr. Die ausgewachsene Larve verlässt die Galle auf der Unterseite und überwintert im Boden.
Anmerkungen: Diese Galle tritt besonders in Regionen auf, in denen aufgrund von Umweltverschmutzung der Ahorn-Runzelschorf (*Rhytisma acerinum*, S. 16) verschwunden ist. Einige Wissenschaftler sehen deshalb diese Gallmücke als einen Indikator für Umweltverschmutzung. Oft infizieren Blattpilze die Galle. Meist handelt es sich um den Erreger der Blattbräune des Ahorns, *Diplodina acerina*. In Blättern ohne Gallmücken gedeiht dieser Pilz symptomlos. Sind dagegen Gallen vorhanden, entwickelt er sich zum Antagonisten von diesen und kann eine Massenentwicklung bremsen: Sein Myzel durchwuchert das Blattgewebe um die Gallmückenlarve und kann die Mückenlarven zum Absterben bringen, die dann in einem feuchten Fleck auf der Blattunterseite liegen (**B**). An der entsprechenden Stelle bilden sich um 1 cm große, runde, gelbliche Blattflecken, in denen später die punktförmigen, dunklen ungeschlechtlichen

Sporenlager des Pilzes entstehen. Im Zentrum des Flecks ist meist noch der Rest der Galle zu erkennen. Schließlich bricht das Innere des Flecks aus dem Blatt und hinterlässt ein um 0,5 cm großes Loch in der Blattspreite. Stark befallene Blätter wirken dann wie von Schrot durchschossen („Schrotschusseffekt"). Der Blattbräunepilz lässt die Blätter höchstens etwas früher fallen, schädigt den Baum sonst jedoch nicht. Durch seine regulierende Wirkung auf die Gallmücke ist er eher ein Symbiont als ein Parasit des Ahorns. Seine Hauptfruchtform (*Apiognomonia hystrix*) wächst an abgestorbenen Ahornblättern und Ästen.

9 *Contarinia acerplicans*

Ahornblattfalten-Gallmücke

Cecidomyiidae (Gallmücken)

Beschreibung: Faltengalle. Blattrand nach unten gefaltet oder schmale, etwa 1 cm lange Streifen auf der Blattfläche zwischen den Nerven schlauchförmig nach oben gefaltet (**A**). Unterseits an der entsprechenden Stelle ein schmaler Schlitz (**B**). Aufgewölbter Blattteil leicht verdickt, oft dunkelrot gefärbt, bei der Reife braun vertrocknend. Unterseitiger Schlitz weiß behaart. In der Galle mehrere um 2 mm große, weiße Larven mit Sprungvermögen.

Vorkommen: An *Acer pseudoplatanus* (Berg-Ahorn), *A. campestre* (Feld-Ahorn), *A. monspessulanum* (Französischer Ahorn) und *A. opalus* (Schneeballblättriger Ahorn), nicht häufig.

Biologie: Die Gallen erscheinen im Mai und Juni auf den jungen Blättern. Die ausgewachsenen Larven verlassen die Galle und überwintern im Boden. Möglicherweise entwickelt sich eine zweite Generation im Juli und August. Es scheint jedoch noch unklar zu sein, ob diese Generation ebenfalls Gallen auslöst.

10 *Dasineura irregularis*

Krause Ahornblattfalten-Gallmücke

Cecidomyiidae (Gallmücken)

Beschreibung: Blattfläche unregelmäßig gekräuselt, Teile der Blattspreite nach oben umgeschlagen oder nach unten gerollt, Blattadern teilweise deutlich verdickt. Oft Teile des Blattes rötlich verfärbt. Galle nach dem Verlassen oft schwarz verfärbt. Larven weiß, zwischen den zusammengefalteten Teilen des Blattes. Puppen rötlich bis rot.
Vorkommen: An *Acer pseudoplatanus* (Berg-Ahorn) und *A. campestre* (Feld-Ahorn), sehr häufig.
Biologie: Gallenreife ab dem Spätfrühling und Frühsommer, zwei Generationen im Jahr. Gemäß verschiedenen Autoren sollen sich die Larven im Boden verpuppen. Es lassen sich jedoch auch Gallen mit Puppen finden. Möglicherweise verpuppt sich wie bei verschiedenen anderen Gallmücken die erste Generation in den Gallen, die zweite, überwinternde im Boden.

11 *Pediaspis aceris*

Ahorn-Gallwespe

Cynipidae (Gallwespen)

Beschreibung: Bei uns einzige Gallwespe außer den an Eichen lebenden Arten mit regelmäßigem Wechsel zwischen einer parthenogenetisch und einer bisexuell sich vermehrenden Generation. Beide Generationen in deutlich verschiedenen Gallen. Bisexuelle Generation oberirdisch in regelmäßig kugeligen, bis etwa 8 mm großen Gallen, meist auf der Blattunterseite (**A**), gelegentlich aber auch am Blattstiel, an der Rinde junger Zweige oder an den Früchten.

Diese Gallen sind dünnwandig (**B**), einkammerig, zunächst grün, später gelblich oder leuchtend rot gefärbt. Ansatzstelle der Blattgallen oberseits auf dem Blatt als glatte Scheibe erkennbar. Entwicklung der parthenogenetischen Generation in knollenförmigen, braunen Wurzelgallen. Diese sind mehrkammerig (**D**), etwa 1–2 cm im Durchmesser und bilden meist etwa 3–10 cm große Komplexe dicht unter der Bodenoberfläche (**C**).

Vorkommen: An *Acer pseudoplatanus* (Berg-Ahorn), hin und wieder wohl auch an anderen Ahornarten. Die Art kommt offenbar nur im natürlichen Verbreitungsgebiet des Berg-Ahorns vor (zum Beispiel im süddeutschen Bergland) und ist dort häufig, in vielen anderen Gebieten (zum Beispiel in Norddeutschland oder in Südtirol) ausgesprochen selten bis fehlend. Häufigkeit von Jahr zu Jahr aber auch durch den Einfluss anderer Wespenarten (s. u.) stark schwankend.

Biologie: Die Weibchen der parthenogenetischen Generation schlüpfen im zeitigen Frühjahr aus den Wurzelgallen und legen ihre Eier in die austreibenden Knospen. Die sich schon an den jungen Blättern entwickelnden Blattgallen entlassen im Sommer die beiden Geschlechter der bisexuellen Generation. Nach der Paarung legen deren Weibchen ihre Eier in die Wurzeln des Wirtsbaumes. Die Wespen der nachfolgenden parthenogenetischen Generation schlüpfen erst im Frühjahr des übernächsten Jahres. Beide Generationen zusammen benötigen damit zwei Jahre für ihre Entwicklung.

Anmerkung: Die oberirdischen Gallen der bisexuellen Generation werden häufig von Erzwespen (*Dichatomus acerinus*) befallen, die aber nicht die Gallwespenlarven parasitieren, sondern diese Gallen als Inquilinen besiedeln. Hierdurch verändern sich die Form der Gallen sowie die Beschaffenheit des Gallengewebes deutlich: Die dünnwandigen, ziemlich weichen Kugelgallen werden zu holzigen, massiven Gallen mit mehreren zipfelförmigen Fortsätzen umgewandelt. Die ursprüngliche Gallenerzeugerin wird durch das üppig wuchernde Pflanzengewebe erdrückt. Die Imagines der Erzwespe schlüpfen im Frühjahr aus den an den abgefallenen Blättern sitzenden Gallen. Siehe auch S. 49 f.

Achillea Schafgarbe

1 *Oxyna flavipennis*

Schafgarben-Bohrfliege

Tephritidae (Bohrfliegen)

Beschreibung: Mehr oder weniger kugelige, dickfleischige, bis zu 8 mm große Galle am Wurzelstock (**A**), einzeln oder zu mehreren nebeneinander. Enthält jeweils eine Fliegenmade, die vor der Verpuppung einen Schlupfgang für die Imago herstellt (**B**, hier mit dem Puppentönnchen in der Larvenkammer). Fliege gelbbraun, Flügel rauchig getrübt, mit zahlreichen rundlichen, durchscheinenden Flecken in unterschiedlicher Größe.

Vorkommen: An *Achillea millefolium* (Wiesen-Schafgarbe), nicht selten.

Biologie: Die Fliege tritt von Juni bis August auf.

Anmerkung: Die Galle ist schwer zu finden, da hierzu der Wurzelstock ausgegraben werden muss. Erfolgversprechend ist dies in Beständen, in denen die Fliege beobachtet werden konnte. Diese sitzt häufig auf den Blütenkörbchen der Schafgarbe oder der Wiesen-Margerite (*Leucanthemum vulgare*, **C**).

2 *Rhopalomyia millefolii*

Schafgarben-Gallmücke

Cecidomyiidae (Gallmücken)

Beschreibung: Galle ähnelt auf den ersten Blick einer Knospe. Meist am Blatt oder am Blattansatz am Stängel, seltener auch an Knospen oder Blüten, anfangs eiförmig, später durch einen auseinandergebogenen Rand an der Spitze krugförmig, bis zu 8 mm lang. Zunächst fleischig und grün gefärbt, besonders die der Sonne ausgesetzten Gallen später dann rotbraun. Bei der Reife färben sich alle Gallen braun bis schwarz und werden ziemlich hart. Am oberen Ende eine enge, behaarte und von Zipfeln umstandene Öffnung. Diese Zipfel vergrößern sich bei der Reife und biegen sich nach außen. Larvenkammer schmal und lang gestreckt, enthält eine gelbe Larve.

Vorkommen: Meist an *Achillea millefolium* (Wiesen-Schafgarbe), seltener auch an *A. ptarmica* (Sumpf-Schafgarbe) und anderen *Achillea*-Arten, relativ selten.

Biologie: Mehrere Generationen im Jahr. Die Larven der ersten Generationen verpuppen sich in der Galle, die der letzten Generation verlassen die Galle und verpuppen sich im Boden.

3 *Rhopalomyia ptarmicae*

Sumpfschafgarben-Gallmücke

Cecidomyiidae (Gallmücken)

Beschreibung: Anstelle des Blütenstandes an der Triebspitze eine schwammige, aber doch ziemlich feste, mehr oder weniger kugelige Masse, die von lanzettlich verschmälerten, sternförmig ausgebreiteten Blättern umgeben ist. Die aus dem Blütenstand hervorgegangene Kugel mit oft rötlicher Oberfläche und von einem weißen Haarfilz bedeckt (**A**), innen an ihrer Basis mehrere senkrecht ausgerichtete Larvenkammern, die jeweils eine weißliche bis orangerote Larve enthalten (**B**).

Vorkommen: Meist an *Achillea ptarmica* (Sumpf-Schafgarbe), gelegentlich auch an *A. millefolium* (Wiesen-Schafgarbe), nicht häufig.

Biologie: Zwei oder drei Generationen im Jahr. Die Larven verpuppen sich in der Galle.

Aegopodium Giersch

1 *Protomyces macrosporus*

Doldenblütler-Schwielenpilz

Taphrinales (Wucherlinge)

Beschreibung: Spindelförmige bis längliche, 2–15 mm lange Schwellungen oder Schwielen an Stängeln, Blattstielen und Blattnerven. Anfang glasig blassgrün, später gelblich bis gelbbraun, knorpelartig hart. Auch auf der Blattfläche als harte, hellgelb gefärbte Blasen. Bei zahlreichem Auftreten oft Verkrümmungen der Stängel oder Blätter.
Vorkommen: An *Aegopodium podagraria* (Gewöhnlicher Giersch) häufig, außerdem an anderen Doldenblütlern (Apiaceae) wie *Heracleum sphondylium* (Wiesen-Bärenklau), *Anthriscus sylvestris* (Wiesen-Kerbel), *Angelica sylvestris* (Wald-Engelwurz), *Daucus carota* (Wilde Möhre).
Biologie: Gallen von April bis Oktober. Der Pilz wächst zwischen den Zellen und bildet Haustorien in die Zellen.

2 *Trioza flavipennis*
Giersch-Blattfloh
Psylloideae (Blattflöhe)

Beschreibung: Kuppelförmige Aufwölbungen meist der Blattoberseite, aber auch der Unterseite, manchmal etwas gelblich oder rötlich, bis zu 6 mm im Durchmesser. In der Vertiefung auf der Unterseite im Mai und Juni meist nur ein längliches, aufrecht stehendes Ei (seltener mehrere), später dann eine flache, ringsum mit stabförmigen Wachsausscheidungen umgebene Larve (ähnlich der von *Trioza proxima*, siehe S. 182).

Vorkommen: An *Aegopodium podagraria* (Gewöhnlicher Giersch), fast überall an den Wuchsorten dieser Pflanze, auch in Gärten sehr häufig.

Anmerkung: Die ebenfalls an Giersch lebende Schwarze Gierschblattlaus (*Aphis podagrariae*) löst keine echten Gallen aus, sondern nur eine Wellung oder Einkrümmung der Blätter. Außerdem tritt an Giersch auch eine Viruserkrankung auf, die die Blattadern entfärbt.

Alnus Erle

1 *Frankia alni*
Frankia-Bakterien, Aktinorhiza-Wurzelknöllchen
Bakterien (Bacteria)

Beschreibung: Etwa 1–5 cm große, ei- bis kugelförmige, gelblich, rot oder braun gefärbte Klumpen an den Wurzeln, die aus korallenartig verzweigten, braunen Einzelgallen zusammengesetzt sind (**A**). Köpfe der Einzelgallen etwa 2–3 mm im Durchmesser, ohne Hohlraum. Gelegentlich auch viele Klumpen bis zu kindskopfgroßen Gebilden vereinigt (**B**).

A

Vorkommen: An *Alnus*-Arten, überall an den Bäumen und Sträuchern dieser Gattung. Besonders leicht an frei gespülten Wurzeln an Bach- oder Flussufern zu finden.

Biologie: Die Wurzeln sondern Signalstoffe ab, die frei im Boden lebende Frankia-Bakterien anlocken. Diese dringen über Wurzelhaare in die Wurzeln ein und siedeln sich in Bläschen an, die allmählich zu den Gallen heranwachsen.

Anmerkung: Es handelt sich um eine symbiontische Lebensgemeinschaft. Die Bakterien binden mithilfe des Enzyms Nitrogenase freien Stickstoff, der in Form von Ammonium der Wirtspflanze zugutekommt und es ihr so ermöglicht, auch an stickstoffarmen Standorten zu wachsen. Die Bakterien profitieren von den Kohlenhydraten aus der Fotosynthese des Gehölzes. Obwohl Frankia-Bakterien in vielen Böden vorkommen, bilden nur einige wenige Pioniergehölze eine Aktinorhiza. Neben Erlen gehören bei uns Sanddorn (*Hippophae rhamnoides*, siehe S. 186) und Weiße Silberwurz (*Dryas octopetala*) dazu.

B

2 *Taphrina alni*

Erlenkätzchen-Wucherling, Zungen-Gallenpilz, Erlen-Narrentasche

Taphrinales (Wucherlinge)

Beschreibung: An Erlenfruchtzapfen ein oder mehrere band- bis zungenförmige, meist etwa 2 cm, aber auch bis zu 6 cm lange, fleischige Auswüchse, die sich hauptsächlich aus Gewebe der Fruchtknoten oder einzelner Zapfenschuppen bilden. Die Narrentaschen sind innen hohl, zunächst glänzend grün, später gelblich bis leuchtend karminrot und schließlich braun bis schwarz gefärbt.

Vorkommen: Vorzugsweise an *Alnus incana* (Grau-Erle) und *A. glutinosa* (Schwarz-Erle), daneben auch an anderen *Alnus*-Arten. Am häufigsten in luftfeuchten Gebieten, d.h. im Bergland und in den Alpen sowie in Küstennähe.

Biologie: Die Narrentaschen treten ab Juni auf. Sie bleiben auch nach dem Absterben noch an den Erlenfrüchten und können so bis ins nächste Jahr gefunden werden. Die Asci brechen meist von Juni bis August zwischen den Epidermiszellen hervor und bilden oft auf beiden Seiten der Bänder einen grauweißen, kreidigen Belag. Die Sporen werden vom Wind verbreitet.

3 *Taphrina tosquinetii*

Großer Erlenblatt-Wucherling, Erlen-Kräuselkrankheit

Taphrinales (Wucherlinge)

Beschreibung: Ältere Blätter teilweise oder auf der ganzen Fläche kissen- oder muschelförmig aufgewölbt und gelblich aufgehellt, oft bis auf das Doppelte vergrößert. Junge befallene Blätter gekräuselt oder verschrumpelt, oft rötlich. Daneben können auch die Zweige angeschwollen sein, es bilden sich jedoch keine Hexenbesen.
Vorkommen: An *Alnus glutinosa* (Schwarz-Erle) verbreitet, selten an *A. incana* (Grau-Erle) sowie den Hypbriden aus beiden (*A.* x *pubescens*).
Biologie: Die Gallen können von Juni bis September gefunden werden. Meistens entwickeln sie sich an Jung- und Johannistrieben. Sobald die Asci hervorbrechen, entsteht ein gräulicher Reif auf den Anschwellungen. Die Ascosporen werden vom Wind oder Spritzwasser verbreitet. Sie keimen auf der Rinde mit Sprosszellen aus, die saprobiontisch wachsen. Wie bei allen *Taphrina*-Arten kann eine Neuinfektion des Wirts erst stattfinden, wenn nach Vereinigung mit einem Partner wieder zweikernige Zellen (Dikaryon) entstanden sind.
Ähnlich: Wenn die Aufwölbungen auf den Blättern kleiner als 1 cm bleiben, handelt es sich um *Taphrina sadebeckii*.

4 *Acalitus brevitarsus*

Erlenbeulenfilz-Gallmilbe

Eriophyoidea (Gallmilben)

Beschreibung: Filzgalle. Auf der Blattunterseite, seltener auch auf der Oberseite ein krümelig wirkender, weißlich bis rostrot gefärbter Haarfilz, meist in der Nähe des Blattrandes, oft auch unregelmäßig über die ganze untere Blattfläche verteilt oder streifenartig zwischen den Seitennerven. Auf der Blattoberseite an den entsprechenden Stellen Aufwölbungen, an denen das Blatt etwas bleicher gefärbt ist. Der Haarfilz kann auch als geschlossener Rasen die ganze Blattunterseite überziehen und dann das ganze Blatt sich löffelförmig nach unten einkrümmen lassen. Haare (bei starker Vergrößerung) von sehr charakteristischer Gestalt: auf dünnem Stiel ein mehr oder weniger flacher, zu den Seiten in lange Lappen ausgezogener Kopf, dessen Seitenlappen mit denen der Nachbarhaare ineinandergreifen und so ein Schutzdach bilden, unter dem die Milben leben.

Vorkommen: An *Alnus glutinosa* (Schwarz-Erle) und anderen *Alnus*-Arten, überall häufig.

Biologie: Die Milben verlassen die Filzrasen im Spätsommer und Herbst und verbringen den Winter in alten Fruchtzapfen oder Borkenritzen. Bei dieser Art gibt es Protogyne (Sommerweibchen) und Deutogyne (Winterweibchen).

5 *Eriophyes inangulis*

Erlenblattwinkel-Gallmilbe

Eriophyoidea (Gallmilben)

Beschreibung: Beutelgallen. In den Nervenwinkeln der Blätter 2–3 mm lange, bohnenförmige Aufwölbungen, diese oberseits glatt und gelblich (**A**), später braun gefärbt. Unterseits eine breite Öffnung, die dicht mit zunächst weißen, später braunen Haaren (**B**) bedeckt ist. Haare im inneren Teil der Höhlung schmal keulenförmig, in den Randbereichen zugespitzt.

Vorkommen: An verschiedenen *Alnus*-Arten, ziemlich häufig.

Biologie: Wenn sich die Gallen im späten Sommer braun färben, verlassen die Milben sie, um in alten Fruchtzapfen oder Borkenritzen zu überwintern.

6 *Eriophyes laevis*

Erlenblattbeutel-Gallmilbe

Eriophyoidea (Gallmilben)

Beschreibung: Beutelgallen. Auf der Blattoberseite meist zahlreiche knopfförmige, an der Basis eingeschnürte, 1–2 mm große Gallen (**A**), die auf der Blattunterseite enge, unbehaarte Öffnungen besitzen. Zunächst grün, später rosa oder leuchtend rot, oft gruppenweise von einem gelblich aufgehellten Hof umgeben (**B**).

Vorkommen: An *Alnus glutinosa* (Schwarz-Erle), daneben auch an anderen *Alnus*-Arten.

Biologie: Die Milben verlassen die Gallen im Herbst und überwintern in leeren Fruchtzäpfchen oder Borkenritzen. Gelegentlich finden sich diese Gallen zusammen mit jenen von *Eriophyes inangulis* (Nr. 5) auf einem Blatt. Starker Befall kann den Zuwachs an Blattfläche der Erlen mindern. Bei dieser Art gibt es Protogyne (Sommerweibchen) und Deutogyne (Winterweibchen).

7 *Dasineura tortilis*

Erlenblattgrund-Gallmücke

Cecidomyiidae (Gallmücken)

Beschreibung: Mittelnerv und Grund der Seitennerven meist im unteren Bereich der Spreite verdickt und verkürzt, Spreite dadurch mehr oder weniger stark nach oben eingekrümmt und zerkrumpelt. Im Innern anfangs gelbe, später orangerote Larven. Der befallene Blattbereich färbt sich später braun und stirbt ab.

Vorkommen: An verschiedenen *Alnus*-Arten, besonders an Schößlingen, ziemlich häufig.
Biologie: Eine Generation im Jahr. Die Überwinterung findet im Boden statt.

Artemisia Beifuß

1 *Cryptosiphum artemisiae*

Beifußkräusel-Blattlaus

Aphidoidea (Blattläuse)

Beschreibung: Blätter beutel- oder blasenförmig nach oben oder unten umgeschlagen und hier dunkelrot gefärbt (**A**), oft ganze Triebspitzen im Wachstum gehemmt und alle Blätter knäuelig zusammengezogen (**B**). Im Innern der Klumpen Blattläuse.

Vorkommen: An *Artemisia vulgaris* (Gewöhnlicher Beifuß), auch an einigen weiteren *Artemisia*-Arten wie *A. absinthium* (Echter Wermut), ziemlich häufig.
Biologie: Diese Blattläuse entwickeln sich holozyklisch, d.h. mit einer zweigeschlechtlichen und vielen parthenogenetischen Generationen. Ein Wechsel der Wirtspflanze findet nicht statt. Die Kolonien werden nicht von Ameisen besucht.

2 *Eucosma lacteana (= Epiblema lacteana)*

Tortricidae (Wickler)

Beschreibung: Sprossachse vor der Spitze spindelförmig angeschwollen, im Innern eine gelbbraune Schmetterlingsraupe mit schwarzem Kopf.
Vorkommen: Nur an *Artemisia campestris* (Feld-Beifuß) und *A. maritima* (Strand-Beifuß), ziemlich selten.
Biologie: Die Raupe verpuppt sich in der Galle. Der Schmetterling fliegt im Juni und Juli.
Ähnlich: An anderen *Artemisia*-Arten ähnliche Gallen von einigen weiteren Schmetterlingsarten.

3 *Anthodiplosis rudimentalis*

Cecidomyiidae (Gallmücken)

Beschreibung: Körbchenknospen angeschwollen, rundlich. Die Blüten im Innern verformt oder verkümmert, später von der einzelnen orangegelben Larve vollständig aufgefressen.
Vorkommen: An *Artemisia vulgaris* (Gewöhnlicher Beifuß).
Biologie: Eine Generationen im Jahr. Die Larven verpuppen sich im Boden.

Asarum Haselwurz

1 *Puccinia asarina*

Haselwurzrost

Pucciniales (Rostpilze)

Beschreibung: Blattunterseits rundliche, bis über 5 mm große Aufwölbungen, auf der Blattoberseite entsprechende Einsenkungen. Teleutosporenlager in die Aufwölbungen eingesenkt,

anfangs von der Epidermis des Blattes bedeckt und höchstens als dunkle Punkte zu erkennen, später öffnen sie sich und geben die Sporen als schwarzbraunes Pulver ab.
Vorkommen: Auf *Asarum europaeum* (Gewöhnliche Haselwurz), verbreitet.
Biologie: Diese Art entwickelt sich ausschließlich auf der Haselwurz. Sie bildet nur Teleutosporenlager (III), Basidiosporen (IV) und Aecidien (I), hat also einen reduzierten Entwicklungszyklus, der keinen Wirtswechsel ermöglicht. Neue Blätter zeigen die Aufwölbungen ab Juni, auf überwinternden Blättern können sie das ganze Jahr gefunden werden.

Asperula Meier

1 *Dasineura asperulae*

Cecidomyiidae (Gallmücken)

Beschreibung: Blätter an der Triebspitze zu einer schwammigen Masse aufgetrieben und miteinander zu einem kugeligen, bis etwa 1 cm großen Gebilde verwachsen, weißlich oder rot gefärbt, im Innern orangefarbene Mückenlarven.

Vorkommen: An *Asperula cynanchica* (Hügel-Meier), *A. tinctoria* (Färber-Meier), außerdem an *Galium glaucum* (Blaugrünes Labkraut), *G. odoratum* (Waldmeister), ziemlich selten.

Biologie: Mehrere Generationen im Jahr. Die Larven verpuppen sich im Boden.

Berberis Berberitze

1 *Puccinia arrhenatheri*

Hexenbesenrost der Berberitze

Pucciniales (Rostpilze)

Beschreibung: Triebe verlängert und zu einem Hexenbesen gehäuft (**A**). Blätter im Hexenbesen heller und mehr oder weniger deformiert. Kleine, leuchtend orangegelbe pustelige Sporenlager auf Anschwellungen auf den Unterseiten der Blätter, manchmal auch auf den im Hexenbesen vorhandenen Blüten und Früchten. Die Pusteln verlängern sich zu kurzen Röhr-

chen, die sich oben öffnen, ihr Rand erinnert an ein Krönchen (**B**). Die Blätter fallen früh ab, sodass die Hexenbesen oft schon im Sommer kahl sind.

Vorkommen: Auf *Berberis vulgaris* (Gewöhnliche Berberitze). Besonders in wärmeren Gebieten. Nicht häufig.

Biologie: Auf der Berberitze bildet der Pilz nur Spermogonien (o) sowie die röhrenförmigen Aecidien (I). Während die Spermatien entlassen werden, sondern die Spermogonien auf der Oberseite der infizierten Blätter Nektar und einen starken blumig-fruchtigen Duft ab, die Insekten anlocken. Auf der Suche nach Nektar übertragen diese die Spermatien auf andere Spermogonien und fördern so die sexuelle Fortpflanzung des Pilzes. Mit den Aecidiosporen findet ein Wirtswechsel auf *Arrhenatherum elatius* (Glatthafer) statt, auf dem ohne Gallbildung Uredosporen (II) und Teleutosporen (III) entstehen. Der Rostpilz überdauert in den Berberitzenzweigen und bildet jedes Frühjahr erneut Sporen aus. Befallene Zweige können jahrelang weiterwachsen, sterben bei starkem Befall aber häufig ab.

2 *Puccinia graminis*

Schwarzrost

Pucciniales (Rostpilze)

Beschreibung: Im Frühjahr oder Frühsommer auf der Blattoberseite grüne bis leuchtend rot gefärbte Anschwellungen (**A**). Etwas später auf der Blattunterseite orangefarbene pustelige Sporenlager, die sich becherförmig öffnen, die Becherränder erinnern an Krönchen (**B**).
Vorkommen: Auf *Berberis vulgaris* (Gewöhnliche Berberitze), häufig.
Biologie: Auf der Berberitze nur Spermogonien (0) und Aecidien (I). Die Spermogonien entwickeln sich in winzigen, runden, gelben Wärzchen in den Anschwellungen auf der Blattoberseite. Nach Vereinigung der Spermatien bilden sich auf der Blattunterseite die orangefarbenen Aecidien. Mit den Aecidiosporen findet ein Wirtswechsel zu Getreide oder verschiedenen anderen Süßgräsern (Poaceae) statt, auf denen ohne Gallbildung Uredosporen (II) und Teleutosporen (III) entstehen. *Puccinia graminis* ist eine Sammelart. Je nach Süßgräserwirt werden verschiedene Formen und Varietäten des Schwarzrostes unterschieden, die jede auf eine oder mehrere Grasarten spezialisisert ist.
Anmerkung: Wirtschaftlich bedeutend ist der Getreide-Schwarzrost (*Puccinia graminis* ssp. *graminis*). Er hat in der Geschichte immer wieder zu großen Ernteausfällen geführt und die Ernährung des Menschen bedroht. In einigen Staaten der USA wurden deshalb Berberitzen großflächig vernichtet und so wurde der Pilz erfolgreich zurückgedrängt. Nach dem 2. Weltkrieg bis in die 1970er-Jahre lagerten die USA Sporen des Pilzes als Biowaffe für Bomben, die die Ernten der Gegner beeinträchtigen sollten. Ab den 1960er-Jahren wurden resistente Weizensorten mit verschiedenen Resistenzgenen gezüchtet. Rund 40 Jahre lang galt der Erreger damit als unter Kontrolle. Allerdings hat der Pilz mittlerweile neue Rassen mit mehreren Varianten gebildet, gegen die die bisherigen Resistenzgene des Weizens wirkungslos sind. Eine aggressive Rasse des Schwarzrosts wurde 1999 in Uganda entdeckt und breitet sich seither aus. 2007 vernichtete der Pilz in Kenia ein Viertel der Ernte. In Sizilien tauchte 2015 eine neue, hochvirulente Variante auf. Diese Entwicklung hat dazu geführt, dass die „Food and Agriculture Organization of the

United Nations“ (FAO) Anfang 2017 eine Warnmeldung für das Mittelmeergebiet veröffentlicht hat. Auch wenn Züchter bereits neue Weizensorten entwickelt haben und weiterhin entwickeln, die gegen die aggressiven Varianten resistent sind, bleibt es ein Wettrüsten. Wissenschaftler prognostizieren deshalb einen weltweiten Rückgang der Weizenproduktion. In Deutschland tauchte der Schwarzrost 2013 erstmals wieder auf Weizen auf – zwar nicht in der gefürchteten Rasse, doch in solchen, die bisher resistente Weizensorten befallen können.

Betula Birke

1 *Neonectria ditissima*

Nectriakrebs

Hypocreales (Krustenkugelpilzartige)

Beschreibung: Stämme mit auffälligen Kallusbildungen. Anfangs offene, unregelmäßig mit Kratern durchzogene Wucherungen. Später größere Wucherungen mit mehr oder weniger konzentrischen Wällen, die sich schließlich zu unregelmäßigen, stark gefurchten oder rissigen, meist mehr oder weniger dunklen, harten Gebilden entwickeln können.

Vorkommen: An verschiedenen *Betula*-Arten, außerdem an vielen anderen Gehölzen (zum Beispiel S. 55, 245 f.).

Biologie: Die Pilzsporen gelangen über Wunden in die Rinde, die zum Beispiel durch Insekten, Frostrisse oder abbrechende Äste entstehen. Für einen eindeutigen Nachweis können die winzigen, roten Fruchtkörper des Pilzes herangezogen werden, die sich besonders im Spätsommer und Herbst ausbilden können.

Anmerkung: Die Fruchtkörper des Schiefen Schillerporlings (*Inonotus obliquus*, Ständerpilz) ähneln manchmal den Krebswucherungen. Sie sind außen ebenfalls schwärzlich und rissig, wachsen jedoch meist mehr flächig und sind im Innern orange bis rotbraun.

2 *Taphrina betulina*
Hexenbesen der Birke
Taphrinales (Wucherlinge)

Beschreibung: Hexenbesen mit dichtem Büschel aus gerade gewachsenen, kurzen und dünnen Zweigen. Die Blätter treiben etwas früher und heller aus, bleiben meist kleiner, etwas geschwollen und oft grüngelblich. An der Triebbasis in der Regel eine Anschwellung. Triebe stärker behaart als üblich.
Vorkommen: An verschiedenen *Betula*-Arten, überall häufig und besonders im Winter auf den unbelaubten Bäumen sehr auffallend.
Biologie: Durch den Pilz treiben schlafende Knospen des Baumes aus. Der Pilz überdauert in der Rinde der Zweige, sodass die Hexenbesen über viele Jahre wachsen können. Die Asci brechen im Juni oder Juli auf den Blattunterseiten durch das Pflanzengewebe.
Anmerkungen: Hexenbesen tragende Birken zeigen geringeres Höhenwachstum als unbefallene Bäume. In der Literatur wird immer wieder angegeben, dass auch Milben Hexenbesen an Birken verursachen können. Dies ist wohl darauf zurückzuführen, dass die Gallmilbe *Acalitus calycophthirus* (Nr. 3) immer wieder in den Hexenbesen gefunden werden kann. Heute geht man jedoch allgmein davon aus, dass diese Milbe lediglich als Inquiline dort auftritt.

3 *Acalitus calycophthirus*

Birkenknospen-Gallmilbe

Eriophyoidea (Gallmilben)

Beschreibung: Knospengalle. Einzelne Knospen stark verdickt (etwa 10 mm groß), mit zunächst grünen, später bräunlichen, etwas verdickten, haarigen Blättern, zwischen den Blättern weißliche Gallmilben. Die Gallen sind meistens auch noch im Winter sichtbar.
Vorkommen: An verschiedenen *Betula*-Arten, nicht häufig.
Biologie: Die Milben überwintern offensichtlich zumindest teilweise in den Gallen am Zweig.
Anmerkung: Diese Gallmilben werden oft auch in den Hexenbesen der Birke gefunden, sodass Forscher sie als deren Verursacher hielten oder versuchten, zweierlei Hexenbesen zu differenzieren. Heute dagegen sieht man sie als Inquilinen der von *Taphrina betulina* (Nr. 2) verursachten Hexenbesen an.

4 *Acalitus longisetosus*

Birkenfilz-Gallmilbe

Eriophyoidea (Gallmilben)

Beschreibung: Filzgalle. Dichte, filzige, unregelmäßig geformte Haarflecke auf der Blattoberseite entlang der Blattadern, oft auch fast die gesamte Oberseite bedeckend, in frischem Zustand leuchtend hellrot.
Vorkommen: An verschiedenen *Betula*-Arten, nicht häufig.

Ähnlich: Vorzugsweise auf der Unterseite von Birkenblättern findet sich der im frischen Zustand weißliche oder hellgelbliche, flächige Haarfilz der Gallmilbe *Acalitus rudis*, der wohl häufigsten Gallmilbe auf Birkenblättern.

5 *Aculus leionotus*

Birkenblattwinkel-Gallmilbe

Eriophyoidea (Gallmilben)

Beschreibung: In den Winkeln der vom Hauptnerv des Blattes abzweigenden Seitennerven oberseits unbehaarte Aufwölbungen (**A**), unterseits an den gleichen Stellen ein Haarfilz aus rötlich hellbraunen, am Ende stumpfen Haaren (**B**), in dem sich die Milben aufhalten.

Vorkommen: An verschiedenen *Betula*-Arten, ziemlich häufig.

Ähnlich: Bei den sehr ähnlichen Gallen der Gallmilbe *Eriophyes lissonotus* sind die Aufwölbungen auf der Blattoberseite meist behaart und die Haare des Filzrasens am Ende zugespitzt.

A

B

6 *Cecidophyopsis betulae*
Birkenteerflecken-Gallmilbe
Eriophyoidea (Gallmilben)

Beschreibung: Gallen etwa 1–2 mm im Durchmesser, auf der einen Blattseite (meist der Unterseite) halbkugelig bis warzenförmig, auf der anderen kegelförmig mit zentraler, punktförmiger Öffnung, zunächst grün, später bräunlich.
Vorkommen: An verschiedenen *Betula*-Arten, nicht selten, aber leicht zu übersehen.

7 *Anisostephus betulinus*
Birkenparenchym-Gallmücke
Cecidomyiidae (Gallmücken)

Beschreibung: Blistergallen. Auf der Blattfläche beiderseits nur wenig vorstehende, mehr oder weniger rundliche Gallen mit etwa 4 mm Durchmesser, etwas durchscheinend, in der Mitte gelb, am Rand leuchtend rot gefärbt, innen jeweils mit einer zunächst weißen, später gelblichen Larve.
Vorkommen: An verschiedenen *Betula*-Arten, häufig.
Biologie: Eine Generation im Jahr. Die Gallen erscheinen erst im Hoch- und Spätsommer. Die Larven überwintern im Boden.
Anmerkung: Die Gallmücke *Massalongia bachmaieri* verursacht ähnliche Gallen auf *Betula nana* (Zwerg-Birke). Ihre Larven sind in ausgewachsenem Zustand orangerot.

8 *Massalongia rubra*
Birkenblattnerven-Gallmücke
Cecidomyiidae (Gallmücken)

Beschreibung: Teile der Blattmittelrippe verdickt und holzartig verfestigt, oft auf die Basis einzelner Seitennerven oder den Blattstiel übergreifend, anfangs grün, später dunkelrot bis braun gefärbt. In der Galle zunächst weiße bis gelbliche, später rot gefärbte Larven.
Vorkommen: An verschiedenen *Betula*-Arten, häufig, aber oft übersehen.
Biologie: Nur eine Generation im Jahr. Die Larven überwintern und verpuppen sich im Boden.

9 *Semudobia betulae*
Birkensamen-Gallmücke
Cecidomyiidae (Gallmücken)

Beschreibung: Bis zu 2 mm große Gallen in den Früchten. Befallene Nussfrüchte hellgelblich, schwellen an, tragen jedoch noch reduzierte Fruchtflügel (im Foto Mitte, zum Vergleich links gesunde Frucht, rechts Früchte mit *S. tarda*, Nr. 10). Auf der Oberfläche der Galle ein deutlicher, runder Fensterfleck. Frucht in der oberen Hälfte behaart. Im Innern jeweils eine orangefarbene Larve.
Vorkommen: An verschiedenen *Betula*-Arten, besonders auf *B. pendula* (Hänge-Birke), fast überall häufig, auch zusammen mit der folgenden Art im gleichen Fruchtkätzchen.

Biologie: Eine Generation im Jahr. Die vergallten Früchte fallen gleichzeitig mit unbefallenen Früchten ab und können wie diese vom Wind verweht werden. Die Larve überwintert in der Galle und verpuppt sich dort im Frühjahr. Der Fensterfleck dient der schlüpfenden Gallmücke als Ausgang aus der Galle.
Anmerkung: Diese Galle ist wie *Semudobia tarda* (Nr. 10) meist nur durch gezielte Suche zu finden. Am einfachsten gelingt dies, wenn man mit den Fingern braune, reife Fruchtkätzchen abstreift, sodass diese in der Handfläche auseinanderfallen. Mit der Lupe sind die vergallten Früchte nun gut zu erkennen. Auch winzige parasitoide Erzwespen können so immer wieder gefunden werden.

10 *Semudobia tarda*

Birkensamen-Gallmücke

Cecidomyiidae (Gallmücken)

Beschreibung: Gallen in den Früchten knopfartig, größer als bei der vorigen Art, über 2 mm groß. Befallene Nussfrüchte hellgelblich und angeschwollen, Fruchtflügel fehlend oder stark reduziert. Runder Fensterfleck fehlend oder undeutlich. Galle glänzend, nur an der Spitze behaart (siehe Foto zu Nr. 9, rechts). Im Innern eine Mückenlarve.
Vorkommen: An *Betula pendula* (Hänge-Birke) sowie besonders an *B. pubescens* (Moor-Birke) und deren Hybriden mit *B. pendula*, fast überall häufig, selten an anderen *Betula*-Arten.
Biologie: Eine Generation im Jahr. Die Larve überwintert in der Galle und verpuppt sich dort im Frühjahr.
Anmerkung: Diese Galle kann oft im gleichen Fruchtkätzchen wie jene der beiden anderen *Semudobia*-Arten (Nr. 9 und 11) gefunden werden.

11 *Semudobia skuhravae*

Cecidomyiidae (Gallmücken)

Beschreibung: Galle mit der Kätzchenspindel verbunden, bildet sich wie ein harter Knoten zwischen dieser und der Fruchtschuppe, bis zu 2 mm lang, ohne Fensterfleck. Fruchtschuppe und Frucht intakt.
Vorkommen: An verschiedenen *Betula*-Arten, fast überall häufig.
Biologie: Eine Generation im Jahr. Die Larve überwintert in der Galle (im Foto in der aufgeschnittenen Galle sichtbar) und verpuppt sich dort im Frühjahr.
Anmerkung: Wenn die Fruchtzapfen zerfallen, bleiben die Gallen mit der Fruchtschuppe an der oft am Baum hängen bleibenden Spindel des Fruchtzapfens zurück. Bereits zur Zeit der Fruchtreife lassen sie sich einfach finden, indem man mit den Fingern über die Fruchtzapfen streift, sodass diese zerfallen. Auch hierbei verbleiben die Gallen an der Spindel.

Buxus Buchsbaum

Als immergrünes Gehölz gehört der Buchsbaum zu den Pflanzen, die einen Gallenbefall der Blätter auch noch dann anzeigen können, wenn die Verursacher längst verschwunden sind.

1 *Psylla buxi*

Buchsbaum-Blattfloh, Löffelblättrigkeit des Buchsbaums

Psylloidea (Blattflöhe)

Beschreibung: An den Zweigspitzen schopfig angehäufte, nach oben fast halbkugelig eingekrümmte, etwas verdickte Blätter, die eine rosenkohlartige Blattgruppe bilden (**A**). Zwischen den Blättern grüne Blattflohlarven oder deren Wachsausscheidungen. Meist weitere Blätter

der Zweige mit grünen Aufwölbungen, diese oft nur eine Blatthälfte betreffend oder auch zu mehreren auf einem Blatt.

Vorkommen: An *Buxus sempervirens* (Gewöhnlicher Buchsbaum), auch in Gärten, überall sehr häufig.

Anmerkung: Die Blattflohlarven bewegen sich auch frei auf den Blättern und fallen besonders bei trockenem Wetter durch ihre Wachsausscheidungen auf. Die Larve kann diese wie eine Schleppe hinter sich herziehen oder sie kräuseln sich um und über das Tier (**B**). Regen wäscht die weißen Beläge weg.

2 *Monarthropalpus flavus*

Buchsbaum-Gallmücke

Cecidomyiidae (Gallmücken)

Beschreibung: Anfangs grüne, wenig auffallende Platzminen, die sich zu etwas blasigen Anschwellungen der Blattfläche (Blasengallen) entwickeln, auf der Blattoberseite warzenartig. Oft zu mehreren, auch miteinander verschmelzend, auf einem Blatt. Färben sich später gelb, im Zentrum oft braun bis schwarz. Bei massivem Befall wirft der Strauch die betroffenen Blätter ab. Im Durchlicht ist je Galle eine anfangs weiße, später gelbgrüne bis blassorange Mückenlarve zu erkennen.

Vorkommen: An *Buxus*-Arten.

Biologie: Eine Generation im Jahr. Die Larve überwintert in der Galle und verpuppt sich im Frühjahr. Die Puppe schiebt sich im Mai auf der Blattunterseite etwas aus der Galle heraus, bevor die orangefarbenen Mücken schlüpfen. Diese leben nur wenige Tage. Die Weibchen legen ihre Eier auf Blätter des Neuaustriebs.

Anmerkung: Gallen des vergangenen Jahres, die noch nach dem Schlupfzeitraum der Gallmücken geschlossen sind und im Durchlicht einen dunklen Inhalt erkennen lassen, beherbergen oft eine Puppe einer von mehreren parasitoiden Erzwespenarten. Der Parasitoid schlüpft erst, wenn bereits die nächste Generation an Gallmückenlarven heranwächst, in deren Gallen er seine Eier legen kann.

Calendula Ringelblume

1 *Candidatus Phytoplasma asteris*

Vergilbung der Astern

Bacteria (Bakterien)

Beschreibung: In unterschiedlicher Weise veränderte Blütenkörbchen wie zum Beispiel mehr oder weniger vergrünte Körbchen mit verkümmerten Blüten oder verkümmerten Blattstrukturen anstelle von Blüten, durchwachsene Blütenkörbchen, ungewöhnliche Verwachsungen.
Vorkommen: An *Calendula officinalis* (Garten-Ringelblume) sowie einigen anderen Körbchenblütlern (Asteraceae) wie *Echinacea purpurea* (Roter Scheinsonnenhut).
Biologie: Die zellwandlosen Bakterien werden von saugenden Insekten, besonders Kleinzikaden, übertragen. Je nachdem, in welchem Stadium sich die Blütenbildung der Pflanze zur Zeit der Infektion befindet, treten unterschiedliche Veränderungen auf. Dabei beeinflusst der Erreger bestimmte Gene in seinem Wirt.

Campanula Glockenblume

1 *Aculus schmardae*

Glockenblumenblüten-Gallmilbe

Eriophyoidea (Gallmilben)

Beschreibung: Einzelne Blüten oder der ganze Blütenstand sind vergrünt und mit zahlreichen krausen oder eingerollten Blättern dicht schopfartig besetzt, diese meist mit weißlicher Behaarung.

Vorkommen: Besonders an *Campanula rapunculoides* (Acker-Glockenblume) und *C. trachelium* (Nesselblättrige Glockenblume), seltener an anderen *Campanula*-Arten.

2 *Miarus sp.*

Glockenblumenrüssler, Glockenblumen-Gallrüssler

Curculionidae (Rüsselkäfer)

Beschreibung: Fruchtknoten der Blüte sowie Griffel und Narben mehr oder weniger deutlich angeschwollen (**A**), übrige Blütenteile verkümmert, im Innern eine oder mehrere Käferlarven.

Vorkommen: An verschiedenen *Campanula*-Arten.

Biologie: Die Gallen wachsen im Juni und Juli, die fertigen Rüsselkäfer erscheinen ab August. Die um 3 mm großen Käfer fressen und paaren sich auf der Pflanze. Wenn die Weibchen den Fruchtknoten anbohren, um ihre Eier hineinzulegen, tritt etwas Milchsaft der Pflanze aus, der zu Krusten eintrocknet (**B**). Diese sind oft der erste Hinweis auf den Befall.

Anmerkung: Mehrere nur als Imagines sicher unterscheidbare Arten (siehe auch *Phyteuma*, S. 225 f.).

Capsella Täschelkraut

1 *Albugo candida*
Kreuzblütler-Weißrost

Albuginales (Weißrosterreger)

Beschreibung: Teile des Blütenstandes, der Sprossachse oder Blätter verkrümmt oder anders missgebildet, mit weißem, krustig-blasigem Überzug, der etwas an Porzellan erinnert. Überzug später staubig werdend, manche Bereiche auch schwärzlich.

Vorkommen: Auf *Capsella bursa-pastoris* (Gewöhnliches Hirtentäschel) und vielen anderen Kreuzblütlern (Brassicaceae, siehe S. 20), ziemlich häufig.

Biologie: Im Frühjahr keimen Dauersporen aus und entlassen begeißelte oder unbegeißelte Zellen, die aktiv oder mit Regentropfen auf den Wirt gelangen. Dort dringt der Pilz mit Hyphen ins Gewebe ein und bildet auf der Pflanzenoberfläche die beschriebenen Pusteln. Reif platzen sie auf und geben staubige Sporenmassen frei, mit denen weitere Pflanzen infiziert werden können. Später entstehen im Pflanzengewebe wieder dunkelbraune Dauersporen, die erst nach Zersetzung der Pflanzen frei werden.

Anmerkungen: Oft liegen Mischinfektionen mit dem Falschen Mehltau der

Kreuzblütler (Nr. 2) vor, der weiße, flaumige Rasen auf den Stängeln bildet. Solche Mischinfektionen führen zu besonders stark verunstalteten und deformierten Pflanzen. *Albugo candida* gilt mittlerweile als Artkomplex, der künftig wohl in wirtsspezifische Arten aufgeteilt wird. Bei ausdauernden Pflanzen überwintert der Pilz auch ohne Dauersporen in den Wurzeln.

2 *Hyaloperonospora parasitica*

Falscher Mehltau der Kreuzblütler

Peronosporales (Falsche Mehltaue)

Beschreibung: Stängel an den befallenen Stellen verdickt, mehr oder weniger verkrümmt und mit flaumig wirkenden Konidienträgern bedeckt. Seltener auch unscharfe gelblich weiße Flecken auf den Blattoberseiten und Konidienträger auf der Blattunterseite, Blätter dann mehr oder weniger verbogen.

Vorkommen: An *Capsella bursa-pastoris* (Gewöhnliches Hirtentäschel) die Art im engeren Sinn (s.str.) sehr häufig. Unterarten, Varietäten und Formen an anderen Kreuzblütlern (Brassicaceae), dort meistens besonders die Blätter betroffen.

Biologie: Die Infektion erfolgt über Oosporen, die im Boden oder in abgestorbenen Pflanzen überdauern. Während der Vegetationszeit wachsen Sporenträger mit Konidiosporen durch die Spaltöffnungen der Pflanze nach außen. Infizierte Pflanzen können von April bis Oktober gefunden werden.

Anmerkung: Zu Mischinfektionen mit *Albugo candida* siehe Nr 1.

Carpinus Hainbuche

1 *Aculops macrotrichus (= Aceria macrotrichus)*

Hainbuchenblattfalten-Gallmilbe

Eriophyiidae (Gallmilben)

Beschreibung: Seitennerven der Blätter vor allem an der Blattunterseite leistenartig verdickt und teils zickzackförmig hin und her gebogen. Durch das starke unterseitige Wachstum wird dabei das Blatt oft nach oben umgebogen bis vollkommen eingerollt.

Vorkommen: An *Carpinus betulus* (Gewöhnliche Hainbuche), nicht selten.

Anmerkung: Gelegentlich sind fast alle Blätter von jüngeren Hainbuchen in dieser Weise verändert, sodass man an eine besondere Züchtung glauben könnte.

2 *Zygiobia carpini*

Hainbuchenblattnerven-Gallmücke

Cecidomyiidae (Gallmücken)

Beschreibung: Mittelrippe und angrenzende Teile der Seitennerven auf der Blattunterseite auf etwa 3–5 cm Länge unregelmäßig stark angeschwollen. Blattfläche dabei oft deutlich gebogen, seitlich des Mittelnervs nach oben, an der Spitze abwärts (**A**). In den Nervenwinkeln seitlich der verdickten, hellen Mittelrippe einzelne Larvenkammern, oft zwei Reihen bildend (**B**). Jede Kammer mit jeweils einer weißen Larve, weitere Larvenkammern entlang der Seitennerven. Diese Gallen manchmal auch an den Flügeln der Hainbuchenfrüchte.

A

B

Vorkommen: An *Carpinus betulus* (Gewöhnliche Hainbuche) und *Ostrya carpinifolia* (Gewöhnliche Hopfenbuche), ziemlich häufig.
Biologie: Eine Generation im Jahr. Im Herbst reißen die Kammern am Übergang zum nicht vergallten Spreitenteil auf. Durch diese Öffnungen verlassen die Larven die Galle und überwintern im Boden, bevor sie sich im Frühjahr verpuppen. Imagines schlüpfen im späten Frühjahr oder Frühsommer.

Castanea Kastanie

1 *Dryocosmus kuriphilus*

Japanische Esskastanien-Gallwespe, Kastanien-Gallwespe

Cynipidae (Gallwespen)

Beschreibung: Grüne bis rosafarbene Gallen an verschiedenen Organen der Wirtspflanze, meist als mehrkammerige, 5–20 mm große, blasenförmige Anschwellung der Blattmitte (**A**), aber auch als keulenförmige Verdickung einer Zweigspitze (**B**) oder als blasig angeschwollene Knospe (**C**).
Vorkommen: An *Castanea sativa* (Edel-Kastanie), in Parks auch an anderen *Castanea*-Arten möglich, in Ausbreitung begriffen.

Biologie: Die Gallwespe entwickelt sich nach bisherigen Erkenntnissen ausschließlich parthenogenetisch. Die Wespen erscheinen im Juni und Juli. Nach der Eiablage im Juli verläuft die weitere Entwicklung zunächst stark verzögert. Nach 30–40 Tagen schlüpfen die Larven. Sie überwintern in den Knospen. Erst im folgenden Frühjahr verursachen sie die Gallen, in denen sie 20–30 Tage lang fressen. Ab Mitte Mai verpuppen sich die Larven und bald darauf schlüpfen die Imagines.

B

Anmerkungen: Die Gallwespe war ursprünglich in Nordchina an dortigen *Castanea*-Arten heimisch. 1974 gelangte sie nach Nordamerika, 2002 wurde sie, wahrscheinlich mit Baumschulmaterial, auch nach Südeuropa eingeschleppt (Piemont). 2005 wurde sie in Frankreich nachgewiesen. In Deutschland kommt sie seit mindestens 2012 vor (Nachweise aus dem Raum Mannheim). Durch die Gallentwicklung kommt es zu starken Ernteeinbußen beim gewerblichen Anbau von Edel-Kastanien. In der EU zählt die Art zu den Quarantäne-Schadorganismen. Besonders starke Schäden treten an den Bäumen auf, wenn die Gallwespe gleichzeitig mit dem Kastanienrindenkrebs (*Cryphonectria parasitica*) vorkommt. Der Schlauchpilz kann durch das von Gallwespen verletzte Gewebe besonders gut in den Baum eindringen. Er löst Rindenkrebs aus, der zum Absterben der Baumkrone führen kann.

In Südasien richtet die Gallwespe geringere Schäden an, da sie dort von Parasitoiden in einem Gleichgewicht gehalten wird. In Europa fehlen solche natürlichen Feinde. Die Schlupfwespe *Torymus sinensis* wurde deshalb im Rahmen der biologischen Bekämpfung in Italien ausgesetzt.

C

Centaurea Flockenblume

1 *Aceria centaureae*

Eriophyoidea (Gallmilben)

Beschreibung: Blasengallen. Blattoberfläche, vor allem der Grundblätter, mit pockenartigen, etwa 2 mm großen, rundlichen Verdickungen von gelblicher oder rötlicher bis dunkelvioletter Färbung, diese auf der Oberseite jeweils mit einer winzigen Öffnung.

Vorkommen: An *Centaurea*-Arten.

Anmerkung: Diese Gallmilbe sowie eine weitere auf Flockenblumen vorkommende Gallmilbe (*Aceria thessalonicae*) wurden als Kandidaten zur Bekämpfung der in den USA und Kanada invasiven *Centaurea diffusa* (Sparrige Flockenblume) geprüft. Eine Genehmigung zur Freisetzung wurde bisher jedoch nicht erteilt.

2 *Loewiola centaureae*

Flockenblumenblattnerv-Gallmücke

Cecidomyiidae (Gallmücken)

Beschreibung: Blätter besonders auf den Nerven, aber auch dazwischen mit bis zu 5 mm großen, rundlichen, ovalen oder spindelförmigen Blasengallen. Diese auf beiden Seiten sichtbar, oberseits oft von einem gelblichen oder purpurroten Hof umgeben. Gallenwand beiderseits fleischig. Im Innern je eine gelbe Mückenlarve.

Vorkommen: Vor allem an *Centaurea scabiosa* (Skabiosen-Flockenblume), verbreitet. Außerdem offensichlich auch an *C. jacea* (Wiesen-Flockenblume) und anderen *Centaurea*-Arten.

Biologie: 2–3 Generationen im Jahr. Die Larven verlassen die Gallen durch einen Schlitz und verpuppen sich im Boden.

A

3 *Isocolus scabiosae*

Flockenblumenspross-Gallwespe

Cynipidae (Gallwespen)

Beschreibung: Stängel auf etwa 5–15 cm Länge deutlich angeschwollen (**A**), im Innern mit zahlreichen Larvenkammern, die jeweils eine Gallwespenlarve enthalten (**B**).

Vorkommen: An *Centaurea scabiosa* (Skabiosen-Flockenblume), in Südeuropa auch an anderen *Centaurea*-Arten, in Mitteleuropa ziemlich selten.

Biologie: Eine Generation im Jahr. Verpuppung und Überwinterung in der Galle.

B

Centranthus Spornblume

1 *Trioza centranthi*

Spornblumen-Blattfloh

Psylloideae (Blattflöhe)

Beschreibung: An Blättern, Knospen und Blüten blasige Verdickungen aus knorpelig festem, innen hohlem Pflanzengewebe. Betroffene Blütenteile vergrünend, besonders der Kelch vergrößert, verbreitert und verkrümmt (**A**). Betroffene Blätter oft spiralig gewunden und am Ende lang zugespitzt (**B**). Im Innern der nicht vollständig geschlossenen Blasen Blattflohlarven oder deren wachsartige Ausscheidungen.

Vorkommen: Besonders an *Centranthus ruber* (Rote Spornblume), an deren Wuchsorten zum Beispiel in Gärten und an Straßenrändern regelmäßig zu finden. Außerdem an *Valerianella* spp. (Feldsalat) und *Fedia cornucopiae* (Füllhorn-Fedie).

Biologie: Die 2,5–3 mm langen Imagines überwintern auf immergrünen Pflanzen.

Cerastium Hornkraut

1 *Trioza cerastii*

Hornkraut-Blattfloh

Psylloideae (Blattflöhe)

Beschreibung: Blütenstände vergrünt und zu einem rundlichen Knäuel aus blasigen, blattartigen Gebilden umgewandelt, oft auch die Triebe stark verkürzt und die Blätter zu länglich-ovalen Blasen umgebildet.

Vorkommen: An verschiedenen *Cerastium*-Arten, besonders an *C. arvense* (Acker-Hornkraut).

Chenopodium Gänsefuß

1 *Hayhurstia atriplicis*

Mehlige Meldenlaus

Aphidoidea (Blattläuse)

Beschreibung: Blattspreite am Rand oder auf der ganzen Fläche nach oben eingerollt, sichelförmig gekrümmt und oft mit der Unterseite nach oben gedreht, leicht verdickt. Im Innern der Blattrolle grüne, mit weißen Wachsausscheidungen bedeckte Blattläuse sowie mit Wachsreif bedeckte Honigtautropfen.

Vorkommen: An verschiedenen *Chenopodium*- und *Atriplex*-Arten (Melde) ziemlich häufig, gelegentlich auch an anderen Chenopodiaceae (Gänsefußgewächse) wie *Spinacea oleracea* (Spinat) und *Beta vulgaris* (Rüben).

Biologie: Diese Blattläuse entwickeln sich holozyklisch, d. h. mit einer zweigeschlechtlichen und vielen parthenogenetischen Generationen. Ein Wechsel der Wirtspflanze findet nicht statt. Die Kolonien werden nicht von Ameisen besucht.
Anmerkung: Die Mehlige Meldenlaus kann verschiedene Pflanzenviren übertragen, unter anderem das Rübenmosaikvirus und das Virus der Vergilbungskrankheit der Rübe.

Cirsium Kratzdistel

1 *Pustula spinulosa* (= *Albugo spinulosus*)

Kratzdistel-Weißrost

Peronosporales (Falsche Mehltaue)

Beschreibung: Glänzende, an Porzellan erinnernde Polster oder Krusten, besonders auf der Blattunterseite. Ihnen entsprechen gelbliche Flecken auf der Blattoberseite. Polster gelegentlich auch blattoberseits und an anderen grünen Pflanzenteilen. Weißlich, später matt werdend und aufplatzend.
Vorkommen: Auf verschiedenen *Cirsium*-Arten, zerstreut, daneben auch auf *Centaurea* (Flockenblume).
Biologie: Ähnlich wie *Albugo candida* (siehe S. 20, 102 f.). Aus den aufplatzenden Pusteln werden große Mengen Sporen freigesetzt, mit denen sich der Pilz während des Jahres stark ausbreiten kann. Die Dauersporen zur Überwinterung entstehen in gräulichen Flecken, meist am Stängel.

Anmerkung: *Pustula spinulosa* gehört zu einem Artkomplex, der als *Pustula tragopogonis* oder als *Albugo tragopogonis* bekannt ist. Andere Arten dieses Komplexes entwickeln sich auf Sonnenblume (*Helianthus annuus*) oder Bocksbart (*Tragopogon* spp.).

2 *Puccinia punctiformis*

Ackerkratzdistelrost

Pucciniales (Rostpilze)

Beschreibung: Pflanze mehr oder weniger schmächtig, vergeilt, oft blass, meist nicht zur Blüte kommend. Auf beiden Seiten besonders der Rosettenblätter kleine gelbe Pusteln, die einen starken süßlichen Duft verströmen, auf den Blattunterseiten und an den Stängeln rötlich braune oder schokoladenbraune Sporenlager.

Vorkommen: An *Cirsium arvense* (Acker-Kratzdistel), häufig.

Biologie: Dieser Rostpilz macht keinen Wirtswechsel. Von der Infektionsstelle einer auskeimenden Basidiospore wachsen Hyphen in den Wurzelstock, in dem der Pilz überwintert. Im zweiten Jahr durchziehen Hyphen die ganze Pflanze, die sich schwächer entwickelt und blass bleibt. Bei starker Infektion stirbt sie ab. An überlebenden Pflanzen entwickeln sich zuerst gelbliche Spermogonien (0) und später primäre Uredolager (II), die als rötlich braune Pusteln die Blattunterseite dicht bedecken. Später im Jahr können über die Uredosporen weitere Pflanzen infiziert werden. Dort entwickelt sich der Pilz nur lokal und bildet die beschriebenen Sporenlager, in denen zuerst sekundäre Uredosporen (II), später auch wenige sekundäre Teleutosporen (III) entstehen. Die Basidiosporen (IV), die nach Auskeimen der Teleutosporen mit einer Basidie gebildet werden, läuten einen neuen Zyklus ein.

Anmerkung: Die Sporen des Pilzes werden unter anderem durch den Eselsdistel-Spitzmausrüssler (*Acanephodus onopordi*) übertragen. Der Pilz eignet sich zur Bekämpfung der Acker-Kratzdistel.

3 *Urophora cardui*

Distel-Bohrfliege, Distelspross-Bohrfliege

Tephritidae (Bohrfliegen)

Beschreibung: Haupt- oder Seitentriebe mit bis zu 5 cm langen und 2 cm dicken Schwellungen (**A**). Diese zunächst grün und fleischig, später zunehmend bräunlich und holzartig fest, im Innern mehrere mit jeweils einer Fliegenmade bzw. -puppe besetzte Kammern (**B**). Nicht selten zahlreiche derartige Gallen an einer Pflanze. Fliegen auffällig gefärbt und gezeichnet. Flügel mit einer Omega-artigen, schwarzen Wellenzeichnung, Weibchen (**C**) mit langem, schwarzem Legebohrer.

Vorkommen: An *Cirsium arvense* (Acker-Kratzdistel), vor allem an halbschattigen Stellen und auf feuchten Wiesen, häufig.

Biologie: Die Imagines fliegen von Mai bis August, hauptsächlich im Juni. Sie nehmen keine Nahrung zu sich und leben maximal etwa 20 Tage. Die Weibchen suchen 50–100 cm hohe

Pflanzen zur Ablage der etwa 130 Eier. Diese legen sie in Gruppen von bis zu 14 in junge Blattachseln. Die Larven bohren sich in den Pflanzenstängel und lösen dort die Gallbildung aus. Sie überwintern in der Galle und verpuppen sich dort im frühen Frühjahr in dunkelrotbraunen Tönnchenpuppen.

Anmerkung: Die Art eignet sich zur biologischen Bekämpfung der Acker-Kratzdistel, da die Pflanzen nach dem Befall oft weniger oder deformierte Blütenkörbchen ausbilden.

4 *Urophora stylata*

Gelbe Bohrfliege

Tephritidae (Bohrfliegen)

Beschreibung: Gallen im Körbchenboden, die Blütenkörbchen dabei äußerlich nur wenig verändert (**A**), beim Zusammendrücken des Blütenkörbchens aber die Galle als holzig fester Kern deutlich spürbar. Erst beim Aufschneiden wird die massive Veränderung im Innern des Körbchens sichtbar: Der Blütenboden erscheint massiv verdickt und verhärtet, im Innern mit mehreren vertikal angeordneten Kammern, die jeweils eine Fliegenmade enthalten (**B**). Fliegen ähnlich der Distel-Bohrfliege (Nr. 3), aber am Flügelende eine v-förmige, schwarze Zeichnung, davor eine leicht gebogene Querbinde. Legebohrer des Weibchens etwas halb so lang wie der Hinterleib (**C**).

Vorkommen: An *Cirsium vulgare* (Gewöhnliche Kratzdistel), seltener auch an *C. arvense* (Acker-Kratzdistel) und an anderen *Cirsium*-Arten, vorwiegend an trockenen Standorten der Pflanzen.

Biologie: Die Fliegen erscheinen von Juni bis August, wobei zuerst nur Männchen fliegen und ihr Revier gegen Konkurrenten mit Duft markieren. Die Paarung findet auf den Blütenkörbchen statt. Nach der Paarung legen die Weibchen mit dem Legebohrer ihre Eier einzeln oder zu mehreren zwischen die Hüllblätter der knospenden Blütenkörbchen. Die Larven fressen sich in Richtung der sich entwickelnden Samen und von dort in den Körbchenboden. Sie überwintern dort und verpuppten sich im Frühjahr.

Anmerkung: Diese Bohrfliege wird in Nordamerika und Neuseeland zur biologischen Bekämpfung von Kratzdisteln eingesetzt. Befallene Körbchen bilden weniger Samen aus.

Clematis Waldrebe

1 *Aecidium clematidis (Puccinia spp.)*

Waldrebenrost

Pucciniales (Rostpilze)

Beschreibung: An verschiedenen Teilen der Pflanze, vor allem an Blattstielen und Spreiten, bis etwa 10 mm dicke und bis über 5 cm lange, gelb oder orange gefärbte Anschwellungen. Auf der Oberfläche dieser im Querschnitt mehr oder weniger runden, oft – entsprechend der rankenden Wuchsform der Wirtspflanze – stark geschwungenen Verdickungen erscheinen becherförmige Sporenlager, die Aecidien. Ihr Rand reißt sternförmig auf und gibt die gelben Aecidiosporen frei.

Vorkommen: An verschiedenen *Clematis*-Arten, besonders an *C. vitalba* (Gewöhnliche Waldrebe), ziemlich häufig.

Biologie: Mit den Aecidiosporen (I) findet ein Wirtswechsel zu verschiedenen Süßgräsern (Poaceae) statt. Dort entwickeln sich ohne Gallbildung Uredosporen (II) und Teleutosporen (III).

Anmerkung: *Aecidium clematidis* ist die Bezeichnung für eine Sammelart von *Puccinia*, die ihre Aecidien auf *Clematis* ausbildet. Dieser Name wird verwendet, wenn der Gräserwirt nicht bekannt ist. Nur wenn der nach dem Wirtswechsel besiedelte Wirt bekannt ist, kann die genaue *Puccinia*-Art bestimmt werden.

2 *Phyllocoptes heterogaster* (= *Epitrimerus heterogaster*)

Eriophyoidea (Gallmilben)

Beschreibung: An den Spreiten und Blattstielen unregelmäßige rötliche Anschwellungen, die oberseits fein behaart sind. Spreitenrand gerollt und ausgesackt.

Vorkommen: An *Clematis vitalba* (Gewöhnliche Waldrebe), *C. recta* (Aufrechte Waldrebe), *C. alpina* (Alpen-Waldrebe), möglicherweise auch auf anderen *Clematis*-Arten in Südeuropa (Bild aus Kroatien), in Mitteleuropa fehlend.

Convolvulus Winde

1 *Aceria convolvuli*

Eriophyoidea (Gallmilben)

Beschreibung: Blätter eingerollt, mit verdickten Mittelrippen, teilweise rötlich verfärbt und abnorm behaart, oft auch die ganzen Triebspitzen im Wachstum deutlich gehemmt und nicht zur Blüte kommend.

Vorkommen: An *Convolvulus arvensis* (Acker-Winde), in Südeuropa auch an anderen *Convolvulus*-Arten.

Biologie: Die Milben sind von Mai bis November aktiv. Sie überwintern im Boden auf den Wurzelstöcken der Winden.
Anmerkung: Die Gallmilbenart *Aceria malherbae*, die ähnliche Gallen auf *Convolvulus arvensis* verursacht, wurde in den USA zur biologischen Unkrautbekämpfung der Acker-Winde eingeführt und wird dort seit 1987 erfolgreich freigesetzt. Diese Milben wurden damit als erste Gallmilbe gewerbsmäßig im biologischen Pflanzenschutz vertrieben.

Cornus Hartriegel

1 *Craneiobia corni*
Hartriegel-Gallmücke
Cecidomyiidae (Gallmücken)

Beschreibung: Auf der Blattoberseite entlang der Mittelrippe halbkugelige, feste, etwa 5 mm große Aufwölbungen (**A**), denen auf der Unterseite zapfenartige, um 10 mm lange, nach unten meist verschmälerte Fortsätze entsprechen (**B**). Färbung zunächst grün, später gelblich, oft

B

mehr oder weniger rot. Im Innern eine oder mehrere Larvenkammern mit jeweils einer gelborange gefärbten Mückenlarve.

Vorkommen: An *Cornus sanguinea* (Blutroter Hartriegel) häufig, seltener auch an anderen *Cornus*-Arten.

Biologie: Eine Generation im Jahr. Die Gallen erscheinen im Juli und reifen im August oder September. Die ausgewachsenen Larven verlassen die Galle und überwintern im Boden.

Corylus Hasel

1 *Phyllocoptruta coryli*

Haselkätzchen-Gallmilbe

Eriophyoidea (Gallmilben)

Beschreibung: Die nächstjährigen männlichen Blütenkätzchen teilweise deutlich aufgetrieben, die Blütenschuppen dabei etwas vergrößert, behaart und oft seitlich abgespreizt, sodass die Oberfläche des Kätzchens in diesem Bereich gefranst erscheint.

Vorkommen: An *Corylus avellana* (Gewöhnliche Hasel), auch in größeren Beständen der Pflanze offenbar immer nur an einzelnen Sträuchern, dort aber manchmal gehäuft.
Biologie: Gallen ab dem Herbst und dann den ganzen Winter hindurch sichtbar.

2 *Phytoptus avellanae*
Haselknospen-Gallmilbe
Eriophyoidea (Gallmilben)

Beschreibung: Knospengalle. Meist etwa 5–8 mm große, deutlich verdickte Knospen an den Zweigen (**A**), besonders im Spätherbst und Winter nach dem Laubfall auffällig. Im Innern der Knospe deutlich verändertes Pflanzengewebe (**B**): Blattanlagen etwas verdickt und gekräuselt,

A

mit zahlreichen warzenförmigen und korallenartigen Auswüchsen, außerdem eine besonders stark entwickelte Behaarung. Die Milben selbst (**C**, hier in einem nur etwa 1,5 mm breiten Ausschnitt der aufgeschnittenen Galle) nur bei stärkerer Vergrößerung erkennbar.
Vorkommen: An *Corylus avellana* (Gewöhnliche Hasel), auch in Parks an eingeführten fremdländischen *Corylus*-Arten, zum Beispiel *Corylus colurna* (Baum-Hasel).
Biologie: Im Juni oder Juli legen die Milben ihre Eier in die Knospen für das nächste Jahr. Sobald die geschlüpften Milbenlarven saugen, vergrößern sich diese zu Gallen. Die Milben überwintern in den Knospengallen. Im Frühjahr lockern diese etwas auf, bilden jedoch keine Blätter. Die Milben sind in diesem Zeitraum beim Verlassen der Gallen als winzige weiße Sprenkel zu erkennen. Ab Mai vertrocknen die Gallen.

3 *Contarinia coryli*

Haselkätzchen-Gallmücke

Cecidomyiidae (Gallmücken)

Beschreibung Bildet sehr ähnliche Gallen wie *Phyllocoptruta coryli* (Nr. 1) und kann auch mit dieser gemeinsam in einem Kätzchen auftreten. Die Gallmückenlarven vergallen entweder die ganzen Blütenkätzchen, die dann deutlich verdickt, aber nicht so zerfranst erscheinen, oder die Kätzchen bleiben kürzer und werden birnenförmig oder nur die Spitze des Kätzchens ist verdickt (**A**).
Vorkommen: An *Corylus avellana* (Gewöhnliche Hasel).
Biologie: Eine Generation im Jahr. Meistens entwickeln sich während des Sommers mehrere der weißen, springenden Larven in einem Kätzchen. Die ausgewachsenen Larven überwintern

im Boden und verpuppen sich im Frühjahr. Die Imagines schlüpfen im späten Frühjahr und legen ihre Eier an die sich entwickelnden nächstjährigen Kätzchen.

Anmerkung: Für eine sichere Unterscheidung von Gallen dieser Art und der Gallmilbe *Phyllocoptruta coryli* (Nr. 1) müssen die Gallen geöffnet und es muss nach den Larven gesucht werden (**B**).

Crataegus Weißdorn

1 *Gymnosporangium clavariiforme*

Großer Weißdorn-Gitterrost

Pucciniales (Rostpilze)

Beschreibung: Verschiedene Bereiche der Pflanze, insbesondere Früchte (**A**), Teile der Blätter, Blattstiele (**B**) oder Zweigabschnitte deutlich posterförmig verdickt und oft rötlich verfärbt. Darauf entstehen winzige, pustelförmige Anschwellungen, die Spermogonien (0). Später erscheinen orangefarbene Sporenlager, die Aecidien (I), die zu bis zu 4 mm langen Zylindern heranwachsen. Reif öffnen sie sich am Scheitel und reißen schließlich bis zur Basis pinselartig auf.
Vorkommen: An den heimischen Arten *Crataegus monogyna* (Eingriffliger Weißdorn), *C. laevigata* (Zweigriffliger Weißdorn) und ihren Bastarden ziemlich häufig, seltener auf kultivierten Arten.

A

B

Biologie: Von Juli bis September zu finden. Befallene Weißdornsträucher stehen meist in der Nähe von *Juniperus communis* (Gewöhnlicher Wacholder), auf den der Pilz mit seinen Aecidiosporen wechselt. Dort entstehen die Teleutosporenlager (III, siehe S. 190). Während der Wacholder dauerhaft vom Pilz befallen bleibt, muss der Weißdorn jedes Jahr neu infiziert werden.
Anmerkung: Weitere auf Weißdorn vorkommende *Gymnosporangium*-Arten bilden kleinere Aecidien und wechseln auf andere Wacholderarten.

2 *Taphrina crataegi*

Weißdorn-Blasenkrankheit, Weißdorn-Kräuselkrankheit

Taphrinales (Wucherlinge)

Beschreibung: Blätter mit blasigen, oberseits oft gelblich oder rötlich verfärbten Aufwölbungen, die fast die gesamte Blattfläche umfassen können. Blätter oder befallene Blattbereiche oft eingerollt. Gelegentlich auch Einzelblüten, Blütenstände oder Zweige betroffen, dann Verkümmern der Zweige oder Bildung von Hexenbesen möglich.
Vorkommen: An *Crataegus*-Arten, in manchen Gegenden nicht selten.
Biologie: Die Asci mit den Sporen brechen im Mai und Juni aus dem Pflanzengewebe, die befallenen Bereiche sind dann hell bereift. Später vertrocknen die Befallstellen.

3 *Eriophyes crataegi* (= *Aceria crataegi*)

Weißdornpocken-Gallmilbe

Eriophyoidea (Gallmilben)

Beschreibung: Kleine, um 1 mm große, ober- und unterseits gewölbte Pusteln, meist in größerer Zahl dicht beieinander. Zunächst geschlossen und grün gefärbt, später aufbrechend und dann bräunlich werdend.
Vorkommen: An *Crataegus*-Arten, nicht häufig.
Biologie: Die Milben überwintern in Rindenritzen oder unter Knospenschuppen.

4 *Phyllocoptes goniothorax*
Weißdornkräusel-Gallmilbe
Eriophyoidea (Gallmilben)

Beschreibung: Rollengalle. Blattrand auf etwa 3–15 mm Länge eng aufgerollt, oft gelblich oder rot verfärbt, diese Rolle innen dicht behaart. Bei starkem Befall Verformung des ganzen Blattes.
Vorkommen: An *Crataegus*-Arten, fast überall häufig, besonders auch an kultivierten Sträuchern und Hecken.
Biologie: Gallen vom Frühjahr bis Herbst sichtbar.

5 *Dasineura crataegi*
Weißdornschopf-Gallmücke
Cecidomyiidae (Gallmücken)

Beschreibung: Rosettengalle. Triebspitze zu einer Blattrosette gestaucht, mit etwas verdickten und deformierten Blättern, diese ober- und unterseits dicht mit feinen, 1–2 mm langen Papillen besetzt. Zwischen den Blättern zahlreiche Mückenlarven, diese anfangs weißlich, dann gelb und schließlich gelblich rot, etwa 3 mm lang.

Vorkommen: An *Crataegus*-Arten, häufig, besonders an regelmäßig geschnittenen Hecken.
Biologie: Zwei oder mehr Generationen im Jahr. Die ersten Mücken erscheinen im April oder Mai. Die Larven sind nach 2–3 Wochen ausgewachsen. Einige verpuppen sich in der Galle, andere verlassen diese und verpuppen sich im Boden. Die Puppen sind von seidigen Kokons umgeben. Die Larven der letzten Generation überwintern in ihren Kokons und verpuppen sich im Frühjahr. Die alten Gallen verbleiben häufig am Gehölz und färben sich schwarz. Sie werden von neuen Seitenzweigen übergipfelt, die aus tiefer liegenden Knospen austreiben.

Crepis Pippau

1 *Ditylenchus dipsaci*

Stängelälchen

Nematoda (Fadenwürmer)

Beschreibung: Blätter besonders im Bereich der Mittelrippe schwammig angeschwollen und verkrümmt, Gewebe dort hellgrün und wässrig. Umgebende Spreite zusammengezogen und verkrüppelt. Im Innern ohne Hohlraum.
Vorkommen: An *Crepis biennis* (Wiesen-Pippau) und anderen *Crepis*-Arten.
Biologie: Der Nematode lebt im Gewebe der Pflanze und ernährt sich von Zellsaft. Die Weibchen legen je bis zu 500 Eier. Die Larven wandern meistens in ihrem letzten Stadium aus und bewegen sich, wenn ein Wasserfilm vorhanden ist, zu neuen Pflanzen, in die sie über die Spaltöffnungen eindringen. Nach 3–5 Wochen ist ein Entwicklungszyklus abgeschlossen, sodass sich mehrere Generationen im Jahr entwickeln können. Die Larven des letzten Stadiums können auch in ein Ruhestadium treten und so in Pflanzenrückständen oder im Boden bis zu 20 Jahre überdauern.

Anmerkung: Diese Nematodenart ist von über 400 verschiedenen Pflanzenarten bekannt (s. auch S. 28 f., 181). Auf diesen ist sie teils häufig und im Nutzpflanzenbau schädlich, zum Beispiel bei Zuckerrüben, Zwiebeln, Knoblauch, Roggen, Mais, Luzerne, Rot-Klee, Erdbeeren, Tulpen. Neuere molekulare Untersuchungen zeigen, dass von *Ditylenchus dipsaci* unterschiedliche Rassen oder Populationen vorhanden sind, die unterschiedliche Wirtspflanzenkreise haben, sich morphologisch aber nicht unterscheiden.

Cuscuta Seide

Seidenarten besitzen kein Blattgrün. Sie gehören zu den Vollschmarotzern, die mit Haustorien ihren Wirt anzapfen und auf diese Weise selbst Gallen verursachen (siehe S. 433 f.). Einige von ihnen können in landwirtschaftlichen Kulturen wie Klee und Luzerne zu Verlusten führen.

1 *Smicronyx sp.*

Seidenrüssler

Curculionidae (Rüsselkäfer)

Beschreibung: Sprosse mit kugel-, spindel- oder tropfenförmigen, meist um 1 cm großen, fleischigen Anschwellungen. Diese im Innern mit 1–2 Kammern, die jeweils eine Käferlarve enthalten. Mehrere schwer unterscheidbare Arten.

Vorkommen: An *Cuscuta*-Arten.

Anmerkung: Verschiedene *Smicronyx*-Arten kommen für die biologische Kontrolle der Seiden infrage. So zum Beispiel der Gewöhnliche Seidenrüssler (*Smicronyx jungermanniae*), der zwei Generationen im Jahr bildet. Die erste entwickelt sich in den Sprossgallen und schwächt dadurch die Pflanze, die zweite ernährt sich von den heranwachsenden Früchten und unterdrückt so die Samenbildung.

Cytisus Besenginster

1 *Aceria genistae*

Ginsterblattknäuel-Gallmilbe

Eriophyoidea (Gallmilben)

Beschreibung: Weißgraue, pelzig behaarte, 5–40 mm große Klumpen aus winzigen umgewandelten Blättern an den Zweigen, oft zu mehreren dicht beieinander. Zunächst hellgrün gefärbt, später graubraun und dann noch lange Zeit an der Pflanze zu erkennen.
Vorkommen: An *Cytisus scoparius* (Besenginster), auch in größeren Beständen der Pflanze meist nur an einzelnen Sträuchern, dort aber oft in großer Zahl zu finden. Außerdem an *Genista tinctoria* (Färber-Ginster), *G. pilosa* (Behaarter Ginster) und *Ulex europaeus* (Gewöhnlicher Stechginster).

Biologie: Die Milben überwintern in ruhenden Knospen an den Zweigen. Im Frühjahr werden diese durch die Saugtätigkeit der Milben zu den Gallen umgebildet. Bis zum Sommer entwickeln sich mehrere überlappende Generationen der Gallmilben. Im Spätsommer und Herbst, wenn die Gallen zu welken beginnen, verlassen die Milben diese und wandern wieder in ruhende Knospen.
Anmerkung: Die Art umfasst verschiedene Stämme oder Biotypen, die jeweils auf eine bestimmte Ginsterart spezialisiert sind. Möglicherweise werden sich hier noch taxonomische Änderungen ergeben. In Neuseeland und Australien wurden die auf *Cytisus scoparius* lebenden Milben 2007 bzw. 2008 zur biologischen Kontrolle des dort invasiven Besenginsters freigesetzt.

2 *Asphondylia sarothamni*

Besenginsterknospen-Gallmücke, Besenginsterfrucht-Gallmücke

Cecidomyiidae (Gallmücken)

Beschreibung: Ambrosiagalle. Die Frühjahrsgeneration in oft etwas schiefen, hohlen Knospengallen (**A**), die zweite Generation in den Früchten in kleineren Anschwellungen (**B**). Im Innern Pilzmyzel und jeweils eine einzelne, anfangs cremefarbene, später orange Mückenlarve.
Vorkommen: An *Cytisus scoparius* (Besenginster).
Biologie: Die Weibchen der zweiten Generation legen ihre Eier im Herbst an Knospen, die sich daraufhin im Frühjahr zu den Gallen ausformen. Bei beiden Gallenformen ist das Innere vollständig von einem anfangs hellen Pilzmyzel des Pilzes *Ramichloridium subulatum* (Hyphomycetes) ausgekleidet und wirkt dadurch filzartig. Wenn mehr als eine Larve in der Galle zu finden ist, handelt es sich um Inquilinen oder Parasitoide. In der Frühjahrsgeneration sind zwei Parasitoide bekannt, in der zweiten mehr. Die Erzwespe *Sigmophora brevicornis* lebt

anfangs als Parasitoid (mehrere Larven von einer Wirtslarve), später als Inquiline, indem sie sich vom Pilz ernährt (siehe S. 53).

Anmerkung: Die Gallen der zweiten Generation können besonders leicht dann erkannt werden, wenn die Früchte des Besenginsters bereits reif und schwarz verfärbt sind. Vergallte Fruchtbereiche bleiben noch lange Zeit grün (**B**).

Daucus Möhre

1 *Meloidogyne hapla*

Nördlicher Wurzelgallennematode

Nematoda (Fadenwürmer)

Beschreibung: Variables Erscheinungsbild: An dünnen Wurzeln sitzen kleine, helle, meist glatte oder nur wenig strukturierte Knöllchen (**A**). Anstelle der typischen, sich verschmälernden Pfahlwurzel bildet sich eine deformierte Möhre, die meist nur wenige Zentimeter lang wird (**B**). Sie kann sich gabeln oder verzweigen (Mehrbeinigkeit) oder knotig anschwellen („Zombie-Möhren"). An so deformierten Möhren entstehen zudem vermehrt Feinwurzeln (Bärtigkeit).

Vorkommen: Dieser Nematode kann über 550 verschiedene Pflanzenarten befallen. Die Größe der Gallen hängt von der Wirtspflanze ab. Besonders auffällig sind sie bei *Daucus carota* ssp. *sativa* (Kultur-Möhre), *Lactuca sativa* (Grüner Salat), *Beta vulgaris* var. *vulgaris* (Rote Beete) und *Lycopersicon esculentum* (Tomate).

Biologie: Bedeutsamer Schaderreger in der ökologischen Landwirtschaft,

besonders auf Möhre, daneben auch an Grüner Salat, Rote Beete, Zwiebel, Kartoffel, Erbse, Schwarzwurzel, Sellerie und anderen. Die Überwinterung erfolgt als Ei oder Larve im Boden oder in Pflanzenresten. Die Larven des zweiten Larvenstadiums (Infektionslarven) dringen bei Temperaturen über 10 °C in die Wurzeln ein und lösen dort die Bildung von Riesenzellen und der Gallen aus. Die Wasser- und Nährstoffaufnahme der Pflanze werden dadurch gestört. Die Pflanzen wachsen kümmerlicher und welken zum Teil. Das um 0,5 mm große, birnenförmig angeschwollene Nematodenweibchen lebt im Innern der Galle. 2–3 Generationen im Jahr. Die Eier können bis zu 3 Jahre überdauern.
Anmerkung: Die kleinen Gallen an den dünneren Wurzeln erinnern an die Wurzelknöllchen der Leguminosen (siehe S. 422).

2 *Kiefferia pericarpiicola*
Möhrenfrucht-Gallmücke
Cecidomyiidae (Gallmücken)

Beschreibung: Einzelne Früchte in der Dolde stark angeschwollen, oft schon stark vergrößerte Fruchtknoten während der Blütezeit der Dolde auf langem, gebogenem Stiel und dabei leuchtend rot, über die restlichen Blüten aufragend (**A**). Im Innern meist bis zu drei rote Larven (**B**).
Vorkommen: An *Daucus carota* (Wilde Möhre) sehr häufig. Außerdem gelegentlich an *Pimpinella* (Bibernelle)

(**C**) sowie weiteren Doldenblütlern (Apiaceae), dort meist gelblich grün und nicht wesentlich aus der Dolde ragend.

Biologie: Eine Generation im Jahr. Die Larven überwintern im Boden und verpuppen sich auch dort. Befallene Früchte bilden keine Samen aus.

3 *Lasioptera carophila*

Dolden-Gallmücke

Cecidomyiidae (Gallmücken)

Beschreibung: Ambrosiagalle. Zentraler Verzweigungspunkt der Dolde oder Döldchen zu einer 2–5 mm großen Kugel verdickt und oft an der Basis der Doldenstrahlen leuchtend rot gefärbt. Im Innern eine Kammer mit Pilzmyzel und einer orangeroten Larve.

Vorkommen: Meist an *Daucus carota* (Wilde Möhre), dort ziemlich häufig, seltener an *Pimpinella*-Arten (Bibernelle) oder anderen Doldenblütlern (Apiaceae).
Biologie: Zwei Generationen im Jahr. Die Larven verpuppen sich in den Gallen, die der zweiten Generation überwintern auch darin.

Dryopteris Wurmfarn

1 *Chirosia betuleti*

Farnwedel-Blumenfliege

Anthomyiidae (Blumenfliegen)

Beschreibung: Spitze des Farnwedels spiralig eingerollt, die Fiederblättchen in diesem Bereich verkrümmt und unregelmäßig abgespreizt. In der Wedelachse eine Kammer mit Fliegenlarven.

Vorkommen: An verschiedenen *Dryopteris*-Arten und *Athyrium filix-femina* (Wald-Frauenfarn), ziemlich häufig.
Biologie: Das Weibchen legt seine Eier an die Spitze des Wedels. Die Larven fressen eine Mine in die Wedelachse, worauf sich die Wedelspitze wie beschrieben umformt. Vom Sommer bis in den Herbst zu finden.

Echium Natternkopf

1 *Aceria echii*

Natternkopf-Gallmilbe

Eriophyoidea (Gallmilben)

Beschreibung: Gesamter Blütenstand deformiert und vergrünt, sehr haarig, die Einzelblüten verlaubt (**A**). Die umgeformte Pflanze wirkt bereits aus der Ferne auffällig (**B**), erinnert an einen graugrünen Amaranth (*Amaranthus*).
Vorkommen: Auf *Echium vulgare* (Gewöhnlicher Natternkopf).

A

B

Epilobium Weidenröschen

1 *Mompha sturnipennella*

Weidenröschenspross-Fransenmotte

Momphidae (Fransenmotten)

Beschreibung: Stängel über 1 bis mehrere Zentimeter spindelförmig angeschwollen und rot verfärbt, meistens im Bereich des Blütenstandes (**A**). Auch mehrere Gallen übereinander. Im Innern eine Schmetterlingsraupe (**B**).

Vorkommen: An *Epilobium angustifolium* (Schmalblättriges Weidenröschen).

Biologie: Bei uns zwei Generationen im Jahr. Die Raupen der ersten Generation entwickeln sich von Mai bis Juni im Stängel, die der zweiten von Juli bis August meistens ohne Gallbildung in den Kapselfrüchten, gelegentlich ebenfalls mit Gallbildung im Stängel. Die Verpuppung findet außerhalb des Stängels bzw. außerhalb der Kapselfrucht in einem spindelförmigen Kokon statt. Die Falter von Fransenmotten besitzen federartig gefranste Hinterflügel. Bei der beschriebenen Art sind auch die Hinterränder der Vorderflügel gefranst.

2 *Dasineura epilobii*

Weidenröschenblüten-Gallmücke

Cecidomyiidae (Gallmücken)

Beschreibung: Blütenknospen deutlich angeschwollen, sich nicht öffnend (rechts und links oberhalb der Bildmitte), zum Teil mit verkümmerten Resten der Blütenblätter (links unterhalb der Bildmitte). Enthalten blassrose Mückenlarven.

Vorkommen: An *Epilobium angustifolium* (Schmalblättriges Weidenröschen), daneben auch an *E. fleischeri* (Fleischers Weidenröschen), *E. hirsutum* (Zottiges Weidenröschen), *E. palustre* (Sumpf-Weidenröschen), überall häufig.

Biologie: Zwei Generationen im Jahr. Die Überwinterung findet im Boden statt.

Erica Heide

1 *Wachtliella ericina*

Cecidomyiidae (Gallmücken)

Beschreibung: Artischockenartig geformte Galle aus zahlreichen, eng gestellten Blättern (diese etwas kürzer und breiter als normal) an der gestauchten Triebspitze. Galle meist fast 1 cm lang, gelegentlich rot überlaufen. Im Innern eine orangerot gefärbte Mückenlarve.
Vorkommen: An *Erica carnea* (Schnee-Heide), vor allem an ihren natürlichen Standorten in den Alpen häufig. Außerdem an *E. tetralix* (Glocken-Heide), im Mittelmeerraum an *E. arborea* (Baum-Heide) häufig, daneben an anderen *Erica*-Arten.
Biologie: Das ganze Jahr hindurch zu finden, aber oft schwer zu erkennen. Die Larven verpuppen sich im Boden.

Eryngium Mannstreu

1 *Lasioptera eryngii* (= *Thomasiella eryngii*)

Cecidomyiidae (Gallmücken)

Beschreibung: Ambrosiagalle. Sprosse und Blattachsen mit eiförmigen, bis etwa 2 cm großen Anschwellungen, diese innen mit mehreren, mit einem Pilzmyzel durchwachsenen Kammern, in denen sich jeweils eine orangegelb gefärbte Larve befindet.
Vorkommen: An *Eryngium*-Arten (Mannstreu), insbesondere an *E. campestre* (Feld-Mannstreu), mäßig häufig.
Biologie: Zwei Generationen im Jahr. Die Larven verpuppen sich in den Gallen, die der zweiten Generation überwintern auch dort.

Euonymus Pfaffenhütchen

1 *Eriophyes convolvens*

Pfaffenhütchen-Blattrandmilbe

Eriophyoidea (Gallmilben)

Beschreibung: Rollengalle. Blattrand teilweise oder auf der ganzen Länge eng nach oben aufgerollt, meist grün, selten in den umgerollten Bereichen leuchtend rot (wie hier abgebildet) gefärbt. Manchmal kann auch die Mittelrippe verdickt sein. Meistens sind viele Blätter eines Zweiges betroffen.

Vorkommen: An *Euonymus europaeus* (Gewöhnliches Pfaffenhütchen) überall sehr häufig.

Biologie: Ab Mai bis zum Laubfall im Herbst zu finden.

Eupatorium Wasserdost

1 *Adaina microdactyla*

Pterophoridae (Federmotten)

Beschreibung: Stängel unter einem Knoten etwas angeschwollen, im Innern eine weißliche Schmetterlingsraupe in ihrem Fraßgang (**A**).
Vorkommen: An *Eupatorium cannabinum* (Gewöhnlicher Wasserdost), nicht häufig.
Biologie: Vor der Verpuppung nagt die Raupe einen Gang nach außen (**B**), durch den der fertige Falter später die Pflanze verlässt. Falter einfarbig gelbbraun, Vorderflügel in zwei, Hinterflügel in drei federartig zerteilte Zipfel aufgespalten, Flügelspannweite um 15 mm. Gelegentlich auf den Blütenständen der Wirtspflanze zu beobachten.

A

B

Euphorbia Wolfsmilch

1 *Uromyces pisi*-Komplex (*Aecidium euphorbiae*)

Wolfsmilch-Hülsenfruchtroste, Erbsenrost-Komplex

Pucciniales (Rostpilze)

Beschreibung: Sprosse gegenüber den normal entwickelten Pflanzen meist deutlich verlängert, ohne Blüten und mit viel kleineren Blättern als üblich, diese gelblich grün (**A**, rechte Pflanze). Im Frühjahr an der Triebspitze eine „Scheinblüte" aus einem Schopf dicht gestellter Blätter. Später auf der Unterseite der Blätter gelbliche bis orangefarbene, becherförmige Sporenlager, die wie ein Krönchen aufreißen (**B**).

Vorkommen: An Standorten von *Euphorbia cyparissias* (Zypressen-Wolfsmilch) überall häufig, seltener auch an anderen *Euphorbia*-Arten.

Anmerkung: Sehr formenreiche Artengruppe, die auf der Wolfsmilch ausschließlich Spermogonien (o) und Aecidien (I) bildet. Während die Spermatien entlassen werden, sondern die Sporenlager Nektar ab, der Insekten anlockt. Beim Besuch verschiedener befallener Pflanzen übertragen diese die Spermatien und unterstützen so die sexuelle Fortpflanzung des Pilzes. Mit den Aecidiosporen findet ein Wirtswechsel statt. Die Uredosporen (II) und Teleutosporen (III) entwickeln sich an verschiedenen Schmetterlingsblütlern (Fabaceae). Die Arten des Komplexes können nur nach dem Wirtswechsel anhand der Schmetterlingsblütenart und der dort gebildeten Sporen unterschieden werden. Ist der zweite Wirt nicht bekannt, wird häufig der Name *Aecidium euphorbiae* verwendet.

Verwechslung: Wenn an entsprechend deformierten Pflanzen keine orangefarbenen Aecidien, sondern schokoladenbraune Teleutosporenlager vorhanden sind, dann liegt eine Infektion mit einer anderen *Uromyces*-Art vor (auf *E. cyparissias* mit *Uromyces scutellatus*, *U. kalmusii*, *U. striolatus*, auf *E. dulcis* mit *Uromyces euphorbiae-dulcis*). Es sind auch Mischinfektionen möglich (**C**, auf *E. dulcis*).

2 *Spurgia euphorbiae*

Euphorbien-Gallmücke

Cecidomyiidae (Gallmücken)

Beschreibung: Rosettengalle. Sprossspitze mit einem artischockenartigen Schopf aus eingekrümmten, deutlich verbreiterten und verkürzten Blättern, die oft leuchtend rot gefärbt sind (**A**) oder mit einer länglich-schmalen, am Ende zugespitzten Knospe aus kaum veränderten, grünen Blättern (**B**). Im Innern gesellig lebende, orangerote Mückenlarven (**C**).
Vorkommen: An *Euphorbia cyparissias* (Zypressen-Wolfsmilch), *E. helioscopia* (Sonnwend-Wolfsmilch), *E. dulcis* (Süße Wolfsmilch) und anderen, ziemlich häufig.
Biologie: Mehrere Generationen im Jahr. Die Larven verpuppen sich in Kokons im Innern der Galle, die der letzten Generation überwintern im Boden.
Anmerkungen: Die beiden deutlich verschiedenen Formen dieser Galle wurden in der älteren Literatur zwei verschiedenen Gallmückenarten zugeschrieben, inzwischen ist es aber offenbar unbestritten, dass es sich in beiden Fällen um die gleiche Verursacherin handelt.
Spurgia esulae bildet ähnliche Gallen an *Euphorbia esula* (Esels-Wolfsmilch).

Fagus Buche

1 *Acalitus plicans*
Buchenblattfalten-Gallmilbe
Eriophyiidae (Gallmilben)

Beschreibung: Blätter kleiner als normal, im Spitzenteil oder auf fast der ganzen Fläche entlang der Nerven längsfaltig zusammengezogen, Nerven und Blattfläche deutlich verdickt und unterseits pelzig behaart, oft rötlich verfärbt. Besonders an Schattenblättern.
Vorkommen: An *Fagus sylvatica* (Rot-Buche), nicht häufig.

2 *Acalitus stenaspis*
Buchenblattrand-Gallmilbe
Eriophyiidae (Gallmilben)

Beschreibung: Rollengalle. Blattränder mit einer sehr schmalen und festen Randrollung nach oben, diese innen behaart und grün oder gelblich bis weißlich gefärbt, oft fast das gesamte Blatt umfassend. In der Rolle die Gallmilben.
Vorkommen: An *Fagus sylvatica* (Rot-Buche), fast überall häufig.

3 *Aceria nervisequa* (= *Aceria faginea*)
Buchenblattfilz-Gallmilbe
Eriophyiidae (Gallmilben)

Beschreibung: Filzgalle. Auf der Blattoberseite filzige, linienförmige Behaarung entlang der Blattnerven (**A**), auf der Unterseite runde bis lang-ovale Haarflecke zwischen den Nerven (**B**). Behaarung zunächst schneeweiß, später braun. Auf den rotlaubigen Sorten der Rot-Buche (zum Beispiel *Fagus sylvatica* 'Purpurea', Blut-Buche) leuchten die Filze anfangs pinkfarben.
Vorkommen: An *Fagus sylvatica* (Rot-Buche), häufig.
Anmerkung: Die auf der Blattunterseite in den Filzflecken lebende Gallmilbe galt bis vor Kurzem als eigenständige Art (*Aceria faginea*), wird aber nach neuerer Literatur mit *A. nervisequa* zusammengezogen.

A

B

4 *Cryptococcus fagisuga*
Buchenwollschildlaus
Coccoidea (Schildläuse)

Beschreibung: Die gewöhnlich glatte Rinde ist mehr oder weniger längsrissig und oft mit kleinen Beulen übersät. In den Rissen mit weißer Wachswolle bedeckte Läuse, ihre Eier oder Larven. Bei starkem Befall sehen die Baumstämme wie mit Kreidestreifen bemalt aus.
Vorkommen: An *Fagus sylvatica* (Rot-Buche) und *F. grandifolia* (Amerikanische Buche).
Biologie: Bisher sind ausschließlich Weibchen bekannt, die sich parthenogenetisch vermehren. Es findet kein Wirtswechsel statt. Die beinlosen, von Wachswolle bedeckten Weibchen legen zwischen Juni und Oktober je bis zu 50 Eier, die ebenfalls von Wachsflocken geschützt sind. Die schlüpfenden Larven haben noch Beine und können so neue Standorte besiedeln, auch indem sie vom Wind verblasen werden. Sie entwickeln sich erst im Frühjahr des Folgejahres wieder zu beinlosen Weibchen. Durch die Saugtätigkeit der Läuse wird das Rindengewebe zu Wucherungen angeregt.
Anmerkungen: Die befallenen Stämme bieten Eintrittspforten für andere Schädlinge. Besonders durch diese Sekundärinfektionen können die Bäume stark geschwächt werden. Die Schildlaus wurde um 1890 in Kanada eingeschleppt und breitet sich seither in Nordamerika als Neozoon auf der Amerikanischen Buche aus.

5 *Hartigiola annulipes*
Buchen-Haargallmücke
Cecidomyiidae (Gallmücken)

Beschreibung: Beutelgalle. Rundliche bis länglich-eiförmige, meist lang behaarte, aber auch haarlose und bis etwa 5 mm lange Galle auf der Blattoberseite, weiß oder bräunlich bis leuchtend rot gefärbt (**A**). Im Innern eine einzelne weiße Larve. Zu Beginn des Gallenwachstums erscheinen auf den Blättern transparente, kreisrunde, etwa 1 mm große Flecke mit einem dunkleren Punkt in der Mitte (**B**).

Vorkommen: An *Fagus sylvatica* (Rot-Buche), häufig, aber meist seltener als die *Mikiola*-Gallen (Nr. 6), oft mit diesen gemeinsam auftretend.

Biologie: Eine Generation im Jahr. Die Gallen lösen sich von den Blättern und fallen zu Boden. Die Larven überwintern darin und verpuppen sich im Frühjahr.

6 *Mikiola fagi*

Gewöhnliche Buchen-Gallmücke, Buchenblatt-Gallmücke

Cecidomyiidae (Gallmücken)

Beschreibung: Beutelgallen auf der Blattoberseite, glatt, eiförmig und nach oben zugespitzt, bis zu 12 mm hoch (**A**). Gallen der weiblichen Larven etwas größer als die der männlichen. Wand sehr fest und dick, im Innern ein geräumiger Hohlraum mit einer weißen Mückenlarve (**B**). Diese im Herbst im ausgewachsenen Zustand etwa 4 mm groß. Mücke mit 4–5 mm Länge größer als die meisten übrigen Gallmücken, durch ihren roten Hinterleib gut zu erkennen (Abbildung der Mücke auf S. 37).

Vorkommen: An *Fagus sylvatica* (Rot-Buche), sehr häufig. Kann sich auf jungen Bäumen in der montanen und submontanen Zone zu einem Schädling entwickeln, der zu Zuwachsverlust führt.

Biologie: Eine Generation im Jahr. Die ausgewachsene Larve spinnt die Öffnung auf der Unterseite mit einem zarten Deckel zu. Im Herbst löst sich die Galle vom Blatt und fällt zu Boden. Sie verbleibt bis zum nächsten Frühjahr zwischen dem Falllaub. Die Larve überwintert im Innern und verpuppt sich im zeitigen Frühjahr. Die Mücke verlässt Ende März oder Anfang April die Galle, indem sie den von der Larve gesponnenen Deckel mit ihrem Kopf durchstößt (**C**). Nach der Begattung legt das Weibchen 200–300 Eier auf Blattknospen ab. Die Larven suchen sich einen Platz auf dem jungen Blatt. Ihre Saugtätigkeit regt das Blattgewebe an, es bildet einem Wall und schließt sich um die Larve.

Anmerkung: Wie auch die vorige Art (Nr. 5) jahrweise in sehr unterschiedlicher Häufigkeit. Ursache hierfür sind vor allem winzige parasitoide Wespen. Sie verlassen die Gallen in der Regel durch kleine selbst genagte Löcher.

A

B

7 Phegomyia fagicola
Buchenblattfalten-Gallmücke
Cecidomyiidae (Gallmücken)

Beschreibung: Faltengalle. Blätter zwischen je zwei Seitennerven hülsenarig verdickt und faltig nach unten zusammengezogen. Auf der Oberseite ein verlängerter Schlitz. Im Innern der Blatttaschen jeweils 2–3 orange oder rötliche Gallmückenlarven.
Vorkommen: An *Fagus sylvatica* (Rot-Buche), häufig.
Biologie: Eine Generation im Jahr. Die Larven überwintern im Boden.

Filipendula Mädesüß

1 *Podosphaera filipendulae*

Deformierender Mädesüßmehltau

Erysiphales (Echte Mehltaupilze)

Beschreibung: Blütenstand missgebildet, oft stark verkümmert, Stängel deformiert, mehr oder weniger start verkrümmt, befallene Pflanzenteile von weißlichem Pilzmyzel überzogen, im Herbst darauf winzige, mit bloßem Auge aber noch erkennbare, zunächst gelbe, später schwarze, kugelige Fruchtkörper.

Vorkommen: An *Filipendula ulmaria* (Echtes Mädesüß) und *F. vulgaris* (Kleines Mädesüß), häufig.

Biologie: Siehe S. 21 f. (Einleitung).

2 *Triphragmium ulmariae*

Großer Mädesüßrost

Pucciniales (Rostpilze)

Beschreibung: Blätter verdreht und zum Teil verkümmert, besonders entlang der Stiele und Blattnerven mit bis zu 2 cm langen, unregelmäßigen, leuchtend orangefarbenen Sporenlagern.
Vorkommen: An *Filipendula ulmaria* (Echtes Mädesüß), häufig.
Biologie: Dieser Rostpilz macht keinen Wirtswechsel und bildet keine Aecidien (I). Die beschriebenen Uredosporenlager (II) entwickeln sich von Mai bis Juni. Ab Juni entstehen zusätzlich weitere, um 1 mm große Uredosporenlager auf der Blattunterseite. Ab Juli bilden sich kleine, dunkel- bis schwarzbraune Teleutesporenlager (III).
Ähnlich: An *Filipendula vulgaris* (Kleines Mädesüß) entwickeln sich die Gallen des Rostpilzes *Triphragmium filipendulae*.

3 *Dasineura engstfeldi*

Cecidomyiidae (Gallmücken)

Beschreibung: Blätter am Rand oder entlang der Blattnerven deutlich angeschwollen und hier gelblich bis rot verfärbt. Blütenknospen bleiben klein und geschlossen, färben sich rosa oder rot und sind stark behaart. Larven anfangs weißlich, später etwas rötlich.

Vorkommen: An *Filipendula ulmaria* (Echtes Mädesüß), *F. vulgaris* (Kleines Mädesüß), häufig.
Biologie: Die Frühjahrsgeneration verursacht die Blattgallen, während die Sommergeneration für die Knospengallen verantwortlich ist. Die Larven verpuppen sich im Boden.

4 *Dasineura pustulans*
Mädesüßpustel-Gallmücke
Cecidomyiidae (Gallmücken)

Beschreibung: Auf der Blattfläche etwa 1 mm große Pusteln, jeweils umgeben von einem kreisförmigen, gelben Hof mit etwa 5 mm Durchmesser. Öffnung auf der Blattunterseite. Im Innern weiße Larven.
Vorkommen: An *Filipendula ulmaria* (Echtes Mädesüß), sehr häufig.
Biologie: Zwei Generationen im Jahr. Die Larven verpuppen sich im Boden.

5 *Dasineura ulmaria*
Mädesüßkegel-Gallmücke
Cecidomyiidae (Gallmücken)

Beschreibung: Auf der Blattoberseite rundliche, 2–3 mm große, grün, gelblich oder rot gefärbte Anschwellungen, die sich unterseits in behaarten, kegelförmigen Erhebungen fortsetzen. Jeweils eine Kammer mit einer gelblichen bis orangen Mückenlarve. Blattspreite durch die Gallen oft mehr oder weniger gekräuselt.
Vorkommen: An *Filipendula ulmaria* (Echtes Mädesüß), sehr häufig.
Biologie: 2–3 Generationen im Jahr. Die Verpuppung erfolgt in der Galle.

Forsythia Forsythie

1 *Pseudomonas savastanoi pv. forsythiae*

Bacteria (Bakterien)

Beschreibung: An den Zweigen knollige, bis etwa 5 cm große Verdickungen, zum Teil mit finger- oder wurzelartigen Auswüchsen, die bald absterben, aber dann noch jahrelang erhalten bleiben.
Vorkommen: An *Forsythia x intermedia* (Garten-Forsythie), überall häufig.
Anmerkung: Früher hielt man einen Schlauchpilz (*Phomopsis* sp.) für den Erreger dieser regelmäßig auftretenden Gallbildung. Zwischenzeitlich gelang es aber, die *Pseudomonas*-Bakterien zu isolieren. Sie gelten nach aktuellem Stand als Auslöser der Gallen.

Frangula Faulbaum

1 *Puccinia coronata*

Kronenrost

Pucciniales (Rostpilze)

Beschreibung: Anfangs an jungen Zweigen, an der Blattbasis und auf der Blattoberseite gelbe Flecken. Die Gallen entwickeln sich von Mai bis August an diesen Zweigstellen bzw. auf der Unterseite der Blätter als deutliche Anschwellungen und Verkrümmungen. Auf diesen erheben sich Sporenlager als leuchtend orange gefärbte, anfangs etwa 0,5 mm große Pusteln. Sie öffnen sich zu einem zylindrischen Becher mit zurückgekrümmtem, krönchenartigem Rand und streuen orange Sporen aus.

Vorkommen: An *Frangula alnus* (Gewöhnlicher Faulbaum) und *Rhamnus cathartica* (Echter Kreuzdorn) häufig, seltener auf anderen *Rhamnus*-Arten.

Biologie: Die Spermogonien (0) entstehen gesellig im Zentrum der gelben Blattflecken. Erst wenn ihre Empfängnishyphen ein Spermatium eines anderen Typs empfangen haben, beginnen die Gallbildung und die Entwicklung der orangefarbenen Aecidien (I). Mit den Aecidiosporen findet ein Wirtswechsel auf verschiedene Süßgräser (Poaceae) statt, auf denen sich Uredosporen (II) und Teleutosporen (III) bilden, ohne dass dabei Gallen entstehen.

Anmerkung: Der Name „Kronenrost" bezieht sich nicht auf die Form der Aecidien, die bei allen Arten der Gattung *Puccinia* ähnlich ist, sondern auf ein kleines Krönchen auf den mikroskopisch kleinen Teleutosporen.

Fraxinus Esche

1 *Aceria fraxinivora*

Eschenklunkern-Gallmilbe, Klunkerngallen

Eriophyoidea (Gallmilben)

Beschreibung: Teile des Blütenstandes, der Blattknospen oder Zweige in blumenkohlartige, 5–20 mm große, sehr feste, holzig-krustige Knoten umgewandelt. Diese zunächst hellrotbraun, später fast schwarz gefärbt. Oft in großen Gruppen beieinander und einen Fruchtansatz teilweise oder ganz verhindernd (**A**). Die abgestorbenen Gebilde fallen besonders im Winter an den entlaubten Zweigen noch jahrelang ins Auge (**B**).

Vorkommen: An *Fraxinus excelsior* (Gewöhnliche Esche), auch an *F. ornus* (Blumen-Esche) und anderen, in Parks gepflanzten *Fraxinus*-Arten, häufig.

2 *Prociphilus fraxini / Prociphilus bumeliae*
Eschenzweiglaus / Eschenblattnestlaus
Aphidoidea (Blattläuse)

Beschreibung: Blattstiele und Blattspreiten verkrümmt und zu einem nestartigen, fast geschlossenen Gebilde zusammenneigend (**A**). Darin zahlreiche dunkelgrüne, durch wollige, weiße Wachsausscheidungen auffallende Blattläuse. Die beiden Blattlausarten lassen sich sehr schwer unterscheiden und verursachen die gleichen Gallen.

Vorkommen: An *Fraxinus excelsior* (Gewöhnliche Esche), ziemlich häufig.

Biologie: Die Esche ist für diese Blattläuse der Hauptwirt. Die ausschließlich weiblichen Nachkommen der Stammmutter lösen hier durch ihr Saugen die Gallbildung aus. Ende Mai wechseln geflügelte Weibchen zu *Abies*-Arten (Tannen). An diesem Sommerwirt saugen ihre Nachkommen ohne Gallbildung an den Wurzeln. Im Herbst kehren geflügelte Läuse zur Esche zurück. Auf dem Hauptwirt werden die Läuse fast immer von zahlreichen Ameisen der Gattung *Lasius* (Wegameisen) besucht und eifrig betrillert, um sie zur Abgabe von Honigtau zu bewegen (**B**). Dies geschieht, obwohl die Blattläuse von Wachs bedeckt sind und solche Blattlauskolonien im Allgemeinen nur selten von Ameisen besucht werden. Beobachtungen zufolge scheinen die Ameisen bei den beiden *Prociphilus*-Arten das Wachs zu entfernen. Auch Honigbienen (*Apis mellifera*) besuchen die Kolonien.

3 *Psyllopsis fraxini* agg.

Eschen-Blattflöhe

Psylloidea (Blattflöhe)

Beschreibung: Rollengalle. Blattrand knorpelig-blasig verdickt und nach unten, seltener nach oben eingerollt, meist teilweise, besonders an den Blattnerven, oder ganz violett verfärbt (**A**). In der Rolle grün gefärbte, flache Blattflohlarven mit Wachswolle und kleinen Kugeln aus Honigtau oder die ausgewachsenen Blattflöhe, die durch ihre kontrastreiche, schwarz-weiß gefleckte Flügelzeichnung und die roten Augen kaum mit anderen Arten zu verwechseln sind (**B**).

Vorkommen: An *Fraxinus excelsior* (Gewöhnliche Esche), *F. angustifolia* (Schmalblättrige Esche) und *F. ornus* (Blumen-Esche), häufig.

Biologie: Eine Generation im Jahr. Die geflügelten Blattflöhe erscheinen im Juni oder Juli und können bis in den November an den Eschen gefunden werden. Sie verlassen nach einiger Zeit die Gallen und legen ihre Eier an Triebe ab. Die jungen Larven schlüpfen im nächsten Jahr zur Zeit des beginnenden Laubaustriebs und besiedeln die jungen Blätter.

Anmerkungen: Zu *Psyllopsis fraxini* agg. gehören die Arten *P. fraxini*, *P. discrepans* und *P. distinguenda*. Anhand der Gallen können sie nicht unterschieden werden, sondern nur an mikroskopischen Merkmalen der Larven oder der männlichen Geschlechtsorgane. Die häufigste Art ist *P. fraxini*.

In den Blattrollen findet man gelegentlich die Wulsthals-Blumenwanze (*Anthocoris amplicollis*) und die Eschen-Blumenwanze (*A. simulans*). Sie ernähren sich besonders von den Larven dieses Blattflohs sowie von Eschen-Blattläusen der Gattung *Prociphilus* (Nr. 2).

4 *Dasineura acrophila*

Eschenblatthülsen-Gallmücke

Cecidomyiidae (Gallmücken)

Beschreibung: Fiederblättchen entlang der Mittelrippe blasig verdickt, restliche Blattfläche nach oben geklappt, stark reduziert bis fast vollkommen fehlend, Galle dann an eine Erbsenhülse erinnernd (**A**). Oft alle Blättchen betroffen (**B**). In der Galle zahlreiche weiße Mückenlarven mit grün durchschimmerndem Darminhalt (**C**).

Vorkommen: An *Fraxinus excelsior* (Gewöhnliche Esche), auch an fremdländischen *Fraxinus*-Arten, sehr häufig.
Biologie: Eine Generation im Jahr. Die Larven verpuppen sich im Boden.

B

C

5 *Dasineura fraxini*

Eschenmittelrippen-Gallmücke

Cecidomyiidae (Gallmücken)

Beschreibung: Mittelrippe des Fiederblättchens unterseits auf bis zu 3 cm Länge wulstig verdickt und oft rotviolett verfärbt (**A**), oberseits später mit einem an beiden Seiten behaarten Schlitz (**B**). Oft mehrere Gallen hintereinander pro Fiederblatt und Blatt kräuselig zusammengezogen. In jeder der einkammerigen Gallen eine orangefarbene Mückenlarve.
Vorkommen: An *Fraxinus excelsior* (Gewöhnliche Esche) und *F. ornus* (Blumen-Esche), auch an nicht heimischen *Fraxinus*-Arten, häufig und oft zusammen mit den Gallen von *D. acrophila* auf den gleichen Bäumen.
Biologie: Gewöhnlich eine, seltener zwei Generationen im Jahr. Die Larven überwintern im Boden und verpuppen sich im Frühjahr. Die Gallmücken schlüpfen kurz darauf im Mai.

Galium Labkraut

1 *Aceria galiobia*

Labkrautblüten-Gallmilbe

Eriophyoidea (Gallmilben)

Beschreibung: Blütenknospen fleischig, fruchtartig vergrößert, bis zu 10 x 5 mm groß, zuerst grün, später schwarz (**A**). Im Innern stark gefaltetes Gewebe (**B**).

Vorkommen: An *Galium verum* (Echtes Labkraut), *G. mollugo* (Wiesen-Labkraut) und anderen *Galium*-Arten.

Anmerkung: Diese Galle ähnelt auf den ersten Blick jener der Labkrautblüten-Gallmücke (Nr. 5). Aufgeschnitten lassen sich die beiden jedoch sofort unterscheiden.

A

B

2 *Cecidophyes galii*
Labkrautblattroll-Gallmilbe
Eriophyoidea (Gallmilben)

Beschreibung: Rollengalle. Blätter vom Rand her nach oben oder unten eingerollt und zusätzlich sichelförmig bis spiralig eingekrümmt. Innenseite der Rolle dicht mit Haaren bedeckt. Außer den Sprossspitzen sind meist auch weiter unten liegende Teile der Pflanze betroffen. Je nach Wirtspflanzenart kann die Galle mehr oder weniger stark behaart sein.
Vorkommen: An verschiedenen *Galium*-Arten, besonders an *G. aparine* (Gewöhnliches Kletten-Labkraut), außerdem an *Cruciata laevipes* (Gewöhnliches Kreuzlabkraut).
Ähnlich: Die Gallmilbe *Cecidophyes rouhollahi* verursacht identische Gallen, jedoch ausschließlich auf *Galium aparine* (Kletten-Labkraut). Diese Art wurde in Kanada zur biologischen Unkrautbekämpfung freigesetzt. Die Milben schienen dort jedoch den Winter nicht zu überleben, offensichtlich, weil sie aus einer Population aus Südfrankreich stammten. Einige weitere Gallmilbenarten erzeugen ähnliche Gallen an *Galium*, die aber meist auf die Triebspitzen beschränkt sind.

3 *Dasineura aparines*
Klettenlabkraut-Gallmücke
Cecidomyiidae (Gallmücken)

Beschreibung: Blätter, oft der Triebspitze, einander stark genähert, am Grund stark verdickt und weißlich, mit dem Stängelbereich sowie eventuell vorhandenen Blüten und Früchten ein ungeordnetes Knäuel bildend. Im Innern mit mehreren weißlichen oder gelben Mückenlarven.
Vorkommen: An *Galium aparine* (Gewöhnliches Kletten-Labkraut), häufig.
Biologie: Eine Generation im Jahr. Die Larven verpuppen sich im Boden.

4 *Geocrypta galii*

Labkrautspross-Gallmücke

Cecidomyiidae (Gallmücken)

A

Beschreibung: Verschiedene Teile der Pflanze, insbesondere die oberen Stängelteile oberhalb der Blattquirle zu bis etwa 10 mm großen, schwammigen, mehr oder weniger rundlichen Gebilden angeschwollen, diese grün, rötlich oder weißlich gefärbt (**A**). Oft mehrere dieser Gallen stockwerkartig übereinander oder miteinander verschmolzen. Im Inneren jeweils eine Larvenkammer mit gelben oder orangefarbenen Larven (**B**). Bei der Reife öffnen sich die Gallen sternförmig mit einem behaarten Ausgang.

B

Vorkommen: An verschiedenen *Galium*-Arten, besonders an *G. verum* (Echtes Labkraut), *G. mollugo* (Wiesen-Labkraut) und *G. sylvaticum* (Wald-Labkraut).

Biologie: Im Jahr mehrere Generationen. Die Larven verpuppen sich im Boden und überwintern auch dort.

5 *Schizomyia galiorum*
Labkrautblüten-Gallmücke
Cecidomyiidae (Gallmücken)

Beschreibung: Ambrosiagalle. Einzelne Knospen in einem ansonsten normal entwickelten Blütenstand länglich-eiförmig angeschwollen und oft dunkelviolett gefärbt, sich nicht öffnend (**A**). Im Innern mit feinen Pilzfäden und 1–3 schmutzig gelb gefärbten Mückenlarven (**B**).

Vorkommen: An verschiedenen *Galium*-Arten, besonders an *G. mollugo* (Wiesen-Labkraut) und *G. verum* (Echtes Labkraut), häufig.

Biologie: Zwei Generationen im Jahr. Die ausgewachsenen Larven verlassen die Galle und verpuppen sich im Boden. Doch auch in den Gallen werden vereinzelt Puppen gefunden. Als Pilz in der Ambrosiagalle wurde *Camarosporium macrosporium* nachgewiesen, die Nebenfruchtform eines Schlauchpilzes (Ascomycota).

Genista Ginster

1 *Contarinia melanocera*

Ginsterschopf-Gallmücke

Cecidomyiidae (Gallmücken)

Beschreibung: Trieb über mehrere Blattansätze stark gestaucht und zu einer kugeligen oder länglich-ovalen, bis etwa 10 mm großen Galle angeschwollen. Blätter meist mehr oder weniger reduziert, oft als Schopf am oberen Ende. Im Innern meist mehrere Larvenkammern mit jeweils einer gelblichen oder rötlich gefärbten Mückenlarve.

Vorkommen: Vorwiegend an *Genista tinctoria* (Färber-Ginster), seltener an *G. germanica* (Deutscher Ginster) oder anderen Arten dieser Gattung, ziemlich häufig.

Biologie: Eine Generation im Jahr. Die Larven können springen und überwintern im Boden.

2 *Jaapiella genistamtorquens*

Cecidomyiidae (Gallmücken)

Beschreibung: Blätter der Sprossspitze zu einem Schopf zusammengezogen, übermäßig stark behaart, Blättchen eingerollt. Larven rosa, zu mehreren.

Vorkommen: An *Genista pilosa* (Behaarter Ginster) und *G. tinctoria* (Färber-Ginster).

3 *Jaapiella genisticola*

Färberginsterschopf-Gallmücke

Cecidomyiidae (Gallmücken)

Beschreibung: Blätter an den Triebspitzen angeschwollen, verbreitert, kurz behaart, zu einer artischockenartigen, kugeligen oder eiförmigen Galle zusammenneigend, sodass eine gelbliche, etwa haselnussgroße Galle entsteht. Im Innern eine oder mehrere zunächst weiße, später hell rosa gefärbte Mückenlarven.

Vorkommen: Vorwiegend an *Genista tinctoria* (Färber-Ginster), dort häufig, selten an anderen Ginsterarten dieser Gattung sowie der Gattung *Cytisus*.

Biologie: Zwei Generationen im Jahr. Die Larve verpuppt sich in der Galle oder im Boden.

Geranium Storchschnabel

1 *Aceria geranii*

Storchschnabelschopf-Gallmilbe

Eriophyoidea (Gallmilben)

Beschreibung: Alle Abschnitte der handförmig zerschlitzten Blattspreite zu etwa 1 mm dicken Röhren nach oben eingerollt und oft rötlich verfärbt. Je nach Wirtsart fast kahl oder mehr oder weniger behaart.

Vorkommen: Vorwiegend an *Geranium sanguineum* (Blutroter Storchschnabel), daneben auch an anderen *Geranium*-Arten.

Geum Nelkenwurz

1 *Cecidophyes nudus*
Nelkenwurzblatt-Gallmilbe
Eriophyoidea (Gallmilben)

Beschreibung: Grubengallen. Blätter oberseits blasig aufgewölbt und oft rot verfärbt (**A**), unterseits in den diesen Aufwölbungen entsprechenden Vertiefungen eine dichte, filzige Behaarung (**B**), diese zunächst leuchtend weiß, später bräunlich. Nicht selten die ganzen Blätter stark verunstaltet oder Aufwölbungen und Behaarung umgekehrt verteilt, oft auch auf andere Teile der Pflanze übergreifend.

Vorkommen: Besonders auf *Geum urbanum* (Echte Nelkenwurz), auch an *G. rivale* (Bach-Nelkenwurz) und anderen Arten dieser Gattung, überall häufig.

A

Glechoma Gundermann

1 *Dasineura glechomae*

Gundermannschopf-Gallmücke

Cecidomyiidae (Gallmücken)

Beschreibung: Oberstes Blattpaar zusammengelegt, Mitte der Blattspreiten bauchig erweitert und etwas verdickt, oft rötlich verfärbt. In dieser taschenartigen Galle mehrere weißliche Mückenlarven. Die gleiche Gallmücke kann sich auch in verdickten, sich nicht öffnenden Knospen der Pflanze entwickeln.
Vorkommen: An *Glechoma hederacea* (Gewöhnlicher Gundermann), mäßig häufig.
Biologie: Die Larve verpuppt sich im Boden.

2 *Rondaniola bursaria*
Gundermannbeutel-Gallmücke
Cecidomyiidae (Gallmücken)

Beschreibung: Beutelgallen. Hornartige, abgerundet zylindrische, behaarte Galle von 2–5 mm Höhe und gut 1 mm Durchmesser auf der Blattoberseite, zunächst grün, später meist rötlich gefärbt (**A**). Meist zu mehreren nebeneinander. Im Innern jeweils eine weiße Mückenlarve.

Vorkommen: An *Glechoma hederacea* (Gewöhnlicher Gundermann), häufig.

Biologie: Zwei oder mehrere Generationen im Jahr. Die Larven verpuppen sich in den Gallen oder im Boden. Im Spätsommer fallen die Gallen zu Boden und hinterlassen in der Blattspreite kreisrunde, etwa 1 mm große Löcher (**B**).

3 *Liposthenes glechomae*

Gundermann-Gallwespe

Cynipidae (Gallwespen)

Beschreibung: Kugelige, bis etwa 15 mm große, anfangs fleischige, außen lang behaarte Gallen, meist auf der Blattunterseite, bisweilen auch oberseits oder am Pflanzenstängel (**A**). Ziemlich dünnwandig, im Innern mit sternförmig von der zentral gelegenen Larvenkammer (Innengalle) ausgehenden, schwammigen Verstrebungen (**B**). Einkammerig, durch Zusammenwachsen mehrerer Einzelgallen können größere, unregelmäßige Komplexe entstehen (**C**), die dann mehrere Larvenkammern mit jeweils einer Wespenlarve enthalten. Färbung meist grün, seltener leuchtend rot. Im Herbst werden die Gallen braun und die äußere Wand papierartig. Sie verrottet oft über den Winter, sodass nur die wie ein Bart von den Verstrebungen umgebene Innengalle übrig bleibt.

Vorkommen: An *Glechoma hederacea* (Gewöhnlicher Gundermann), in manchen Jahren nicht selten, bisweilen sogar massenhaft, in anderen fast gar nicht zu finden.

Biologie: Eine Generation im Jahr. Überwinterung und Verpuppung in der Galle. Die Imagines schlüpfen im späten Frühjahr.

Anmerkung: Einem Bericht aus dem 18. Jahrhundert zufolge wurden die Gallen in Frankreich gelegentlich gegessen. Sie sollen einen angenehmen Geschmack haben.

Gleditsia Gleditschie

Dieses Johannisbrotgewächs aus Nordamerika wurde um 1700 nach Europa eingeführt. Heute steht der Baum häufig in Städten, auch an viel befahrenen Straßen. Meistens wachsen dort dornenlose Sorten. In Europa tritt bisher nur ein Gallbildner auf.

1 *Dasineura gleditchiae*

Gleditschienblatt-Gallmücke

Cecidomyiidae (Gallmücken)

Beschreibung: Junge Fiederblättchen vollständig nach oben zusammengefaltet und blasen- bis hülsenförmig umgestaltet (**A**). Gallen an älteren Fiederblättchen meist entlang der Hauptader (**B**). Galle oval, spitz zulaufend, um 5 mm lang, anfangs grün, später rötlich bis braun. Im Innern mit einer oder zahlreichen weißlichen Larven. Die befallenen Fiederblättchen trocknen ein und fallen früh ab.

A

B

Vorkommen: Auf *Gleditsia triacanthos* (Amerikanische Gleditschie), in manchen Jahren lokal häufig, Häufigkeit insgesamt zunehmend.
Biologie: Meist 2–3 überlappende Generationen im Jahr. Die Mücken der ersten Generation schlüpfen zwischen März und Juni. Die Weibchen legen die Eier auf die noch jungen Blätter. Je nach Witterung dauert die Entwicklung vom Ei bis zur Mücke 3–4 Wochen. Die Larven verpuppen sich in den Gallen, die der letzten Generation überwintern in einem Kokon im Boden und verpuppen sich dort im Frühjahr. Einzelne Puppen können bis zu 2 Jahre im Boden überdauern.
Anmerkung: Die ursprünglich aus Nordamerika stammende Gallmücke tauchte als Neozoon 1975 erstmals in Europa auf. Von den Niederlanden breitet sie sich seither über ganz Europa aus. Die Pflanzenschutzorganisation für Europa und den Mittelmeerraum (EPPO) setzte die Art auf die Liste der invasiven Arten. Die dornenlosen *Gleditsia*-Sorten sind stärker anfällig.

Hedera Efeu

1 *Planchonia arabidis*

Efeu-Pockenschildlaus

Coccoidea (Schildläuse)

Beschreibung: Wellig verformte und verkrümmte Blätter mit kleinen grubenartigen Vertiefungen, krumme Blattstiele und junge Triebe mit Verdickungen, Beulen und Gruben. In den Vertiefungen ovale bis birnenförmige, bis zu 5 mm lange weißliche oder bräunliche Schildläuse mit weißlichen Fortsätzen am Schildrand.
Vorkommen: An *Hedera helix* (Gewöhnlicher Efeu), aber auch anderen Pflanzenarten, verbreitet, in Deutschland besonders im Süden. Im Mittelmeerraum zum Beispiel auch an *Pittosporum tobira* (Chinesicher Klebsame) und *Osyris lanceolata* (Lanzettblättriger Rutenstrauch) gallbildend.
Biologie: Eine Generation im Jahr. Die ab April aus den Eiern schlüpfenden beweglichen Nymphen setzen sich bald fest. Durch ihr Saugen bildet das Zweiggewebe die beschriebenen Wucherungen. Ab August sind die Weibchen ausgewachsen und beginnen Eier zu legen, die unter ihrem Schild überwintern.

Helianthemum Sonnenröschen

1 *Dasineura helianthemi* (= *Contarinia helianthemi*)

Cecidomyiidae (Gallmücken)

Beschreibung: Blätter an der Triebspitze etwas verdickt, verbreitert und oft stark behaart, zu einer etwa 10 mm großen Knospengalle zusammenneigend. Im Innern 2–5 orangefarbene Mückenlarven.

Vorkommen: An verschiedenen *Helianthemum*-Arten, selten.

Biologie: Larven von Mai bis Juli und dann wieder im Spätsommer in zwei Generationen. Die Herbstlarven verpuppen sich im Boden.

Hemerocallis Taglilie

1 *Contarinia quinquenotata*

Taglilien-Gallmücke

Cecidomyiidae (Gallmücken)

Beschreibung: Blütenknospen mehr oder weniger verkürzt, verdickt und warzig (im Bild beide Knospen), sich meist nicht öffnend. Wenn öffnend, Blütenblätter mehr oder weniger stark runzelig. Blütenblätter, Staubgefäße und sonstige Blütenorgane mehr oder weniger deutlich missgebildet. Im Innern zahlreiche, manchmal bis zu 300 weißliche oder schmutzig orange-gelbliche Mückenlarven.

Vorkommen: An *Hemerocallis fulva* (Taglilie) und verschiedenen *Hemerocallis*-Sorten, in Gärten und Parkanlagen ziemlich häufig.

Biologie: Eine Generation im Jahr. Die Weibchen legen die Eier mit einem langen Legebohrer in die Blütenknospen. Die Larven fallen mit den abgeworfenen Knospen herab. Sie kriechen heraus und verpuppen sich im Winter im Boden.

Anmerkung: Die Art lebte ursprünglich auf wilden Taglilien in Süd- und Osteuropa. Mit dem Gartenhandel wurde sie in verschiedene Teile der Welt verschleppt. In Großbritannien tauchte sie 1989 auf, in Kanada 2001. In Gärten kann sie sich zu einer Plage entwickeln. Die verschiedenen Tagliliensorten sind unterschiedlich anfällig. Besonders stark werden gelbe Sorten befallen, die Ende Juni blühen. Knospen, die sich erst im Spätsommer entwickeln, bleiben verschont.

Heracleum Bärenklau

1 *Contarinia nicolayi*

Cecidomyiidae (Gallmücken)

Beschreibung: Doldenstrahlen der Blütendolde mehr oder weniger stark verkürzt, Dolde dadurch mehr oder weniger knäuelig zusammengezogen und unförmig. Einzelne Knospen vergrößert, deformiert und sich nicht öffnend. Im Innern je eine oder mehrere weiße oder hellgelbe Larven mit Sprungvermögen.
Vorkommen: An *Heracleum sphondylium* (Wiesen-Bärenklau), verbreitet.
Biologie: Mehrere Generationen im Jahr. Die Larven verpuppen sich im Boden.

Hieracium Habichtskraut

1 *Ditylenchus dipsaci*

Stängelälchen

Nematoda (Fadenwürmer)

Beschreibung: Stängel besonders in Bodennähe bis auf etwa 4 mm Durchmesser schwammig angeschwollen und oft stark verbogen, auch höher am Stängel und hier zum Beispiel auf die Basis des Blütenstands und auf die Blattstiele übergreifend.

Vorkommen: Innerhalb der Gattung *Hieracium* besonders an *H. pilosella* (Kleines Habichtskraut) und seinen näheren Verwandten, ziemlich selten.

Anmerkung: Diese Nematodenart ist von über 400 verschiedenen Pflanzenarten bekannt (siehe auch S. 28 f., 128 f.). Auf diesen ist sie teils häufig und im Nutzpflanzenbau schädlich, zum Beispiel bei Zuckerrüben, Zwiebeln, Knoblauch, Roggen, Mais, Luzerne, Rot-Klee, Erdbeeren, Tulpen. Neuere molekulare Untersuchungen zeigen, dass von *Ditylenchus dipsaci* unterschiedliche Rassen oder Populationen vorhanden sind, die unterschiedliche Wirtspflanzenkreise haben.

2 *Trioza proxima*
Psylloidea (Blattflöhe)

Beschreibung: Grubengallen. Blätter löffelartig gewölbt, unterseits rötlich verfärbt und mit zahlreichen Aufwölbungen (**A**), denen Vertiefungen auf der eingewölbten Blattoberseite entsprechen. In den Vertiefungen gelbe Eier oder ebenso gefärbte Blattflohlarven mit stabförmigen, weißen Wachsausscheidungen rings um den gesamten Körperrand (**B**)
Vorkommen: An *Hieracium pilosella* (Kleines Habichtskraut) und verwandten Arten, besonders im Bergland nicht selten.

3 *Cystiphora sanguinea*
Habichtskrautblatt-Gallmücke
Cecidomyiidae (Gallmücken)

Beschreibung: Blistergallen. Blätter mit 4–5 mm großen, runden Flecken, oft zu mehreren miteinander verschmolzen (**A**). Oberseits nur leicht gewölbt, unterseits glatt und nur von der Epidermis des Blatts bedeckt. Färbung gelbgrün bis leuchtend purpurrot, innen jeweils mit einer rötlich gelben Mückenlarve, die besonders von der Unterseite durch die dünne Epidermis gut zu erkennen ist (**B**). Blattflecken im Durchlicht bis auf die Mückenlarve hell.
Vorkommen: An *Hieracium murorum* s.l. (Wald-Habichtskraut).
Biologie: Mehrere Generationen im Jahr von Juni bis Oktober.
Anmerkungen: In älterer Literatur werden die Veränderungen, die diese Mückenlarve auslöst, zum Teil als Mine und nicht als Galle bezeichnet. Die Larve frisst jedoch kein Blattgewebe auf.

Der nicht gallbildende, seltene Brandpilz *Entyloma hieracii* verursacht ebenfalls rundliche Blattflecken mit einem rötlichen Rand, die ähnlicher Größe sein können. Sie sind aber im Durchlicht durch die eingeschlossene Sporenmasse dunkel.

4 *Aulacidea hieracii*

Habichtskrautspross-Gallwespe

Cynipidae (Gallwespen)

Beschreibung: Bis zu 4 cm große, rundliche bis eiförmige Anschwellung des Stängels, je nach Wirtsart kahl (**A**) oder mehr oder weniger dicht behaart (**B**). Im Innern zahlreiche Larvenkammern mit jeweils einer Wespenlarve. Durch die Gallbildung Stängel oft stark verkürzt.
Vorkommen: An verschiedenen *Hieracium*-Arten, vor allem solchen aus der Verwandtschaft von *H. umbellatum* (Doldiges Habichtskraut), jahrweise in sehr unterschiedlicher Häufigkeit.
Biologie: Durch die in klebrigen Ballen abgelegten Eier wuchert das Stängelgewebe in der Nähe der Ablagestelle. Die geschlüpften Larven verteilen sich so über das Gewebe, dass jede die Bildung einer separaten Kammer auslöst. Die Larven überwintern in der Galle und verpuppen sich auch dort. Eine bisexuelle Generation im Jahr. Unbefruchtete Weibchen können außerdem Gallen auslösen, die nur parthenogenetisch entstandene Männchen entlassen.

5 *Aulacidea pilosellae*

Cynipidae (Gallwespen)

A

Beschreibung: Ovale, knapp 5 mm lange Anschwellung an der Unterseite der Blattmittelrippe, des Blattstiels, eines Ausläufers oder Blütenstängels, meist rot gefärbt und oft zu mehreren zusammenfließend (**A**). Im Innern jeder Einzelgalle 1–2 Larvenkammern (**B**).

Vorkommen: An *Hieracium*-Arten aus der näheren Verwandtschaft von *H. pilosella* (Kleines Habichtskraut), nicht häufig.

Biologie: Diese Gallwespe vermehrt sich ausschließlich parthenogenetisch. Es existieren zwei verschiedene Biotypen, die entweder eine oder zwei Generationen im Jahr bilden. Die Larven überwintern in den Gallen und verpuppen sich auch dort.

B

Hippophae Sanddorn

1 *Frankia sp.*

Aktinorhiza-Wurzelknöllchen

Bacteria (Bakterien)

Beschreibung: An einzelnen Wurzeln korallenartig verzweigte Einzelgallen mit etwa 2–3 mm großen Köpfen, ohne Hohlraum. An dickeren Wurzeln auch zu etwa 1–3 cm großen, ei- bis kugelförmigen, gelblich oder braun gefärbten Klumpen zusammengesetzt.

Vorkommen: An *Hippophae rhamnoides* (Sanddorn) regelmäßig vorhanden. Meist an oberflächennahen Wurzeln.

Biologie: Frei im Boden lebende *Frankia*-Bakterien dringen über Wurzelhaare in die Wurzeln ein und siedeln sich in Bläschen an, die allmählich zu den Gallen heranwachsen.

Anmerkung: Es handelt sich um die gleiche symbiontische Lebensgemeinschaft wie zwischen Erle (*Alnus*) und *Frankia*-Bakterien (siehe S. 76 f.).

Hypericum Johanniskraut

1 *Dasineura hyperici*

Hartheuschopf-Gallmücke

Cecidomyiidae (Gallmücken)

Beschreibung: Blätter an der Triebspitze verkleinert und vom nächst tieferen Blattpaar schopfartig umhüllt, an der Basis etwas verdickt und hier oft gelb oder rötlich verfärbt. Im Innern mehrere zunächst weiße, später gelborange gefärbte Larven.
Vorkommen: An verschiedenen *Hypericum*-Arten, häufig.
Biologie: 2–3 Generationen im Jahr. Die Larven verpuppen sich in der Galle.

Juglans Walnuss

1 *Aceria erineus*

Walnussblatt-Gallmilbe, Filzkrankheit der Walnuss

Eriophyoidea (Gallmilben)

Beschreibung: Auf der Blattoberseite blasenartige, oft gelblich bis rötlich verfärbte Emporwölbungen (**A**), denen auf der Unterseite oft winklig von Blattadern begrenzte, etwas eingesenkte Felder von 4–20 mm Länge und 4–9 mm Breite entsprechen (**B**). Diese Felder mit dichter, zunächst weißer bis gelblicher Behaarung und durch die Blattadern ziemlich regelmäßig gegittert, später braun und unansehnlich.
Vorkommen: An *Juglans regia* (Echte Walnuss), fast überall häufig.
Biologie: Die Milben überwintern in Knospenschuppen und in Rindenspalten.

A

B

2 *Aceria tristriata*

Walnusspocken-Gallmilbe, Pockenkrankheit der Walnuss

Eriophyoidea (Gallmilben)

Beschreibung: Beutelgallen. 1–2 mm große Pusteln, die meist auf beiden Blattseiten erscheinen und besonders entlang der Blattadern angeordnet sind. Färbung zunächst grün, dann gelblich oder rot, später dunkelbraun. Die kleine Öffnung befindet sich meist auf der Blattunterseite.
Vorkommen: An *Juglans regia* (Echte Walnuss), meist etwas seltener als *A. erineus* (Nr. 1).
Biologie: In der Galle leben männliche und weibliche Milben. Im Spätsommer erscheinen Winterweibchen (Deutogyne). Es wird davon ausgegangen, dass diese in trockenen Zweigritzen überwintern.
Anmerkung: Bei starkem Befall verdrehen sich die Blätter und fallen frühzeitig ab.

Juncus Binse

1 *Livia junci*

Binsen-Blattfloh

Psylloidea (Blattflöhe)

Beschreibung: Vor allem der Blütenstand stark gestaucht und in schopfig gehäufte Blattbüschel umgewandelt, die aber fast nur aus den schmal schuppenförmigen Blattscheiden bestehen (**A**). Meist mehr oder weniger rot gefärbt. Unter den Blattscheiden Blattflohlarven oder die um 2,5 mm langen Imagines. Diese sind durch die hellbraune Färbung und ihre nach vorn flach auslaufende Silhouette unverkennbar (**B**).

Vorkommen: Besonders an *Juncus articulatus* (Gewöhnliche Glieder-Binse), aber auch an anderen, meist kleineren *Juncus*-Arten.

Juniperus Wacholder

1 *Gymnosporangium clavariiforme*

Großer Weißdorn-Gitterrost

Pucciniales (Rostpilze)

Beschreibung: Zweige auf meist 3–5 cm Länge ei- bis spindelförmig angeschwollen, oft auch Hexenbesen bildend. Jedes Jahr von März bis Mai erscheinen darauf zahlreiche Teleutospo-

renlager (III), die bei nasser Witterung zu langen band- oder zungenförmigen oder zylindrischen, bis zu 10 mm langen und 2 mm dicken, manchmal auch gegabelten, orangegelben bis gelbbraunen Gallerten aufquellen („Zäpfchenrost"), bei Trockenheit aber zu unscheinbaren, dunkelbraunen Gebilden zusammenschrumpfen.
Vorkommen: An *Juniperus communis* (Gewöhnlicher Wacholder), zerstreut.
Biologie: Die Spermatien (0) und Aecidiosporen (I) entwickeln sich an *Crataegus* (Weißdorn, S. 125 f.), oder auch an *Amelanchier* (Felsenbirne), *Malus* (Apfel), *Pyrus* (Birne), *Sorbus aria* (Gewöhnliche Mehlbeere), *S. aucuparia* (Gewöhnliche Eberesche), *S. torminalis* (Elsbeere).

2 *Gymnosporangium sabinae*

Birnen-Gitterrost, Wacholder-Blasenrost

Pucciniales (Rostpilze)

Beschreibung: Zweige spindelförmig angeschwollen, oft auf bis über 10 cm Länge (**A**). Darauf entstehen jedes Jahr zahlreiche Teleutosporenlager (III) in Form von stumpf konischen Lappen

(**B**). Diese 8–10 mm hoch, dunkelbraun, bei Nässe auf bis zu 20 mm Höhe und 10 mm Breite angeschwollen, goldgelb, orange- oder gelbbraun.

Vorkommen: Nur an Wacholderarten mit Schuppenblättern: *Juniperus sabina* (Sadebaum), *J. chinensis* (Chinesischer Wacholder), *J. x pfitzeriana* (Pfitzers Wacholder), *J. virginiana* (Virginischer Wacholder). Nie an *J. communis* (Gewöhnlicher Wacholder).

Biologie: Dieser Pilz bildet seine Spermatien (0) und Aecidiosporen (I) auf *Pyrus* (Birne) und verursacht dort den Birnen-Gitterrost (siehe S. 24, 269 f.). Die an den verschiedenen Wirten auftretenden Erscheinungsformen des Pilzes wurden früher verschiedenen Arten zugeordnet und mit separaten Namen belegt.

3 *Trisetacus quadrisetus*

Wacholderbeeren-Gallmilbe

Eriophyoidea (Gallmilben)

Beschreibung: Beerenzapfen verformt, oft etwas angeschwollen, verkrüppelt. Beim Gewöhnlichen Wacholder sind die drei großen Zapfenschuppen an der Spitze meist nicht vollkommen geschlossen, sondern auseinanderspreizend, sodass die Samen sichtbar werden. Bei anderen Wacholderarten ragen die Samen oder Teile deren Spitzen aus dem fleischigen Beerenzapfen.

Vorkommen: Auf *Juniperus communis* (Gewöhnlicher Wachholder) und anderen *Juniperus*-Arten.

Biologie: Die Milben leben im Innern der Samen, die dadurch vollkommen zerstört werden. An der Spitze des Samens entsteht ein winziges Loch, durch das die Milben entweichen können.

4 *Oligotrophus panteli*
Wacholderschopf-Gallmücke
Cecidomyiidae (Gallmücken)

Beschreibung: 2 Nadelpaare an der Zweigspitze am Grund verdickt, am Ende kegelförmig zusammenneigend und scharf zugespitzt. Diese Galle ist 6–14 mm lang. Im Innern eine orangefarbene Mückenlarve.
Vorkommen: An *Juniperus communis* (Gewöhnlicher Wacholder), häufig.
Biologie: Eine Generation im Jahr. Die Larve verpuppt sich in der Galle.
Ähnlich: An dieser Wacholderart können noch weitere, ähnliche Gallen anderer Gallmücken auftreten. Deren Gallen sind aber meist kleiner oder am Ende nicht scharf zugespitzt oder ihr äußerstes Nadelpaar ist zurückgekrümmt.

Lamium Taubnessel

1 *Dasineura lamii*
Taubnesselblüten-Gallmücke
Cecidomyiidae (Gallmücken)

Beschreibung: Blütenknospen zu bis zu 7 mm großen Blasen angeschwollen, sich nicht öffnend (im Bild der untere Blütenquirl). Im Innern mehrere weiße Mückenlarven.

Vorkommen: An *Lamium maculatum* (Gefleckte Taubnessel), selten.

2 *Dasineura lamiicola*

Cecidomyiidae (Gallmücken)

Beschreibung: Erbsengroße, bis knapp 10 mm große, filzig behaarte Galle meist am Ende der Ausläufer, seltener auch am Ende des Pflanzenstängels oder in den Blattachseln, innen mit weißen Mückenlarven.
Vorkommen: An *Lamium maculatum* (Gefleckte Taubnessel) und *L. album* (Weiße Taubnessel).
Ähnlich: An *Lamium galeobdolon* (Goldnessel) die sehr ähnliche, aber etwas kleinere und meist weniger stark behaarte Knospengalle der Gallmücke *Dasineura strumosa*. Gallen meist unterirdisch.

Lapsana Rainkohl

1 *Timaspis lampsanae* (= *Phanacis lampsanae*)

Rainkohl-Gallwespe

Cynipidae (Gallwespen)

Beschreibung: Stängel mit unregelmäßiger, oft deutlich gebogener Anschwellung von bis zu 6 cm Länge und 1,5 cm Durchmesser. Im Innern zahlreiche Kammern mit jeweils einer weißen Wespenlarve.

Vorkommen: An *Lapsana communis* (Gewöhnlicher Rainkohl), selten.

Biologie: Eine bisexuelle Generation im Jahr. Überwinterung und Verpuppung in der Galle.

Laurus Lorbeer

1 *Laurobasidium lauri*

Lorbeer-Nacktbasidie

Exobasidiales (Nacktbasidienartige)

Beschreibung: Geweihartige, an Luftwurzeln erinnernde Bildungen an den Stämmen und dicken Ästen, bis zu 50 cm lang und 1–2 cm breit. Oberfläche bräunlich gelb bis grünlich braun, rau, im Alter bräunlich punktiert. Rinde des Baumes im Bereich der Bildungen mehr oder weniger stark angeschwollen.

Vorkommen: An *Laurus novocanariensis* (Kanaren-Lorbeer), am Wildstandort der Art auf den Kanaren und Madeira verbreitet, besonders an sehr feuchten Standorten des Baumes. Sehr selten auch auf *L. nobilis* (Gewürz-Lorbeer) im westlichen Mittelmeerraum.

Biologie: Die auffälligen, luftwurzelartigen Gallbildungen entwickeln sich von Anfang Herbst bis in den darauffolgenden Sommer. Die Basidien entwickeln sich auf der Oberfläche der Gallen. Im Sommer schrumpfen die Gallen, färben sich braun und fallen ab.

2 *Trioza alacris*

Lorbeer-Blattfloh

Psylloideae (Blattflöhe)

Beschreibung: Rollengalle. Blattränder eingerollt, knorpelig verdickt, gelbgrün, rötlich oder braun verfärbt. Im Innern flache, gelbliche bis grauweiße Larven mit Wachsausscheidungen sowie kugelige Honigtautropfen.

Vorkommen: An *Laurus nobilis* (Gewürz-Lorbeer), hauptsächlich im Mittelmeerraum, aber auch an Kübelpflanzen bei uns. Besonders anfällig sind Jungpflanzen.

Biologie: Die 2,5–3 mm großen Imagines überwintern zwischen den Blättern der Pflanze oder im abgefallenen Laub. Im Frühjahr stechen sie die Blätter an, um Pflanzensaft aufzunehmen. Von ihnen abgegebene Stoffe führen gleichzeitig dazu, dass sich die Blattränder einrollen. Die Weibchen legen ihre Eier in kleinen Gruppen dort ab. Sobald die Nymphen mit der Nahrungsaufnahme beginnen, verdicken sich die Gallenränder und rollen sich weiter ein. In günstigen Gebieten können sich zwei Generationen im Jahr entwickeln.

Lepidium Pfeilkresse

1 *Aceria drabae (= Eriophyes drabae)*

Eriophyoidea (Gallmilben)

Beschreibung: Blütenknospen stark angeschwollen, abnorm behaart und vergrünt, oft auch andere Pflanzenteile, insbesondere Blätter, verkrümmt und stark behaart oder mit unregelmäßigen, roten Schwellungen.

Vorkommen: An *Lepidium draba* (Pfeilkresse), einer Pflanzenart, die ursprünglich im Mittelmeerraum sowie West- und Zentralasien heimisch ist.

Biologie: Mehrere Generationen im Jahr. Die Milben überwintern in ruhenden Knospen im Boden. Wenn die Pflanze im Frühjahr austreibt, wandert die Milbe in die vegetativen Teile und die Blütenknospen. Der Befall führt oft zu Kümmerwuchs und verminderter oder fehlender Samenbildung.

Anmerkung: Auch in neuerer Literatur zu Pflanzengallen wird häufig angegeben, dass diese Art auf verschiedenen Kreuzblütlern (Brassicaceae) vorkommt. Untersuchungen im Jahr 2012 zeigten jedoch, dass diese Milbe nur *Lepidium draba* und die zentralasiatische Art *L. appelianum* befällt. Bei Gallmilben auf anderen Kreuzblütlern handelt es sich um andere Arten. *Aceria drabae* eignet sich damit zur biologischen Bekämpfung der auch in Mittel- und Westeuropa zu den invasiven Pflanzenarten zählenden Pfeilkresse.

Linaria Leinkraut

1 *Rhinusa anthirrhini (= Gymnetron antirrhini)*

Löwenmaul-Gallenrüssler

Curculionidae (Rüsselkäfer)

Beschreibung: Fruchtkapseln stark angeschwollen, im Innern jeweils eine oder mehrere Käferlarven oder Puppen. Samen in der Nähe der Larven bis zu 10-fach größer als normal.

Vorkommen: An Früchten verschiedener *Linaria*-Arten, nicht selten.
Biologie: Die Käfer erscheinen ab Mai und fressen an den jungen Pflanzen, die sich dadurch stärker verzweigen, später ernähren sie sich von Pollen und jungen Samen. Die Weibchen legen ihre bis über 100 Eier von Juni bis August einzeln in kleine Löcher, die sie in die grünen Fruchtkapseln fressen. Jede Kapsel kann dabei bis zu 8 Eier erhalten. Innerhalb einer Woche bildet sich eine kleine Warze über jeder Eiablagestelle, die auch noch an älteren Gallen sichtbar ist. Die Larven fressen zuerst von den vergrößerten Samen, später auch von den normalen. Die ausgewachsenen Larven verpuppen sich in der Galle. Die Imagines verlassen die austrocknenden Kapseln über die sich bei der Reife bildenden Öffnungen. Sie überwintern im Boden, gelegentlich auch in den Kapseln.
Ähnlich: Mehrere weitere *Rhinusa*-Arten mit ähnlicher Entwicklungsweise, Bestimmung daher nicht ganz sicher.

2 *Rhinusa linariae (= Gymnetron linariae)*

Leinkraut-Gallenrüssler

Curculionidae (Rüsselkäfer)

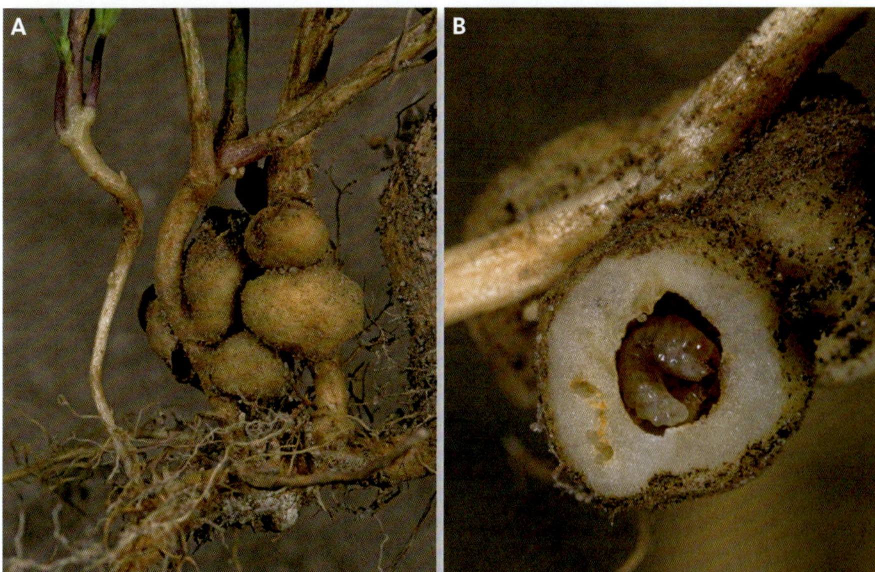

Beschreibung: An oberflächennahen Wurzeln kugelige, einkammerige, fleischige Anschwellungen von bis zu 6 mm Durchmesser, oft zu mehreren zusammenfließend (**A**). Im Innern jeweils eine Larvenkammer, darin eine Käferlarve mit hellgelblicher Kopfkapsel (**B**).
Vorkommen: An *Linaria vulgaris* (Gewöhnliches Leinkraut) und anderen *Linaria*-Arten. Anscheinend nicht selten, aber sehr schwer zu finden.
Biologie: Die Weibchen legen unter günstigen Bedingungen über einen Zeitraum von zwei Monaten von Mitte Mai bis Mitte Juli ihre Eier einzeln in kleine Löcher, die sie in die Wurzel gefressen haben und bedecken sie mit Kot. Anschließend sterben sie. Die Larven entwickeln sich bis August in den Gallen und verpuppen sich dann dort. Bereits Ende August sind alle Imagines geschlüpft. Sie überwintern im Boden in der Nähe der Pflanzen.
Ähnlich: Sehr ähnliche Gallen an *Linaria* entstehen durch den Hügel-Gallenrüssler (*Rhinusa collina*), dessen Larven aber eine dunkelbraune Kopfkapsel besitzen.

Lonicera Heckenkirsche

1 *Aculus xylostei*

Geißblatt-Gallmilbe

Eriophyoidea (Gallmilben)

Beschreibung: Rollengalle. Enge und feste Einrollung des Blattrandes auf kurzer Strecke oder fast den gesamten Rand des Blattes einnehmend. Dieser meist nach unten eingerollte Blattrand ziemlich geradlinig oder mehr oder weniger stark gekräuselt, manchmal rot verfärbt.

Vorkommen: An *Lonicera xylosteum* (Rote Heckenkirsche) und anderen *Lonicera*-Arten, ziemlich häufig.
Biologie: Während der ganzen Vegetationsperiode vom Frühjahr bis in den Herbst zu finden.

2 *Prociphilus xylostei*
Wollige Geißblattlaus
Aphidoidea (Blattläuse)

Beschreibung: Blätter nach unten oder oben eingekrümmt, zusammengezogen, löffelartig gekrümmt oder eingerollt, meist gelbfleckig. Zuerst die Blätter der Sprossspitze betroffen, bei starkem Befall auch Blätter weiter unten. Im Innenraum von weißer Wachswolle bedeckte Blattlauslarven.
Vorkommen: An *Lonicera xylosteum* (Rote Heckenkirsche) häufig, außerdem an *L. tatarica* (Tataren-Heckenkirsche), seltener an anderen *Lonicera*-Arten.
Biologie: Die im Frühjahr aus den Eiern schlüpfenden flügellosen Stammmütter und deren Nachkommen saugen an den Blättern der Heckenkirsche. Dann wandern Larven auf verholzte Triebe, die dann durch die Wachswolle der Tiere wie in Watte gepackt erscheinen. Ende Juni oder im Juli entstehen geflügelte Tiere, die auf Sträucher in die Nähe von Fichten (*Picea*) fliegen. Ihre Nachkommen wandern als Larven an Fichtenwurzeln und gründen dort ohne Gallbildung neue Kolonien. Im Herbst fliegen wiederum geflügelte Tiere zur Eiablage auf die Heckenkirsche zurück.
Ähnlich: Wenn die Blätter nach unten eingerollt und rotfleckig sind und Blattläuse ohne Wachsausscheidungen darin leben, handelt es sich um Gallen durch die Gelbe Heckenkirschenlaus (*Rhopalomyzus lonicerae*). Diese Laus wechselt zu verschiedenen Süßgräsern (Poaceae), besonders *Phalaris arundinacea* (Rohr-Glanzgras) als Sekundärwirt.

3 *Rhopalomyzus poae*
Alpen-Heckenkirschenlaus
Aphidoidea (Blattläuse)

Beschreibung: Rollengalle. Seitenränder der Blätter der Jungtriebe nach unten eingerollt, mehr oder weniger gelb oder rot gefleckt und rot geadert. Im Innenraum Läuse ohne Wachswolle.
Vorkommen: An *Lonicera alpigena* (Alpen-Heckenkirsche), häufig.

Biologie: Die Gallen werden von zwei Frühjahrsgenerationen verursacht. Die Nachkommen wandern zu verschiedenen Süßgräsern (Poaceae) wie *Dactylis* (Knäuelgras), *Festuca* (Schwingel), *Glyceria* (Schwaden) oder *Poa* (Rispengras) als Sekundärwirt, an denen keine Gallbildung stattfindet. Im September kehren geflügelte Nachkommen zur Heckenkirsche zurück. Die Läuse werden nicht von Ameisen besucht.

4 *Pterotopteryx dodecadactyla*

Heckenkirschen-Triebgeistchen, Gelbliches Geißblatt-Geistchen

Alucitidae (Federgeistchen)

Beschreibung: Zweig der Wirtspflanze auf 2–3 cm Länge spindelförmig angeschwollen (**A**). Im Innern des Zweiges ein Fraßgang mit rötlich gefärbter Schmetterlingsraupe (**B**). Diese bohrt vor der Verpuppung einen Ausgang, durch den der schlüpfende Falter später den Zweig verlässt.

Vorkommen: An *Lonicera xylosteum* (Rote Heckenkirsche), ziemlich selten.

Biologie: Die Raupen verpuppen sich in einem Kokon im Boden. Die Schmetterlinge fliegen von April bis August. Die Vorder- und Hinterflügel des Falters sind fingerförmig in jeweils sechs federartig zerfranste Fiedern unterteilt. Ihre Färbung ist hellgraubraun, die Flügelfiedern tragen dunkelbraune und weiße Querbinden. Abbildung des Falters siehe S. 35.

B

5 *Contarinia lonicerearum*

Cecidomyiidae (Gallmücken)

Beschreibung: Blütenknospen an der Basis stark angeschwollen und oft rot verfärbt, sich nicht öffnend. Innere Blütenteile weitgehend reduziert. Im Innern mehrere gelbliche Mückenlarven mit Sprungvermögen.

Vorkommen: An verschiedenen *Lonicera*-Arten, häufig.

6 *Macrolabis lonicerae*

Heckenkirschenblattroll-Gallmücke

Cecidomyiidae (Gallmücken)

Beschreibung: Rollengalle. Blätter der Zweigspitze von einem oder beiden Rändern her locker meist nach oben eingerollt, blassgrün, betroffene Bereiche leicht verdickt. Im Innern mehrere weißliche Mückenlarven.

Vorkommen: An *Lonicera xylosteum* (Rote Heckenkirsche), *L. periclymenum* (Wald-Geißblatt), *L. caprifolium* (Wohlriechendes Geißblatt) und anderen *Lonicera*-Arten.

Ähnlich: Die Gallmücke *Dasineura periclymeni* verursacht stärker verdickte Blattrollen an *L. periclymenum*. Ihre Larven sind gelb bis rot.

7 *Hoplocampoides xylostei*

Tenthredinidae (Blattwespen)

Beschreibung: Jungtrieb auf einer Länge bis etwa 1,5 cm stark angeschwollen und meist leuchtend rot gefärbt, in Form, Größe und Färbung etwa einem Radieschen entsprechend (**A**). Umfasst meist zwei oder drei Interdodien an der Basis des neuen Triebs, dieser wächst darüber

weiter und bildet Blätter. Außen mit mehreren weitgehend normal entwickelten Blättern, innen mit einem länglichen Hohlraum, in dem sich die Blattwespenlarve befindet (**B**).
Vorkommen: An *Lonicera xylosteum* (Rote Heckenkirsche), *L. caerulea* (Blaue Heckenkirsche), *L. nigra* (Schwarze Heckenkirsche), gilt als recht selten, ist aber möglicherweise in Abständen mehrerer Jahre häufiger. Besonders an schattigen Standorten in Auenwäldern.
Biologie: Eine Generation im Jahr. Die dunkel gefärbten Blattwespen fliegen schon ab März, oft noch während der Schneeschmelze. Die Weibchen legen die Eier an noch nicht ausgetriebene Knospen. Männchen dieser Art sind offensichtlich unbekannt, sodass die Fortpflanzung wohl parthenogenetisch abläuft. Gallenentwicklung ab April bis in den Juni. Die ersten Gallen werden schon im Mai von den Afterraupen verlassen, die in den Boden abwandern und dort überwintern. Die leeren Gallen schrumpfen und verholzen und sind dadurch auch noch in den nächsten Jahren zu erkennen.

Lotus Hornklee

1 *Contarinia loti*

Hornkleeblüten-Gallmücke

Cecidomyiidae (Gallmücken)

Beschreibung: Meist mehrere Knospen eines Blütenstandes deutlich angeschwollen und in der Regel rötlich verfärbt, sich nicht öffnend. Im Innern der Galle weißliche bis gelbe Mückenlarven mit Sprungvermögen.
Vorkommen: An *Lotus corniculatus* (Gewöhnlicher Hornklee), *L. uliginosus* (Sumpf-Hornklee) und anderen *Lotus*-Arten. Sehr häufig.
Biologie: Von Juni bis September zwei oder mehr Generationen im Jahr. Die Larven verpuppen sich im Boden.

Mahonia Mahonie

1 *Puccinia mirabilissima*

Mahonienrost

Pucciniales (Rostpilze)

Beschreibung: Blattoberseite von neu austreibenden Blättern mit blasigen, rötlich bis rot gefärbten Blattflecken (**A**, linkes Blatt). Auf der Unterseite an den entsprechenden Stellen Aufwölbungen mit Grupppen von Sporenlagern, die becherförmig mit krönchenartigem, goldgelbem Rand aufreißen (**B**).
Vorkommen: Auf *Mahonia*-Arten, besonders auf der aus Nordamerika stammenden *M. aquifolium* (Gewöhnliche Mahonie), häufig.
Biologie: Dieser Pilz macht keinen Wirtswechsel, sondern bildet Spermatien (o), Aecidiosporen (I), Uredosporen (II) und Teleutosporen (III) auf der Mahonie. Oft entstehen nur Uredosporen-

lager ohne Gallbildung als kleine zimtbraune Lager auf der Blattunterseite, später können sich dort auch Teleutosporen entwickeln. Auffälliger als diese Sporenlager sind jedoch orangerote Blattflecken, die besonders blattoberseits (**A**, rechtes Blatt), aber auch unterseits zu sehen sind. Sie sind das ganze Jahr an den immergrünen Blättern zu sehen.
Anmerkung: Der Mahonienrost ist ein Neomyzet aus Nordamerika, der bei uns 1926 erstmals gefunden wurde. Auf der Mahonie kann selten auch der Schwarzrost (*Puccinia graminis*) auftreten (siehe S. 88 f.). Er bildet auf diesem Strauch jedoch nur Spermatien und Aecidien und keine roten Blattflecken. Der Krönchenrand der Aecidien ist bei dieser Art eher weißlich bis gelb.

Malus Apfel

1 *Viscum album ssp. album*
Laubholz-Mistel
Santalaceae (Sandelholzgewächse)

Beschreibung: Ast- oder seltener Stammbereich mehr oder weniger stark verdickt und angeschwollen (**A**). Auf der Anschwellung meist mehrere gabelig verzweigte, grüne Triebe, die an den Triebenden paarige, immergrüne Blätter tragen.

Vorkommen: Auf *Malus* und über 20 weiteren Laubgehölzen wie zum Beispiel *Populus* (Pappel), *Tilia* (Linde), häufig. Andere Unterarten auf Tannen (*V. album* ssp. *abietis*) und Kiefern (*V. album* ssp. *austriacum*, siehe S. 234).

Biologie: Misteln wachsen als Halbschmarotzer. Über Haustorien entziehen sie ihrem Wirt Wasser und darin gelöste Nährstoffe, organische Substanzen dagegen können sie selbst bilden, da sie Chlorophyll besitzen und damit Fotosynthese betreiben. Die Samen kleben auf den Ästen des Wirtes fest. Im ersten Jahr bildet jeder Embryo nur eine Haftscheibe, aus der ein erstes Haustorium in den Wirt eindringt (**B**). Frühestens im nächsten Jahr entwickeln sich die ersten Blätter. Die Haustorien schieben sich durch die Rinde bis an den Holzteil. Sie gelangen im Laufe der Jahre immer tiefer, weil der Baum jedes Jahr einen Jahresring bildet, der das Haustorium wie einen Keil umschließt. Im Bereich der Haustorien teilt sich das Wirtsgewebe stärker als bei normalen Holzwachstum, wodurch der Ast anschwillt.

2 *Dysaphis devecta*
Rosige Apfelfaltenlaus
Aphidoidea (Blattläuse)

Beschreibung: Rollengalle. Blätter bucklig gewölbt und an den Seiten abwärts gerollt oder gefaltet, mit ausgedehnten, leuchtend roten Flecken. Auf der Blattunterseite in der Rolle grünlich und dunkelgrau marmorierte Blattläuse, diese hell mit Wachsausscheidungen bepudert.
Vorkommen: An *Malus*-Arten, ziemlich häufig.
Biologie: Diese Blattläuse entwickeln sich holozyklisch, d. h. mit einer zweigeschlechtlichen und mehreren parthenogenetischen Generationen. Ein Wechsel der Wirtspflanze findet nicht statt. Alle Generationen entstehen in Gallen an den Apfelblättern. Die Stammmutter löst eine kleine Primärgalle an der Spitze eines jungen Apfelblatts aus, indem sie die Blattspitze nach unten faltet. Ihre Nachkommen verlassen diese Galle und erzeugen die beschriebenen Randgallen. Schon im Juli ist ihr Jahreszyklus beendet und begattete Weibchen wandern an die Äste und Stämme, um dort je 1–2 Eier in Rindenrisse zu legen. Die Kolonien werden nicht von Ameisen besucht.
Ähnlich: Zur Artengruppe der Apfelfaltenläuse gehören auch *Dysaphis anthrisci* und *D. chaerophylli*, die ebenfalls rote Blattrollgallen bilden und sich morphologisch kaum unterscheiden. Sie zeigen im Sommer einen Wirtswechsel zu *Anthriscus sylvestris* (Wiesen-Kerbel) bzw. *Chaerophyllum*-Arten (Kälberkropf), auf denen sie keine Gallen verursachen.
Die von den Läusen umgeformten Blätter erinnern auf den ersten Blick an die Kräuselkrankheit, die durch *Taphrina deformans* auf Pfirsich (*Prunus persica*) ausgelöst wird (siehe S. 263).

3 *Eriosoma lanigerum*
Apfel-Blutlaus, Blutlauskrebs
Aphidoidea (Blattläuse)

Beschreibung: Knotige, bis über walnussgroße Verdickungen an den Zweigen, die oft zu mehreren miteinander verschmelzen und zum Teil umfangreiche, beulenförmige Geschwüre bilden (**A**). An diesen Verdickungen (solange sie noch frisch sind) rotbraune Blattläuse mit weißen Wachsflocken, aus denen beim Zerdrücken eine blutrote Flüssigkeit austritt. Die Lauskolonien wirken wie Wattebäusche an den Ästen (**B**). Gallen noch viele Jahre zu erkennen. Die Gallen können auch an den Wurzeln auftreten.

Vorkommen: An *Malus domestica* (Kultur-Apfel), häufig.

Biologie: Die Läuse überwintern im Larvenstadium an geschützten Stellen des Apfelbaums und besiedeln von dort ab Ende April den Baum. Es folgen 5–15 parthenogenetische Generationen. Ab Juni entstehen, sofern die Kolonien zu groß werden, auch geflügelte Tiere. Es finden jedoch weder Wirtswechsel noch bisexuelle Vermehrung statt.

Anmerkung: Die Blutlaus gelangte vor etwa 200 Jahren unbeabsichtigt aus Nordamerika nach Europa und breitete sich als Schädling aus. 1920 gelangte ein natürlicher Feind dieser Laus, die Blutlauszehrwespe (*Aphelinus mali*) nach Frankreich und breitete sich von dort aus. Diese Erzwespe kann die Blutlaus dezimieren. Sie legt jeweils ein Ei in ihren Wirt. Parasitierte Blutläuse verlieren ihre Wachsflocken. Die Zehrwespe schlüpft durch ein auffälliges, großes Loch aus dem abgestorbenen Tier.

Malva Malve

1 *Puccinia malvacearum*

Malvenrost

Pucciniales (Rostpilze)

Beschreibung: Sporenlager anfangs als harte, rundliche, rötliche bis rötlich braune, polsterförmige Anschwellungen auf der Unterseite der Stängel, Blätter, Blattstiele, Blütenkelche und Früchte. Polster öffnen sich später und geben pulvrige, braune Sporen frei. Blattoberseits orangegelbe Flecken, oft mit rotem Zentrum, bei starkem Befall zusammenfließend.

Vorkommen: Auf allen Malvenarten, daneben auch auf den in Gärten wachsenden Malvengewächsen der Gattungen *Lavatera* (Strauchpappel), *Alcea* (Stockrose), *Althaea* (Eibisch) und *Sidalcea* (Präriemalve), häufig.

Biologie: Dieser Rostpilz bildet nur Teleutosporenlager (III) und führt keinen Wirtswechsel durch. Bei den ausdauernden Pflanzenarten überdauert sein Myzel systemisch in der Pflanze und kann so jedes Jahr zu einem neuen Befall der austreibenden Triebe führen. Die Teleuto-

sporen überwintern in abgestorbenem Pflanzenmaterial oder bilden noch im gleichen Jahr Basidien auf dem Wirt, die dann als hellerer Belag auf den Sporenlagern zu erkennen sind. Über die Basidiosporen (IV) erfolgt die Infektion neuer Pflanzen.
Anmerkung: Es handelt sich um einen Neomyzeten aus Chile, der in Europa 1873 erstmals in Frankreich auftrat. Er breitete sich rasch aus. Im Zierpflanzenbereich kann er große Schäden verursachen.

2 *Aceria gymnoprocta (= Eriophyes gymnoprocta)*
Malvenblattfilz-Gallmilbe
Eriophyoidea (Gallmilben)

Beschreibung: Blattfläche verkrümmt und gekräuselt, deutlich behaart. Triebe verkürzt und Blätter an den Spitzen meist zu unregelmäßigen Anhäufungen verdichtet.
Vorkommen: An *Malva moschata* (Moschus-Malve), *M. alcea* (Rosen-Malve) und *Lavatera thuringiaca* (Thüringer Strauchpappel).

3 *Aphis umbrella*
Malven-Blattlaus
Aphidoidea (Blattläuse)

Beschreibung: Blattabschnitte nach unten gebogen, zum Teil zu schirmartigen Gebilden („Blattschirmen") eingerollt. An der Pflanze grün gefärbte Blattläuse.
Vorkommen: An verschiedenen *Malva*-Arten, außerdem an *Alcea rosea* (Gewöhnliche Stockrose), *Althaea officinalis* (Echter Eibisch), *Lavatera thuringiaca* (Thüringer Strauchpappel) und *Hibiscus trionum* (Stunden-Roseneibisch), allgemein verbreitet.
Biologie: Sowohl die bisexuelle Generation als auch die parthenogenetischen Generationen entwickeln sich auf dem Malvengewächs. Es findet kein Wirtswechsel statt. Die Läuse werden oft von Ameisen besucht.

Medicago Schneckenklee Luzerne

1 *Contarinia medicaginis*

Luzerneblüten-Gallmücke

Cecidomyiidae (Gallmücken)

Beschreibung: Blütenknospen an der Basis kugelig aufgetrieben und sich nicht öffnend, bis zu 8 mm im Durchmesser. Im Innern jeweils mehrere zunächst weiße, später gelbe Mückenlarven. Meist mehrere Knospen eines Blütenstands vergallt.

Vorkommen: An *Medicago sativa* (Saat-Luzerne) und *M. falcata* (Sichelklee), ziemlich häufig. Kann in Luzernekulturen erhebliche Schäden anrichten. Die betroffenen Blüten bilden keine Samen.

Biologie: Zwei oder mehr Generationen im Jahr. Jedes Weibchen verteilt seine 50–70 Eier in 12–15 Blütenknospen. Die springenden Larven verpuppen sich im Boden. Die der letzten Generation überwintern dort in einem Kokon und verpuppen sich im Frühjahr.

Melilotus Steinklee

1 *Tychius crassirostris*
Dickrüsseliger Blütenrüssler
Curculionidae (Rüsselkäfer)

Beschreibung: Fiederblättchen nach oben zusammengeklappt, bei kleinen Blättchen beide Hälften miteinander verwachsen und zu einer kugeligen bis eiförmigen, gelblichen Galle umgebildet, bei größeren Blättchen nur Bereiche in der Nähe des Mittelnervs verwachsen und angeschwollen. Darin eine gelblich weiße Käferlarve.
Vorkommen: An verschiedenen *Melilotus*-Arten, gelegentlich auch an Arten der Gattung *Medicago* (Schneckenklee).
Biologie: Die Larve verpuppt sich im Boden.

Ononis Hauhechel

1 *Aceria ononidis*

Hauhechel-Gallmilbe

Eriophyoidea (Gallmilben)

Beschreibung: Zweigspitzen mit einem dichten Schopf verkümmerter, stark behaarter Blätter, auch die Blüten vergrünt und missgebildet.

Vorkommen: An *Ononis spinosa* und *O. repens* (Dornige und Kriechende Hauhechel).

2 *Asphondylia ononidis*

Cecidomyiidae (Gallmücken)

Beschreibung: Ambrosiagalle. Eiförmige, fleischige Anschwellung an der Blattbasis, innen mit weißem Pilzgeflecht. In der Galle eine gelbe Mückenlarve. Eine zweite Generation dieser Gallmücke entwickelt sich in aufgeblasenen Früchten der Wirtspflanze.

Vorkommen: An *Ononis repens* und *O. spinosa* (Kriechende und Dornige Hauhechel). In nördlichen Gebieten des Mittelmeerraums nicht selten, weiter nördlich nur in klimatisch begünstigten Gebieten.

Origanum Dost

1 *Aceria labiatiflorae* (= *Aceria origani*)

Dostschopf-Gallmilbe

Eriophyoidea (Gallmilben)

Beschreibung: Sprossspitze mit dichtem, pelzigem Klumpen aus verkümmerten, stark behaarten Blättern und vergrünten, missgebildeten Blüten.
Vorkommen: An *Origanum vulgare* (Gewöhnlicher Dost), nicht selten. Außerdem an *Origanum majorana* (Majoran).

2 *Aphis origani*

Dost-Blattlaus

Aphidoidea (Blattläuse)

Beschreibung: Blätter besonders der Sprossspitze mehr oder weniger zusammengekrümmt und verbogen, jedoch nicht stärker behaart als normal. Dazwischen gelbe bis grüne Blattläuse.
Vorkommen: An *Origanum vulgare* (Gewöhnlicher Dost), häufig.
Biologie: Die Läuse werden häufig von Ameisen besucht.

Papaver Mohn

1 *Aylax minor*

Mohnkapsel-Gallwespe

Cynipidae (Gallwespen)

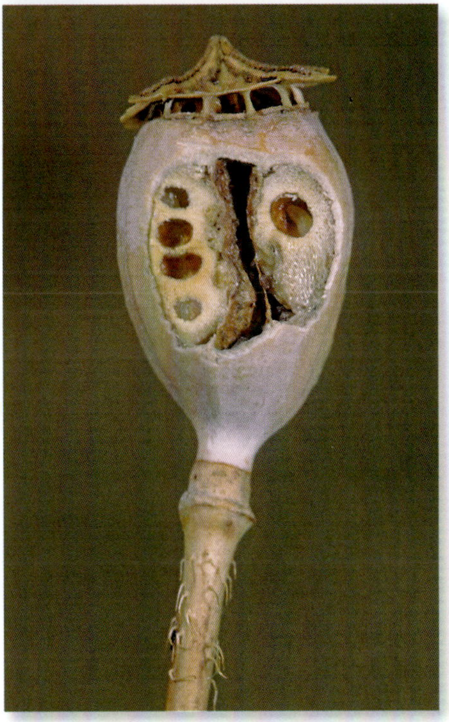

Beschreibung: Fruchtkapsel äußerlich kaum verändert, meist etwas dicker als normal oder mit kleinen, buckligen Auftreibungen, vorzeitig vergilbend. Im Innern an den Scheidewänden bis zu 2 mm große, eiförmige, weißliche Verdickungen, die zu mehreren zusammenfließen können und jeweils eine Kammer mit einer Wespenlarve enthalten. Neben den Gallen auch Samen in der Kapsel.

Vorkommen: An *Papaver rhoeas* (Klatsch-Mohn), *P. dubium* (Saat-Mohn) und anderen Arten der Gattung, ziemlich häufig.

Biologie: Eine bisexuelle Generation im Jahr. Die Gallwespen schlüpfen im Frühjahr aus der Galle. Sie sind nur 1,5–2 mm groß.

Anmerkung: Treten an den Kapseln noch im selben Jahr Löcher auf, waren die Gallenwespen parasitiert.

2 *Aylax papaveris*

Mohnkapsel-Gallwespe

Cynipidae (Gallwespen)

Beschreibung: Fruchtkapsel meist deutlich deformiert und angeschwollen, diese Bereiche oft gelblich gefärbt. Die Scheidewände im Innern sind stark reduziert oder fehlen vollständig. Ein weiches, schwammiges Gewebe füllt den Innenraum aus. In diesem liegen zahlreiche hartwandige Larvenkammern mit Wespenlarven. Keine Samen in den Kapseln.

Vorkommen: An *Papaver rhoeas* (Klatsch-Mohn) und anderen Arten der Gattung, nicht häufig.
Biologie: Eine Generation im Jahr. Die 2–2,5 mm langen Gallwespen legen ihre Eier in die Kapseln. Die Larven verpuppen sich in den Gallen. Nach der Überwinterung verlassen die Wespen im Frühjahr die Gallen.

Pastinaca Pastinak

1 *Contarinia pastinacae*

Cecidomyiidae (Gallmücken)

Beschreibung: Einzelne Früchte in der Dolde mehr oder weniger stark angeschwollen, zunächst grün, später gelb gefärbt, enthalten jeweils eine gelbe Larve mit Sprungvermögen.
Vorkommen: An *Pastinaca sativa* (Echter Pastinak), ziemlich häufig.
Biologie: Die Larven verpuppen sich im Boden.

Persicaria Knöterich

1 *Wachtliella persicariae*

Wasserknöterich-Gallmücke

Cecidomyiidae (Gallmücken)

Beschreibung: Rollengalle. Knorpelig verdickte Rollung des Blattrandes nach unten, oft an beiden Blattseiten und nicht selten an mehreren benachbarten Blättern an der Triebspitze. Diese Rollen ziemlich brüchig und meist gelblich oder rötlich gefärbt. Im Innern mit einer oder mehreren weißlich orangen Mückenlarven.

Vorkommen: An *Persicaria amphibia* (Wasser-Knöterich), vor allem an der Landform, sowie an anderen *Persicaria*-Arten wie *P. hydropiper* (Wasserpfeffer) und an *Bistorta officinalis* (Schlangen-Wiesenknöterich), verbreitet.

Biologie: Die Larven verpuppen sich in weißen Kokons innerhalb der Galle. Mehrere Generationen im Jahr.

Phragmites Schilf

1 *Steneotarsonemus phragmitidis*

Tarsonemoidea (Weichhautmilben)

Beschreibung: Triebspitze stark gestaucht und meist nicht zur Blüte kommend, Blätter einander genähert und aneinander haftend, dadurch der entsprechende Bereich mehr oder weniger aufgedunsen und verdreht (**A**), oft bogenförmig aus einer Blattscheide herausragend (**B**). Im Innern keulenförmige, anfangs weiße, später braune Haare (**C**), dazwischen normal bewegliche, längliche Milben mit vier Beinpaaren. Keine Gallmilben! Jedoch mit einer Größe von etwa 0,1 mm ähnlich klein wie diese und selbst mit einer guten Lupe kaum zu erkennen.

Vorkommen: An *Phragmites australis* (Gewöhnliches Schilf), ziemlich häufig.
Biologie: Diese Milben haben als Larven drei und als ausgewachsene Tiere vier Beinpaare. Sie überwintern in den alten Gallen und verlassen diese im Mai, um neue Sprosse zu besiedeln. Den Sommer über enthalten die Gallen Eier, Larven und adulte Tiere gleichzeitig. Die Milben können auch als Inquilinen von Gallen der Halmfliegen auftreten (Nr. 4). Wahrscheinlich werden sie dabei passiv von den Fliegen zu neuen Halmen verschleppt.

2 *Lasioptera arundinis*
Cecidomyiidae (Gallmücken)

Beschreibung: Ambrosiagalle. Internodien der Seitentriebe verkürzt und angeschwollen. Nach Entfernen der Blattscheiden auf den befallenen Internodien oft schwarze Streifen erkennbar (**A**). Halmwand im Bereich der Galle stark verdickt. Im Innern gesellige Larven und dunkelbraunes bis schwarzes Pilzmyzel (**B**).
Vorkommen: An *Phragmites australis* (Gewöhnliches Schilf), ziemlich häufig.
Biologie: Die Gallmücke befällt nur die Seitensprosse, die das Schilf dann bildet, wenn der Hauptspross zerstört oder im Wuchs durch andere Organismen gehemmt ist. Es entwickelt sich eine Generation im Jahr. Die Larven überwintern und verpuppen sich in der Galle. Die Gallmücken schlüpfen von Mitte Mai bis Mitte Juni. Die Weibchen legen 30–90 Eier unter die Blätter des Seitentriebs. In dieser recht gut untersuchten Ambrosiagalle entwickelt sich *Ramichloridium subulatum*, die Nebenfruchtform eines Schlauchpilzes (Ascomycota), von dem sich die Mückenlarve ernährt (siehe S. 52).

3 *Microlasioptera flexuosa*

Cecidomyiidae (Gallmücken)

Beschreibung: Ambrosiagalle. Leicht angeschwollener Bereich eines Internodiums des ansonsten unveränderten Hauptstängels, manchmal außen mit schwarzen Flecken. Im Innern meist um 20, gelegentlich aber auch sehr viel mehr gelborange bis rosarote Mückenlarven und anfangs helles, später schwarzes Pilzmyzel.
Vorkommen: An *Phragmites australis* (Gewöhnliches Schilf).
Biologie: Mindestens 2 Generationen im Jahr. Die Mücken der ersten Generation erscheinen im Mai und legen ihre Eier in die oberen Internodien der noch jungen Schilfhalme. Diese können durch den Befall absterben. Stängel, in denen sich die Larven der zweiten Generation entwickeln, kommen meist zur Blüte. Die Larven der zweiten Generation überwintern und verpuppen sich im Frühjahr.

4 *Lipara lucens*

Schilfgallenfliege, Schilffliege

Chloropidae (Halmfliegen)

Beschreibung: Zigarrengalle. Sprossspitze gestaucht und zusammen mit den Scheiden der oberen Blätter eine zigarrenförmige, 10–15 cm lange und etwa 15 mm breite Galle bildend, die entsprechenden Blattspreiten mehr oder weniger stark reduziert (**A**). Im Innern eine lang gestreckte, verholzte Kammer, in der eine bis zu 10 mm lange, gelblich weiß gefärbte Fliegenlarve lebt (**B**). Galle zunächst grün, ab dem Herbst gelbbraun verfärbt und noch jahrelang erkennbar.
Vorkommen: An *Phragmites australis* (Gewöhnliches Schilf), fast überall häufig, vor allem an etwas trockeneren Standorten der Pflanze.
Biologie: Die Imago schlüpft im Frühjahr aus der überwinterten Galle. Färbung der weiblichen Fliege (**C**) schwarzbraun mit hellbraunen Streifen auf dem Rücken und roten, grün glänzenden Augen, Männchen ohne diese Streifenzeichnung. Das Weibchen legt die Eier nahe der Sprossspitze ab. Die schlüpfenden Larven fressen sich in den Halm und zerstören den Vegetationskegel.

Ähnlich: Die ähnliche *Lipara similis* erzeugt an *Phragmites* ähnliche, aber deutlich kleinere und schmalere Gallen mit meist normal entwickelten Blattspreiten.

Anmerkung: Aufgrund der Größe bieten diese Gallen bereits während der Entwicklung der Halmfliegen Platz für zahlreiche Mitbewohner, die besonders zwischen den äußeren Blatthüllen leben. Im Herbst und Winter zerhacken oft Kohl- und Blaumeisen die Gallen und fressen die Inquilinen und Mückenlarven. Die alten, von den Fliegen verlassenen Gallen dienen vor allem verschiedenen Wildbienen und Wespenarten als Nistplatz. Diese Hautflügler legen im leeren Innenraum ihre Brutzellen an, die sie mit Pollen und Nektar bzw. speziellen Beutetieren als Nahrung für ihre Nachkommen versorgen. Einige von ihnen wurden bisher sogar ausschließlich aus *Lipara*-Gallen gezogen.

Phyteuma Teufelskralle

1 *Dasineura phyteumatis*

Cecidomyiidae (Gallmücken)

Beschreibung: Blütenkrone an der Basis stark angeschwollen und entfärbt, sich nicht öffnend. Innenraum behaart, mit mehreren orangefarbenen Mückenlarven. Innerhalb eines Blütenstandes meist mehrere Blüten betroffen.
Vorkommen: An verschiedenen *Phyteuma*-Arten, abgebildet *P. orbiculare* (Kugelige Teufelskralle), verbreitet.
Biologie: Eine Generation im Jahr. Die Larven überwintern im Boden.

2 *Miarus campanulae*

Kälteliebender Glockenblumenrüssler

Curculionidae (Rüsselkäfer)

Beschreibung: Fruchtknoten der Blüte stark angeschwollen (**A**), mit geräumigem Hohlraum, in dem sich die Larve oder Puppe (**B**) befindet. Meist viele Blüten des Blütenstandes betroffen.
Vorkommen: An verschiedenen *Phyteuma*-Arten, besonders, wie hier abgebildet, an *P. spicatum* (Ährige Teufelskralle). Regelmäßig auch an *Campanula*-Arten (Glockenblumen, siehe S. 101).

Picea Fichte

1 *Adelges cooleyi*

Sitkafichtengallenlaus, Douglasien-Wolllaus

Aphidoidea (Blattläuse)

Beschreibung: Zweigspitze auf bis zu 7,5 cm Länge walzenförmig verdickt und oft bogig oder hakig gekrümmt. Grünlich oder rötlich bis violett gefärbt, außen mit nur wenig verkürzten Nadeln besetzt. Die vergallten Triebspitzen sterben nach der Gallenöffnung ab.
Vorkommen: Vorwiegend an *Picea sitchensis* (Sitka-Fichte), seltener an anderen *Picea*-Arten, nicht häufig.

Biologie: Die Galle öffnet sich zwischen Juli und September. Die Blattläuse der geflügelten Generation wandern zum zweiten Wirt *Pseudotsuga menziesii* (Douglasie). Dort erzeugen sie keine Gallen, sondern saugen, bedeckt von weißer Wachswolle, an den Nadeln. Ihre Nachkommen kehren dann wieder zum gallbildenden ersten Wirt zurück. Der gesamte Zyklus dauert zwei Jahre.

2 *Adelges laricis*

Kleine Fichtengallenlaus, Rote Fichtengallenlaus

Aphidoidea (Blattläuse)

Beschreibung: Ananasartige, aus miteinander verwachsenen, basal stark verdickten Nadeln entstandene, elliptische Galle, endständig an den Trieben. Gallen etwa haselnussgroß, hell gelblich grün bis cremefarben, wirken etwas wachsig. Nie in größerer Anzahl dicht beieinander.
Vorkommen: An *Picea abies* (Gewöhnliche Fichte) und verschiedenen angepflanzten Fichtenarten wie *P. orientalis* (Kaukasus-Fichte), *P. glauca* (Kanadische Fichte), *P. sitchensis* (Sitka-Fichte). Deutlich seltener als *A. tardus* (Nr. 3).
Biologie: Die Blattlaus besitzt wie *A. viridis* (Nr. 4) einen zweijährigen Entwicklungszyklus mit Wirtswechsel zur Lärche (*Larix*). Ihre auf dem Hauptwirt entstehenden Gallen öffnen sich im Juni und Anfang Juli und entlasssen Nymphen (siehe Foto), die sich auf benachbarten Nadeln zu geflügelten Tieren häuten. Diese fliegen auf die Lärche als Nebenwirt, an dem die Läuse ohne Gallbildung an den Nadeln leben. Durch ihr Saugen bekommen die Lärchennadeln gelbe Flecken und knicken ab (Lärchenknicklaus).

Anmerkung: Das Aussehen der Galle ähnelt der von *Adelges tardus* (Nr. 3), die sich jedoch später öffnet.

3 *Adelges tardus*

Späte Fichtengallenlaus, Fichten-Kleingallenlaus

Aphidoidea (Blattläuse)

Beschreibung: Ananasgalle. Meist einfarbige, hellgelblich, oft auch etwas rötlich gefärbte, eiförmige bis fast kugelige Galle (**A**). Bis zu 15 mm groß, am oberen Ende meist ohne Nadelschopf, Verwachsungsränder fast immer in der Grundfärbung der Galle. Oft in größerer Anzahl an benachbarten Zweigspitzen (**B**).

A

Vorkommen: An *Picea abies* (Gewöhnliche Fichte), auch an *P. sitchensis* (Sitka-Fichte) und anderen *Picea*-Arten, vor allem an den unteren Ästen, überall sehr häufig.

Biologie: Die Gallen öffnen sich erst zwischen August und Oktober und bleiben danach noch jahrelang an den Zweigen erkennbar. Aus den geöffneten Gallen kommen Blattlauslarven hervor, die sich über den Wirtsbaum verteilen und dort zu geflügelten Blattläusen heranwachsen. Diese bleiben auf dem Baum oder fliegen zu anderen Wirtsbäumen der gleichen Art, wo ihre Nachkommen im nächsten Jahr wieder Gallen erzeugen. Der gesamte Zyklus dauert nur ein Jahr. Ein Wirtswechsel findet nicht statt.

B

4 *Adelges viridis (= Sacchiphantes viridis)*

Grüne Fichtengallenlaus

Aphidoidea (Blattläuse)

Beschreibung: Ananasartige, aus miteinander verwachsenen, basal stark verdickten Nadeln entstandene, elliptische Galle meist an der Spitze eines Seitentriebes. Bis zu 30 mm groß, oben oft mit einem Schopf aus längeren Nadeln. Halbkreisförmige Verwachsungsränder zwischen den Basen der ursprünglichen Nadeln oft leuchtend rot gefärbt. In der Galle zahlreiche Kammern mit grün gefärbten Blattläusen, die geflügelte Nachkommen hervorbringen.

Vorkommen: An *Picea abies* (Gewöhnliche Fichte), gelegentlich zum Beispiel in Parks und Gärten auch an nicht heimischen *Picea*-Arten, ziemlich häufig, aber seltener als *Sacchiphantes abietis* (Nr. 7).

Biologie: Meist im Juli oder August öffnet sich die Galle spaltförmig an den Verwachsungsrändern und entlässt Nymphen, die sich auf benachbarten Nadeln zu geflügelten Tieren häuten. Diese fliegen zu Lärchen (*Larix*) und erzeugen dort ohne Gallbildung weitere Blattlausgenerationen. Durch ihr Saugen bekommen die Lärchennadeln gelbe Flecken und knicken ab (Lärchenknicklaus, Foto S. 32). Schließlich entwickeln sich wieder geflügelte Nachkommen, die zu Fichten zurückkehren. Nach mehreren weiteren, nicht gallbildenden Generationen entsteht dort durch die Saugtätigkeit der 100–150 Nachkommen einer Stammmutter erneut eine Ananasgalle. Der gesamte Zyklus dauert zwei Jahre.

5 *Dreyfusia nordmannianae (= Adelges nordmannianae)*

Einbrütige Tannentrieblaus, Weißtannentrieblaus

Aphidoidea (Blattläuse)

Beschreibung: Ananasgalle. Zapfenartige, aus miteinander verwachsenen, basal stark verdickten Nadeln entstandene, fast kugelige, bläulich überlaufene Galle ohne Nadelschopf an der Spitze eines Seitentriebes. In der Galle zahlreiche Kammern mit Blattläusen.

Vorkommen: An *Picea orientalis* (Kaukasus-Fichte), in wärmeren Gebieten nicht selten.

Biologie: Im natürlichen Verbreitungsgebiet der Kaukasus-Fichte (Kaukasus, Pontische Gebirge) sowie in der Nähe von Baumschulen, Parks und Gärten mit dieser Art entwickelt sich die Blattlaus mit einem Holozyklus mit Wirtswechsel. Ihre auf der Kaukasus-Fichte, dem Primärwirt, entstehenden Gallen entlassen im Juni Larven, die sich auf benachbarten Nadeln zu geflügelten Tieren häuten. Diese fliegen auf die Weiß-Tanne (*Abies alba*) und anderen *Abies*-Arten als Sekundärwirt, besonders auf junge Bäume. Die nächste Generation überwintert dort an den

Zweigen und am Stamm. Die im Frühjahr heranwachsenden Läuse saugen auch an den Nadeln. Hierdurch krümmen sich die Nadeln der Neuaustriebe flaschenbürstenartig nach unten, die ganzen Zweigspitzen können sich biegen und die Triebbasen verdicken. Bei starkem Befall verdorren die Triebe. In Gebieten, in denen der Primärwirt nicht vorkommt, entwickelt sich die Laus rein parthenogenetisch auf der Weiß-Tanne.

Anmerkung: Die Laus gelangte in den 1840er-Jahren mit importierten Nordmann-Tannen *(Abies nordmanniana)* nach Europa und breitete sich hier in den Weiß-Tannenbeständen aus. Mit der Weiß-Tanne wurde sie dann versehentlich auch nach Nordamerika exportiert. In Weihnachtsbaumkulturen kann sie zu wirtschaftlich bedeutsamen Schäden führen.

6 *Pineus orientalis (= Adelges orientalis)*

Orientalische Kiefernwolllaus

Aphidoidea (Blattläuse)

Beschreibung: Triebspitzen mit eiförmigen bis länglichen, bis zu 5 cm langen, rötlich violett gefärbten Gallen, die außen mit Nadelresten unterschiedlicher Länge besetzt sind.

Vorkommen: Nur an *Picea orientalis* (Kaukasus-Fichte), bei uns deshalb nur in Parkanlagen, Botanischen Gärten, Gärten, Baumschulen, ziemlich selten.

Biolgie: Die Gallen öffnen sich im Juni oder Juli und entlassen geflügelte Blattläuse, die zum zweiten Wirt *Pinus mugo* (Berg-Kiefer), *P. sylvestris* (Wald-Kiefer) oder einer anderen Kiefernart fliegen. Dort erfolgt ohne Gallbildung die erste Überwinterung, im nächsten Jahr die Rückwanderung zur ersten Wirtsart, wo nach einer weiteren Überwinterung der Nachkommen schließlich deren Nachkommen in den erneut sich bildenden Gallen heranwachsen. Der gesamte Zyklus dauert damit zwei Jahre.

7 *Sacchiphantes abietis (= Adelges abietis)*

Gelbe Fichtengallenlaus, Gelbe Fichten-Großgallenlaus

Aphidoidea (Blattläuse)

Beschreibung: Ananasgalle sehr ähnlich der von *Adelges viridis* (Nr. 4), wie diese oft mit roten Verwachsungsrändern der ursprünglichen Nadelbasen. Im Unterschied zu dieser aber meist an der Basis eines Zweiges. Dieser wächst oben aus der Galle heraus, oft mit einer deutlichen Biegung an seinem unteren Ende. Da die Gallen meist in größerer Zahl dicht beieinander auftreten, sind die befallenen Wirtsbäume oft schon aus größerer Entfernung durch die abgebogenen Triebspitzen zu erkennen.

Vorkommen: An *Picea abies* (Gewöhnliche Fichte) und *P. sitchensis* (Sitka-Fichte), selten an anderen Arten der Gattung, überall sehr häufig.

Biologie: Die Gallen öffnen sich zwischen Juli und September. Die daraus entlassenen Larven entwickeln sich zu geflügelten Tieren, die auf der Fichte bleiben und höchstens zu einem anderen Baum fliegen. Ein Wirtswechsel findet nicht statt. Der gesamte Zyklus dauert wie bei *A. tardus* (Nr. 3) nur ein Jahr.

Anmerkung: Vor allem durch diese Art, aber auch durch *Adelges tardus* (Nr. 3), kann es zu massiven Verunstaltungen an Fichten, insbesondere bei Jungbäumen wie etwa Christbäumen kommen.

Pimpinella Bibernelle

1 *Aceria peucedani*

Klettenkerbel-Gallmilbe

Eriophyoidea (Gallmilben)

Beschreibung: Einzelne Blattfiedern, oft auch alle Fiedern eines Blattes, verkümmert und teilweise zu watteartigen, oft rötlich gefärbten Klumpen umgebildet. Auch die Blüten oder die ganzen Dolden können in ähnlicher Weise missgebildet sein.

Vorkommen: An verschiedenen *Pimpinella*-Arten, nicht häufig. Außerdem an *Peucedanum* (Hirschwurz), *Selinum* (Silge), *Orlaya* (Breitsame), *Torilis* (Borstendolde), *Daucus* (Möhre) und einigen weiteren Doldenblütlern (Apiaceae).

Biologie: Die Vermehrung der Milben beginnt im Frühsommer.

Anmerkung: Die Gallmilbe gelangte bereits vor 1945 versehentlich auch in die USA. Die Milbe kann besonders in Samenkulturen von Möhren Schäden anrichten, indem sie Dolden deformiert und den Fruchtansatz verringert. Außerdem hemmt sie das Sprosswachstum und lässt diese vergilben. Die Veränderungen an Möhren wurden bis 1963 einer Virusinfektion zugeschrieben.

Pinus Kiefer

1 *Peridermium oblongisporum (Coleosporium spp.)*

Kiefennadelroste

Pucciniales (Rostpilze)

Beschreibung: An den Nadeln orange, seitlich etwas zusammengedrückte Sporenlager von 1–3 mm Länge und 1–4 mm Höhe. Nach dem Aufreißen des sie bedeckenden Häutchens orangegelbe Sporenmassen.

Vorkommen: An *Pinus sylvestris* (Wald-Kiefer) zerstreut, seltener auf *P. mugo* (Berg-Kiefer) oder *P. nigra* (Schwarz-Kiefer).

Biologie: Die beschriebenen Aecidien (I) entwickeln sich von April bis Juni, auf der Berg-Kiefer bis in den August hinein. Mit den Aecidiosporen findet ein Wirtswechsel statt, besonders zu Arten der Asteraceae (Korbblütler, zum Beispiel Huflattich siehe S. 423), Campanulaceae (Glockenblumengewächse), Orobanchaceae (Sommerwurzgewächse). Dort entstehen – ohne Gallbildung – Uredosporen (II) und Teleutosporen (III).

Anmerkung: *Peridermium oblongisporum* ist die Bezeichnung für eine Sammelart von *Coleosporium*, die ihre Aecidien auf *Pinus* ausbildet. Dieser Name wird vergeben, wenn der zweite Wirt nicht bekannt ist. Nur wenn der nach dem Wirtswechsel besiedelte Wirt bekannt ist, kann die genaue *Coleosporium*-Art bestimmt werden.

2 *Viscum album ssp. austriacum*

Kiefern-Mistel

Santalaceae (Sandelholzgewächse)

Beschreibung: Ast- oder seltener Stammbereich mehr oder weniger stark verdickt und angeschwollen (**A**). Auf der Anschwellung meist mehrere gabelig verzweigte, grüne Triebe, die an den Triebenden paarige, immergrüne Blätter tragen (**B**).

Vorkommen: An *Pinus sylvestris* (Wald-Kiefer) und weiteren *Pinus*-Arten, sehr selten auch an *Picea abies* (Gewöhnliche Fichte) und *Larix* (Lärche), in manchen Gebieten häufig, in anderen fehlend.

Biologie: Wächst wie die Laubholz-Mistel (*Viscum album* ssp. *album*) als Halbschmarotzer (siehe S. 207 f.).

3 *Trisetacus pini*

Kiefernzweig-Gallmilbe, Knotensucht der Kiefer

Eriophyoidea (Gallmilben)

Beschreibung: Jüngere Zweige mit knotigen oder länglichen, bis etwa 20 mm dicken Anschwellungen, die von zahlreichen Kanälen durchzogen sind, in denen die Milben leben. Jahrelang ausdauernd, Rinde zunächst glatt, später dann zunehmend runzelig.

Vorkommen: An *Pinus sylvestris* (Wald-Kiefer) und weiteren *Pinus*-Arten, nicht selten.
Biologie: Die Gallen werden 3–10 Jahre lang von Milben bewohnt.
Anmerkung: Gelegentlich werden die Bäume durch diese Gallmilbe massiv verunstaltet.

4 *Retinia resinella*
Kiefern-Harzgallenwickler
Tortricidae (Wickler)

Beschreibung: Rinde junger Zweige auf 2–3 cm Länge aufgeschlitzt und beulenförmig erweitert, der Holzkörper gleichzeitig etwas verdickt. In der an dieser Stelle ausgetretenen, zu einer großen Blase erstarrten Harzmenge (**A**) ein geräumiger Hohlraum, in dem sich eine gelbbraune Schmetterlingsraupe aufhält (**B**).
Vorkommen: An *Pinus sylvestris* (Wald-Kiefer) und *P. mugo* (Berg-Kiefer), seltener an anderen Arten der Gattung.
Biologie: Die Raupe verpuppt sich nach zweimaliger Überwinterung in der Harzgalle. Schließlich schiebt sich die Puppe durch das von innen her noch weiche Harz nach außen und entlässt im April oder Mai den Falter (**C**).

Dieser besitzt auf den Flügeln eine hellgraue Grundfärbung mit unscharf begrenzten und etwas gewellten, braunen Querbinden.
Anmerkung: Die Gallen bleiben auch nach dem Verlassen sehr lange erhalten. Sie dienen zahlreichen Nachmietern als Unterschlupf. Auf der Außenseite kann das Gelbe Harzbecherchen *(Sarea resinae)*, ein Schlauchpilz (Ascomycota), seine um 1 mm großen Fruchtbecher entwickeln.

5 *Rhyacionia buoliana*

Kiefern-Knospentriebwickler

Tortricidae (Wickler)

Beschreibung: Neu austreibende Knospen an der Basis versponnen. Austrieb verkümmert oder absterbend, dann treten oft zahlreiche neue Seitenäste an seine Stelle, es entsteht ein dichter Astbusch oder ein Hexenbesen (**B**). In anderen Fällen wächst der befallene Trieb schneller und knickt oder biegt sich um. Es kommt zu „Posthornbildung" oder „Krummschäftigkeit" (**C**).
Vorkommen: An *Pinus sylvestris* (Wald-Kiefer), an jungen Bäumen in eher offenen Beständen. Gelegentlich auch an anderen *Pinus*-Arten.
Biologie: Das Weibchen legt seine Eier einzeln an die Knospen oder Nadelscheiden. Die Raupen schlüpfen Ende Juli. Sie fressen zuerst an den Nadeln, bevor sie sich in den Trieb bohren und dort überwintern. Sie leben in einem Gang, der sich am Übergang des letztjährigen Zweiges zum Neuaustrieb befindet (**A**), und verpuppen sich dort ab Mai. Die Falter fliegen von Ende Mai bis August.
Anmerkung: An der Ostsee, im Nordwesten Polens und in der Nähe des russischen Kaliningrads, gibt es „Wälder der tanzenden Bäume". In diesen Kiefernwäldern haben zahlreiche Bäume bizarr verkrümmte Stämme. Biologen gehen davon aus, dass sie alle in jüngeren Jahren etwa zum gleichen Zeitpunkt vom Kiefern-Knospentriebwickler befallen waren.

Pistacia Pistazie

Die hier vorgestellten Arten *Pistacia lentiscus* (Mastixbaum) und *P. terebinthus* (Terpentin-Pistazie) wachsen im Mittelmeergebiet und können auffällige Gallen tragen. In Mitteleuropa ist die Gattung nicht heimisch.

1 *Aceria stefanii (= Eriophyes stefanii)*

Eriophyoidea (Gallmilben)

Beschreibung: Rollengalle. Ränder der Blattfiedern oder ganze Fiedern nach oben eng zusammengerollt, oft die Blattrolle zusätzlich verdreht und verbogen und oft alle Fiedern meh-

rerer benachbarter Blätter betroffen. Ohne abnorme Behaarung. Manchmal ist der ganze Zweig so stark befallen, dass er fast blattlos erscheint.
Vorkommen: An *Pistacia lentiscus* (Mastixbaum) und *P. terebinthus* (Terpentin-Pistazie), im Mittelmeergebiet weit verbreitet, in Mitteleuropa gelegentlich an Kübelpflanzen.

2 *Aploneura lentisci*

Aphidoidea (Blattläuse)

Beschreibung: Beutelgalle. Fast die vollständige Hälfte eines Fiederblattes in eine abgeflacht bohnenförmige, meist rot gefärbte Galle umgewandelt. Im Innern ungeflügelte Blattläuse, erst im Spätsommer auch geflügelte Tiere. Gallen entstehen an Blättern der Jahrestriebe und werden Ende März bis Anfang April induziert.
Vorkommen: An *Pistacia lentiscus* (Mastixbaum), im Mittelmeergebiet ziemlich häufig.
Biologie: Von April bis September steigt die Anzahl an Läusen in der Galle von 1 auf viele Hundert. Geflügelte Blattläuse wechseln im Spätsommer zu Wurzeln von Süßgräsern (Poaceae) und kehren im folgenden Frühjahr zum Hauptwirt zurück, an dem nachfolgende Lausgenerationen aber erst im darauffolgenden Jahr wieder die Gallen hervorrufen.
Anmerkung: Das Gallengewebe ist sehr reich an Gerbstoffen. Deshalb sammelte man früher die Gallen und verwendete sie als Gerbmaterial für technische Zwecke.

3 *Baizongia pistaciae*

Pistazien-Kuhhorngallenlaus, Johannisbrotgalle

Aphidoidea (Blattläuse)

Beschreibung: Beutelgalle. Besonders die Triebspitze in eine sehr auffällige, hornförmige, bis zu 30 cm lange, zylindrische oder zusammengedrückte Galle umgewandelt, die an eine Frucht des Johannisbrotbaums (*Ceratonia siliqua*) erinnert (**A**). Diese zunächst grün und klebrig, später an sonnenbeschienenen Standorten leuchtend rot gefärbt, im Innern gegen Ende des Sommers mit Tausenden von gelben Blattläusen (**B**), die alle von einem Tier abstammen. Die Gallen verbleiben als trockene, harte schwarze Gebilde auch noch nach dem Blattfall an den Gehölzen.

Vorkommen: An *Pistacia terebinthus* (Terpentin-Pistazie) und anderen *Pistacia*-Arten, im Mittelmeergebiet ziemlich häufig.

Biologie: Die Blattläuse wechseln am Ende des Sommers zu den Wurzeln verschiedener Süßgräser (Poaceae).

Anmerkung: Wie andere Gallen an Pistazien wurden auch diese früher wegen des Gerbstoffgehalts technisch zum Gerben verwendet. Außerdem gab man sie gegen Asthma und verwendete sie zur Verbesserung von Wein.

A

B

4 *Forda formicaria (= Forda semilunaria)*

Aphidoidea (Blattläuse)

Beschreibung: Beutelgalle. Teile eines Fiederblattes zu einer rechtwinklig gegenüber der Blattspreite abgeknickten, flach sichelförmigen bis halbmondförmigen, in sich gebogenen Galle umgewandelt, diese meist hellgelblich bis rötlich gefärbt. Im Innern Blattläuse.
Vorkommen: An *Pistacia terebinthus* (Terpentin-Pistazie) und anderen *Pistacia*-Arten, im Mittelmeergebiet häufig.
Biologie: Zwischen September und November verlassen geflügelte Läuse die Gallen und wechseln zu verschiedenen Süßgräsern (Poaceae), den Nebenwirten, auf denen sie keine Gallen bilden. In Gegenden, in denen der Hauptwirt nicht vorkommt, leben die Läuse ausschließlich an den Graswurzeln und überwintern oft in Ameisennestern. Sie bilden dann keine Geschlechtstiere.

5 *Geoica utricularia*

Aphidoidea (Blattläuse)

Beschreibung: Beutelgalle. Blätter an der Unterseite der Mittelrippe mit einer haselnuss- bis walnussgroßen blasenförmigen Anschwellung, diese gelblich weiß bis leuchtend rot gefärbt. Im Innern Blattläuse.
Vorkommen: An *Pistacia terebinthus* (Terpentin-Pistazie) und anderen *Pistacia*-Arten, im Mittelmeergebiet ziemlich häufig.

Biologie: Auch bei dieser Blattlaus wechseln geflügelte Tiere vom Hauptwirt auf verschiedene Süßgräser (Poaceae) als Nebenwirte und werden dort von Ameisen besucht.

Plantago Wegerich

1 *Aceria barroisi*

Eriophyoidea (Gallmilben)

Beschreibung: Blütenstand im oberen Abschnitt mit einem knotigen, seidig weiß behaarten Schopf, der den Durchmesser des Blütenstandes deutlich übertrifft und etwas an ein „Sahnehäubchen" erinnert.
Vorkommen: An mediterran verbreiteten *Plantago*-Arten, nur im Mittelmeergebiet.

2 *Mecinus pyraster*

Grauer Wegerich-Schlankrüssler

Curculionidae (Rüsselkäfer)

Beschreibung: Schaft des Blütenstandes vorzugsweise im oberen Teil auf etwa 10 mm Länge spindelförmig erweitert (**A,** rechts und links, in der Mitte ein normaler Schaft), im so entstandenen Hohlraum die Larve oder Puppe (**B**).
Vorkommen: Meist an *Plantago lanceolata* (Spitz-Wegerich), gelegentlich an *P. media* (Mittlerer Wegerich, wie hier abgebildet), ziemlich selten.
Ähnlich: An anderen *Plantago*-Arten, zum Beispiel an *P. maritima* (Strand-Wegerich), in sehr ähnlichen Gallen die Larven des nahe verwandten *Mecinus collaris* (Weißschuppiger Schlankrüssler).

Platanus Platane

1 *Agrobacterium tumefaciens*

Bakterienkrebs

Bacteria (Bakterien)

Beschreibung: Aus der Rinde meist am Stamm oder Stammfuß hervorbrechende, rundliche Wucherung, die bis über Kopfgröße erreichen kann. Färbung ähnlich wie die Rinde oder etwas dunkler, Oberfläche mehr oder weniger rissig rau, im Innern ohne Kammern. Wächst über viele Jahre.

Vorkommen: An *Platanus*-Arten, daneben auch an verschiedenen anderen Pflanzen (zum Beispiel S. 54, 262 f., 362 f.).
Biologie: Die Erreger gelangen über Wunden in die Rinde und lösen dort die Wucherungen aus.

Poa Rispengras

1 *Mayetiola graminis (= Mayetiola poae)*

Rispengrashalm-Gallmücke

Cecidomyiidae (Gallmücken)

Beschreibung: Halm oberhalb eines Knotens mit einem bis zu 8 mm langen und bis zu 5 mm breiten Büschel sekundär gebildeter Wurzeln. Diese erscheinen meist auf der einen Seite (im Foto linker Halm), durch eine ziemlich gerade Furche regelmäßig „gescheitelt“, und umgreifen auf der anderen eine Blattscheide. Es treten aber auch ungescheitelte Gallen auf. Unter

der Blattscheide ein Hohlraum mit 1–16, meist 3–6 weißen Mückenlarven. Die zunächst weißen Wurzeln werden später braun. Die Galle kann in verschiedener Höhe der Halme auftreten.

Vorkommen: An *Poa nemoralis* (Hain-Rispengras), sehr selten an anderen Arten der Gattung. Galle ziemlich häufig, aber nicht ganz leicht zu finden.

Biologie: Ab Juni zu finden. Eine Generation im Jahr. Die Larve verlässt die Galle nicht. Das letzte Larvenstadium liegt in einem Puparium, bei der es sich um die erhärtete Larvenhaut des vorigen Stadiums handelt. Diese färbt sich von farblos zu braun bis schwärzlich. Die Larve kann in diesem „Tönnchen" keine Nahrung mehr aufnehmen. Später verpuppt sie sich im Puparium.

Ähnlich: Eine sehr ähnliche Galle, jedoch ohne Scheitel im Wurzelbüschel, erzeugt die seltene, nahe verwandte Art *Mayetiola radicifica*, ebenfalls an *Poa nemoralis*.

Populus Pappel

1 *Taphrina populina*

Pappel-Wucherling, Pappel-Goldfleckenkrankheit

Taphrinales (Wucherlinge)

Beschreibung: Blattoberseite mit einzelnen gelbgrünen, meist 5–10 mm, gelegentlich bis über 3 cm großen Aufwölbungen (**A**). Im Sommer in den entsprechenden Vertiefungen der Unterseite ein reifartiger, goldgelber Belag aus Sporenschläuchen mit leuchtend gelben Spo-

renmassen (**B**), später dunkelbraun bis grauschwarz. Seltener in umgekehrter Anordnung. Bei starkem Befall kann die Galle das halbe oder ganze Blatt umfassen und zu Verkrümmungen und Einrollungen führen.

Vorkommen: An *Populus nigra* (Schwarz-Pappel), seltener auch an *P. x canadensis* (Kanada-Pappel) und anderen *Populus*-Arten.

Biologie: Die Gallen treten von Juli bis September auf. Die Ascosporen keinem noch im Ascus mit einkernigen Sprosszellen aus. Wie bei allen *Taphrina*-Arten kann eine Neuinfektion des Wirts erst stattfinden, wenn nach Vereinigung mit einem Partner wieder zweikernige Zellen (Dikaryon) entstanden sind. Die jungen Blätter werden bei Knospenaustrieb infiziert. Hohe Luftfeuchtigkeit und milde Temperaturen begünstigen den Befall. An den Gallen saugt häufig die Bunte Pappelblattlaus (*Chaitophorus leucomelas*). Dies kann sowohl mit einem besseren Nährstoffangebot als auch mit Schutzwirkungen zu tun haben. Diese Laus kann oft auch in den Gallen von *Pemphigus* (Nr. 8 bis Nr. 14) und *Thecabius* (Nr. 15) sitzen.

Anmerkung: Die gelbe Färbung erinnert auf den ersten Blick an einen Befall mit einem Rostpilz.

2 *Neonectria ditissima*

Nectriakrebs

Hypocreales (Krustenkugelpilzartige)

Beschreibung: Stämme und Zweige mit auffälligen Kallusbildungen. Anfangs offene, unregelmäßig mit Kratern durchzogene Wucherungen. Später mit mehr oder weniger konzentrischen Wällen, die sich schließlich zu unregelmäßigen, stark gefurchten oder rissigen, meist mehr oder weniger dunklen, harten Gebilden entwickeln können.

Vorkommen: An verschiedenen *Populus*-Arten, außerdem an vielen anderen Gehölzen (zum Beispiel S. 55, 89 f.).
Biologie: Die Pilzsporen gelangen über Wunden in die Rinde. Während der Wachstumsphase des Baumes bildet dieser einen Wall aus Wundgewebe. Ab dem Herbst durchdringt der Pilz wieder das Wundgewebe. Mit der Zeit entstehen dadurch Wucherungen mit konzentrischen Wällen. Für einen eindeutigen Nachweis können die winzigen, roten Fruchtkörper des Pilzes herangezogen werden, die sich besonders im Spätsommer und Herbst ausbilden können.

3 *Aceria dispar*

Pappeltrieb-Gallmilbe

Eriophyoidea (Gallmilben)

Beschreibung: Spitzen ganzer Seitenzweige in eine oft knäuelartige Galle umgewandelt. Zweig verkürzt und leicht behaart, Blätter kleiner als normal, vom Rand eingerollt, gekräuselt und mehr oder weniger wulstig verdickt, gelblich bis rötlich verfärbt. Bei schwächerem Befall Spross stärker gestreckt, aber Blätter ähnlich deformiert.
Vorkommen: An *Populus tremula* (Zitter-Pappel), vor allem an jüngeren Bäumen, ziemlich selten.

4 *Aceria populi*

Pappelknospen-Gallmilbe

Eriophyoidea (Gallmilben)

Beschreibung: An ruhenden Knospen von Stämmen und Stockausschlägen, meist bodennah, blumenkohlartige Wucherungen von bis zu 35 mm Durchmesser. Diese mehr oder weniger stark behaart und grün, gelb, rötlich oder auch leuchtend rot gefärbt, anfangs weich und flaumig, später hart und zunehmend dunkel. Im Innern kein Hohlraum.
Vorkommen: Vorwiegend an *Populus nigra* (Schwarz-Pappel), auch an *P. alba* (Silber-Pappel) und *P. tremula* (Zitter-Pappel) und seltener an anderen *Populus*-Arten.
Biologie: Das ganze Jahr über zu finden.

5 *Aceria varia*

Pappelblattfilz-Gallmilbe

Eriophyoidea (Gallmilben)

Beschreibung: Filzgalle. Filzrasen in frischem Zustand leuchtend rot, später bräunlich gefärbt, vorwiegend auf der Blattoberseite. Haare baumartig verzweigt (erst bei starker Vergrößerung erkennbar). Keine oder nur eine leichte Beule auf der anderen Blattseite.
Vorkommen: An *Populus tremula* (Zitter-Pappel), nicht häufig.
Anmerkung: Diese Art kommt häufig gemeinsam mit *Phyllocoptes populi* (Nr. 7) auf einem Blatt vor und wird immer wieder mit dieser verwechselt.

6 *Eriophyes diversipunctatus*

Zitterpappeldrüsen-Gallmilbe, Knöpfchengalle

Eriophyoidea (Gallmilben)

Beschreibung: Drüsen am Grund der Blattspreite zu einem Paar unregelmäßig rundlicher oder ovaler, bis zu 4 mm großer Gallen umgewandelt. Diese oberseits des Blattgrundes zu beiden Seiten der Mittelrippe, meist leuchtend rot gefärbt.
Vorkommen: An *Populus tremula* (Zitter-Pappel), ziemlich selten.

7 *Phyllocoptes populi*
Eriophyoidea (Gallmilben)

Beschreibung: Filzgallen. Weiße, grünliche oder gelbliche Filzrasen in 5–6 mm breiten Gruben, meist an der Unterseite des Blattes, gelegentlich auch auf beiden Seiten des gleichen Blattes. Auf der Gegenseite entsprechende, zunächst grün, später meist gelblich oder rötlich gefärbte Emporwölbungen (Foto zeigt die Blattoberseite). Haare des Filzrasens mit knopfartigen Spitzen (erst bei starker Vergrößerung erkennbar).
Vorkommen: An *Populus tremula* (Zitter-Pappel) häufig, viel seltener auch an *P. nigra* (Schwarz-Pappel) und anderen Arten der Gattung.
Anmerkung: Gelegentlich werden in diesen Filzrasen auch andere Gallmilbenarten angetroffen, die darin aber vermutlich nur als Einmieter (Inquilinen) leben.

8 *Pemphigus borealis*
Pappeltrieb-Gallenlaus
Aphidoidea (Blattläuse)

Beschreibung: Beutelgalle. Bis etwa 30 mm große, zunächst beutelförmige (**A**), später zunehmend kugelige, verholzende Galle an der Basis eines Blattstiels. Öffnung durch ihre wulstig aufgeblähten Ränder an ein Fischmaul erinnernd (**B**).

Vorkommen: An *Populus nigra* (Schwarz-Pappel), *P. laurifolia* (Lorbeerblättrige Pappel), *P. balsamifera* (Balsam-Pappel) und anderen *Populus*-Arten, vor allem in Südeuropa weit verbreitet (Fotos aus Südfrankreich).

Biologie: Diese Blattlausart besitzt einen Wirtswechsel. Geflügelte Läuse verlassen hierzu im Juni und August die Gallen. Sekundärwirte sind *Bidens cernua* (Nickender Zweizahn) und *Bidens tripartita* (Dreiteiliger Zweizahn), an diesen sitzen die Läuse an den Wurzeln.

9 *Pemphigus bursarius*

Blattstielbirngallen-Pappelblattlaus

Aphidoidea (Blattläuse)

Beschreibung: Beutelgalle. Am Blattstiel eine kugelige oder sackförmige, bis zu 15 mm große Verdickung, die durch ihre zweiklappige Öffnung oft an einen Vogelkopf erinnert. Entsteht durch die Saugtätigkeit der Stammmutter. Ihre in der Galle heranwachsenden Nachkommen verlassen diese als geflügelte Läuse.

Vorkommen: Vorwiegend an *Populus nigra* 'Italica' (Pyramiden-Pappel), seltener auch an *P. nigra* (Schwarz-Pappel), der Stammart dieser Kulturvariante, sowie an *P. deltoides* (Karolina-Pappel).

Biologie: Die geflügelten Läuse begeben sich zum Sekundärwirt, bei dem es sich um verschiedene wild wachsende Korbblütler (Asteraceae) wie *Sonchus* (Gänsedistel) oder *Lapsana* (Rainkohl) handeln kann, aber auch zum Beispiel um Kulturpflanzen wie *Lactuca sativa* (Grüner Salat). Hier besaugen sie als „Salat-Wurzellaus" die Wurzeln und können dadurch erhebliche Schäden anrichten. Im Herbst entstehen wieder geflügelte Läuse, die zur Pappel zurückfliegen. Die Überwinterung erfolgt als Eier.

10 *Pemphigus populi (= Pemphiginus populi)*

Pappelblattbeulen-Gallenlaus

Aphidoidea (Blattläuse)

Beschreibung: Beutelgalle. Unregelmäßig beulig-kugelige, bis etwa haselnussgroße Galle, die mit ihrer oft zu einem Stiel verlängerten, schmalen Basis blattoberseits auf der Mittelrippe ansetzt. Färbung hell gelblich grün, nicht gerötet.
Vorkommen: An *Populus nigra* (Schwarz-Pappel) und ihrer Kulturform 'Italica' (Pyramiden-Pappel), daneben auch an *P. balsamifera* (Balsam-Pappel) und *P. laurifolia* (Lorbeerblättrige Pappel), nicht häufig.
Biologie: Zwischen Mitte Juni und Mitte August öffnen sich Spalten, durch die die Galle von geflügelten Blattläusen verlassen wird. Diese suchen die Wurzeln des Sekundärwirts auf, entweder *Melilotus altissimus* (Hoher Steinklee), *Lathyrus pratensis* (Wiesen-Platterbse) oder *Medicaga lupulina* (Hopfen-Schneckenklee). Die Rückkehr zum Primärwirt findet im September oder Oktober statt.

11 *Pemphigus populinigrae, Pemphigus phenax, Pemphigus gairi*

Pappelblattrippen-Gallenläuse

Aphidoidea (Blattläuse)

Beschreibung: Beutelgalle. Blattmittelrippe (**B**) oder Blattstiel und Blattbasis (**A**) oberseits zu einer bis zu 25 mm langen und 8 mm dicken, blasenförmigen Galle angeschwollen, diese meist gelb oder rot gefärbt. Sie entsteht durch das Saugen einer Stammmutter an der Unterseite der Mittelrippe und bleibt dort durch einen schmalen Spalt offen. Die drei verschiedenen Arten sind anhand der Gallen nicht unterscheidbar.
Vorkommen: An *Populus nigra* (Schwarz-Pappel) und *P. nigra* 'Italica' (Pyramiden-Pappel) ziemlich häufig, selten an anderen *Populus*-Arten.

Biologie: Zwischen Juni und August wird die Galle von den dunkelgrünen, geflügelten Nachkommen der Stammmutter verlassen. Diese wechseln bei *Pemphigus populinigrae* zu *Gnaphalium-* oder *Filago*-Arten (Ruhrkraut bzw. Filzkraut), bei *P. phenax* zu *Daucus* (Möhre) und bei *P. gairi* zu *Aethusa cynapium* (Hundspetersilie). Dort bringen sie später erneut geflügelte Nachkommen hervor, die wieder zum Primärwirt zurückkehren.

12 *Pemphigus protospirae*

Frühe Pappelblattstieldrehlaus

Aphidoidea (Blattläuse)

Beschreibung: Beutelgalle. Blattstiel mehr als dreimal zu einer innen hohlen Galle aufgedreht, innen mit weiß bepuderten Blattläusen. Glänzend grün, gelblich oder mehr oder weniger rot gefärbt. Entsteht wie bei *P. spyrothecae* (Nr. 13) durch die Saugtätigkeit einer ungeflügelten Stammmutter.

Vorkommen: An *Populus nigra* (Schwarz-Pappel), seltener an 'Italica' (Pyramiden-Pappel), viel seltener als *Pemphigus spyrothecae*, in Südeuropa häufiger (Fotos aus Südfrankreich).

Biologie: Die Galle öffnet sich zwischen Ende Mai und Anfang Juli. Geflügelte Läuse verlassen die Galle durch den sich zwischen den Windungen öffnenden Spalt. Sie suchen als Sekundärwirt eine am Wasser wachsende Doldenblütlerart (Apiaceae) wie Schmalblättriger Merk (*Berula erecta*), Großer Merk (*Sium latifolium*), Knotenblütiger Sellerie (*Apium nodiflorum*), Großer Wasserfenchel (*Oenanthe aquatica*) auf und entwickeln sich dort an den Blattscheiden. Im September oder Oktober kehren sie an den Primärwirt zurück.

13 *Pemphigus spyrothecae*

Pyramidenpappel-Spiralgallenlaus, Späte Pappelspiral-Gallenlaus, Späte Pappelblattstieldrehlaus

Aphidoidea (Blattläuse)

Beschreibung: Beutelgalle. Blattstiel zwei- bis dreimal zu einer innen hohlen Spirale gedreht (**A**), darin gelbgrüne Blattläuse mit flockigen, weißen Wachsausscheidungen (**B**). Gallen oft in großer Zahl dicht benachbart (**C**). Galle meist grün mit weißen Punkten, normalerweise nicht oder nur wenig gerötet. Die Galle öffnet sich durch Lockerung der spiraligen Aufrollung.
Vorkommen: An *Populus nigra* 'Italica' (Pyramiden-Pappel) ziemlich häufig, seltener an *P. nigra* (Schwarz-Pappel).
Biologie: Die Galle öffnet sich ab Juli und entlässt geflügelte Blattläuse. Diese setzen sich an anderer Stelle des Wirtsbaumes fest. Sie gebären ungeflügelte Geschlechtstiere, die nach der Paarung Eier ablegen. Aus diesen schlüpfen nach der Überwinterung wiederum ungeflügelte Stammmütter, die durch ihre Saugtätigkeit erneut die Gallbildung an den Blattstielen bewirken. Ein Wirtswechsel findet nicht statt.

Anmerkung: Bei dieser Gallenlaus gibt es Larven, die als Soldaten die Galle gegen Feinde verteidigen. Dazu positionieren sie sich am Ausgang und greifen Eindringlinge direkt an. Diese Larven transportieren außerdem die von Wachs eingehüllten Honigtautröpfchen sowie tote Artgenossen und Häutungshüllen nach außen.

14 *Pemphigus vesicarius (= Pemphiginus vesicarius)*

Pappel-Beulengallenlaus

Aphidoidea (Blattläuse)

Beschreibung: Beutelgalle. An der Basis junger Triebe bis über 4 cm große Galle mit zahlreichen blasigen bis fingerförmigen Fortsätzen (**A, B**). Färbung grün oder gelblich, oft mehr oder weniger rot. Im Innern gelbgrüne Blattläuse mit Wachsausscheidungen (**C**). Bei der Reife öffnen

A

B

C

sich alle Gallenfortsätze am Ende trichterförmig, sodass das ganze Gebilde jetzt an eine Art Dudelsack erinnert. Zugleich verliert die Galle schnell ihre Farbe und wird jetzt unscheinbar bräunlich.

Vorkommen: An *Populus nigra* (Schwarz-Pappel) und der in Gärten kultivierten *P. suaveolens* (Sibirische Balsam-Pappel). Im Mittelmeergebiet weit verbreitet, nördlich bis Südtirol (Fotos aus dem Etschtal) und ins Wallis, in Mitteleuropa fehlend.

Biologie: Gallenöffnung im Mai, Juni oder Juli. Die geflügelten Läuse, die die Galle verlassen, fliegen zu ihrem Sekundärwirt *Colutea arborescens* (Gewöhnlicher Blasenstrauch). Dort bilden sie Kolonien im unteren Bereich und an den Stämmen.

15 *Thecabius affinis*

Pappel-Blattrandfaltengallenlaus

Aphidoidea (Blattläuse)

Beschreibung: Meist beide Hälften der Blattspreite nach unten geklappt und eine taschenartig aufgeblähte Galle mit gelben oder roten Verdickungen bildend (**A**). Im Innern grünlich gefärbte Blattläuse. Kurz nach dem Blattaustrieb beginnt die aus einem überwinterten Ei geschlüpfte Stammmutter unter dem Rand eines Blattes zu saugen. Dieser rollt sich daraufhin nach unten und verfärbt sich rot (**B**). Ihre Larven verlassen diese Blattrandgalle und wandern zur Unterseite der Mittelrippe, wo ihre Saugtätigkeit zur Entstehung der taschenförmigen Blattgalle führt.

Vorkommen: An *Populus nigra* (Schwarz-Pappel), seltener an ihrer Zuchtform ‚Italica' (Pyramiden-Pappel), gebietsweise nicht selten.

Biologie: Bis zum Sommer entwickeln sich geflügelte Läuse in den Gallen, die zu *Ranunculus*-Arten (Hahnenfuß) wechseln. Hier entstehen wiederum geflügelte Nachkommen, die im Herbst zum Primärwirt zurückfliegen, um dort eine weitere Generation zu erzeugen, die hier die überwinternden Eier ablegt.

16 *Saperda populnea*
Kleiner Pappelbock
Cerambycidae (Bockkäfer)

Beschreibung: Bis zu 25 mm lange, kugelige bis eiförmige Anschwellung dünnerer (bis etwa fingerdicker) Zweige (**A**). Außen mit u-förmiger Furche, von der einige Querfurchen eingerahmt werden, innen mit gelblich weißer Käferlarve.

Vorkommen: Vorwiegend an *Populus tremula* (Zitter-Pappel), seltener auch an *Salix*-Arten (Weiden), ziemlich häufig.

Biologie: Entwicklung in Mitteleuropa zweijährig, im Süden einjährig. Imago im Mai und Juni, Kopf und Halsschild gelb und schwarz längs gestreift, Flügeldecken fein gelb und grau gefleckt, mit jeweils 4 oder 5 regelmäßig angeordneten, gelben Punkten. Das Weibchen frisst vor der Eiablage zunächst eine Hälfte der u-förmigen Furche (**B**), anschließend die ersten Querfurchen, dann die zweite Hälfte der Nagefigur, um schließlich in der Mitte der beiden Schenkel das Eiloch zu nagen, in das die Eiablage erfolgt (**C**). In den so entstandenen Furchen (**D**) bildet sich Wundkallus, der auch zur Gallbildung führt und als erste Larvennahrung dient. Später geht die Larve tiefer ins Zweiginnere.

Anmerkung: Der Käfer wird hier als Beispiel für viele sich in dünnen Zweigen entwickelnde Arten erwähnt. Eine ganze Reihe weiterer Vertreter der Cerambycidae (Bockkäfer) und Buprestidae (Prachtkäfer) zeigen eine vergleichbare Entwicklungsweise mit zum Teil ähnlichen Zweigverdickungen durch die Fraßtätigkeit ihrer Larven.

17 *Paranthrene tabaniformis*

Kleiner Pappel-Glasflügler, Bremsenschwärmer

Sesiidae (Glasflügler)

Beschreibung: Unregelmäßig geformte, oft wulstige Verdickungen finger- bis knapp armdicker Zweige, in denen eine unbehaarte, gelblich weiße, schwarzköpfige Schmetterlingsraupe lebt. Vor dem Schlupf des Falters schiebt sich die Puppe durch ein zuvor von der Raupe genagtes Schlupfloch nach außen und ist später als leere Hülle noch längere Zeit zu erkennen (**A**).
Vorkommen: An *Populus*-Arten verbreitet, besonders in den Stockausschlägen von abgesägten alten Bäumen, seltener auch an *Salix*-Arten (Weiden).
Biologie: Entwicklung zwei- bis dreijährig. Die erwachsenen Raupen überwintern und ruhen meistens mit dem Kopf nach unten im Fraßgang. Falter von Mai bis Juli, ausgesprochen wespenähnlich (Mimikry), mit glasartig durchsichtigen Hinterflügeln und grauen, bläulich schillernden Vorderflügeln, die nur dünn schwarzgrau und gelb beschuppt sind, Flügelspannweite bis zu 32 mm. Hinterleib mit schmalen, gelben Binden **(B)**.
Anmerkung: Die Schmetterlingsfamilie der Glasflügler entwickelt sich mit verschiedenen Arten zum Teil in den Zweigen von Bäumen und Sträuchern und erzeugt dabei oft gallenartige Verdickungen.

A

B

18 *Contarinia petioli (= Syndiplosis petioli)*

Zitterpappelblattstiel-Gallmücke, Pappelblattstiel-Gallmücke

Cecidomyiidae (Gallmücken)

Beschreibung: Annähernd kugelige (am Ende zum Teil konisch verschmälerte), dickwandige, bis zu 8 mm große Anschwellung am Blattstiel oder an der Spreitenbasis, seltener an Jungtrieben oder auf der Blattfläche, oft zu mehreren zusammenfließend. Oft gerötet. Im Innern mit einer oder mehreren orangefarbenen Larven.

Vorkommen: An *Populus tremula* (Zitter-Pappel) ziemlich häufig, seltener an *P. alba* (Silber-Pappel).

Biologie: Eine Generation im Jahr. An der reifen Galle entsteht seitlich eine runde Öffnung, durch die die Larve nach außen gelangt. Sie überwintert im Boden und verpuppt sich auch dort.

19 *Harmandiola cavernosa*

Pappelblattkugel-Gallmücke

Cecidomyiidae (Gallmücken)

A

Beschreibung: Dickwandige, kugelige oder eiförmige, etwa 5 mm große Galle an der Blattunterseite (**A**), oberseits nur etwas über die Blattfläche hinausragend und hier mit einer länglichen, von einem lippenförmigen Wall umgebenen Öffnung (**B**). Färbung blassgrün oder gerötet. Im Innern eine orangefarbene bis hellbraune Larve. Verlassene Gallen schwarzbraun, Schlitz auf der Blattoberseite deutlich.

Vorkommen: An *Populus tremula* (Zitter-Pappel) nicht selten, daneben auch an *P. alba* (Silber-Pappel), *P. canescens* (Grau-Pappel).
Biologie: Eine Generation im Jahr. Die Larve überwintert im Boden.

20 *Harmandiola tremulae*

Dickwandige Pappelkugel-Gallmücke, Espen-Gallmücke

Cecidomyiidae (Gallmücken)

Beschreibung: Dickwandige, kugelige, einkammerige Galle von 3–4 mm Durchmesser auf der Blattoberseite, bei der Reife dunkelrot glänzend. Auf der Blattunterseite eine von einem schwachen Ringwall umgebene Öffnung. Im Innern eine orangerote Larve.
Vorkommen: An *Populus tremula* (Zitter-Pappel), ziemlich häufig.
Biologie: Eine Generation im Jahr. Die Larve überwintert im Boden.

Potentilla Fingerkraut

1 *Phyllocoptes parvulus*

Fingerkrautfilz-Gallmilbe

Eriophyoidea (Gallmilben)

Beschreibung: Filzgalle. Besonders die Unterseite der Blattfläche, daneben oft aber auch die Blattoberseite (siehe Bild), die Blattstiele, die Stängel oder die Kelchblätter mit einer flächigen, weißfilzigen Behaarung.
Vorkommen: An *Potentilla tabernaemontani* (Frühlings-Fingerkraut), auch an anderen Arten der Gattung, nicht häufig.

2 *Diastrophus mayri*

Cynipidae (Gallwespen)

Beschreibung: Spross vorwiegend im oberen Bereich der Pflanze mit einer spindelförmigen, 1–3 cm langen und bis zu 1,5 cm dicken Anschwellung. Diese mit unregelmäßig höckeriger Oberfläche, innen mit zahlreichen Larvenkammern, in denen sich jeweils eine Wespenlarve aufhält.
Vorkommen: An *Potentilla argentea* (Silber-Fingerkraut), *P. heptaphylla* (Rötliches Fingerkraut), ziemlich selten.
Biologie: Die Larven verpuppen sich in der Galle.

3 *Xestophanes potentillae*

Kriechstängel-Gallwespe

Cynipidae (Gallwespen)

Beschreibung: Gallen einzeln, kugelig, 2–3 mm im Durchmesser, oft perlschnurartig aneinandergereiht oder zu länglichen, vielkammerigen Komplexen zusammenfließend, an der kriechenden Achse von Ausläufern oder seltener an Blattstielen. Braun oder (an Blattstielen) grün gefärbt, je Gallenkammer mit einer Larve.

Vorkommen: An *Potentilla reptans* (Kriechendes Fingerkraut), ziemlich selten, nur in manchen Jahren häufiger.

Prunus Kirsche Pflaume Pfirsich

1 *Agrobacterium tumefaciens*

Bakterienkrebs

Bacteria (Bakterien)

Beschreibung: Aus der Rinde meist am Stamm oder Stammfuß hervorbrechende, rundliche Wucherung, die bis über Kopfgröße erreichen kann. Färbung ähnlich wie die Rinde oder etwas dunkler, Oberfläche mehr oder weniger rissig rau, oft mit Gummiausscheidungen des Baumes. Wucherung im Innern ohne Kammern. Wächst über viele Jahre.

Vorkommen: An *Prunus avium* (Süß-Kirsche), daneben auch an verschiedenen anderen Pflanzen (zum Beispiel S. 54, 242 f., 362 f.).

Biologie: Die Erreger gelangen über Wunden in die Rinde und lösen dort die Wucherungen aus. Außer Kallusgewebe bildet die Kirsche auch mehr oder weniger große Mengen an Gummi, um den Erreger abzuschotten. Hierbei verflüssigen sich Zellen oder Gewebekomplexe zu einem Gemisch, das hauptsächlich aus Mehrfachzuckern und Pflanzensäuren besteht.

2 *Taphrina deformans*

Pfirsich-Kräuselkrankheit

Taphrinales (Wucherlinge)

Beschreibung: Blattspreite blasig aufgewölbt und verdreht oder gekräuselt, manchmal auch die Zweige verkürzt, sodass die Blätter an den Zweigspitzen etwas verdichtet sind. Veränderte Bereiche grün, gelblich oder leuchtend rot gefärbt. Gallgewebe brüchig und deutlich verdickt, später vorwiegend auf der Unterseite, daneben aber auch auf der Oberseite mit weißlichem Reif bedeckt.

Vorkommen: An *Prunus persica* (Pfirsich), häufig.

Biologie: Im zeitigen Frühjahr zerfallen auf Zweigen und Knospen überwinternde Zellketten in einkernige Zellen. Erst wenn sich durch Vereinigung gegensätzlicher Partner zweikernige Zellen (Dikaryon) gebildet haben, keimt ein Schlauch, der die Blätter infizieren kann. Die Pilzhyphen wachsen dort zwischen den Zellen. Zwischen Mitte Mai und Anfang Juni brechen die Asci zwischen den Epidermiszellen hervor und sorgen so für den reifartigen Belag. Die abgeschleuderten Ascosporen sprossen auf Zweigen wieder mit einkernigen Zellketten, die in diesem Stadium saprobiontisch von abgestorbenem Material leben.

Anmerkung: Für die Kräuselkrankheit an *P. serotina* (Späte Traubenkirsche) ist die nah verwandte Art *Taphrina farlowii* verantwortlich. Sie ist ein seit 2005 bei uns auftretender Neomyzet aus Nordamerika, woher auch die Späte Traubenkirsche als Neophyt stammt.

3 *Taphrina padi*

Traubenkirschen-Narrentasche

Taphrinales (Wucherlinge)

Beschreibung: Früchte ähnlich deformiert wie bei der nächsten Art, zu länglich-schlauchförmigen, am Ende zugespitzten Gallen umgewandelt, an deren Spitze meist noch der Rest des Griffels erkennbar ist. Anfangs grünlich, später hellgelbbraun und schließlich fast schwarz gefärbt.

Vorkommen: An *Prunus padus* (Gewöhnliche Traubenkirsche), häufig.

4 *Taphrina pruni*

Pflaumen-Narrentasche

Taphrinales (Wucherlinge)

Beschreibung: Die Frucht entwickelt sich zu einem mehr oder weniger stark vergrößerten, schlauchförmigen, abgeflachten und innen hohlen Gebilde, das zunächst hellgrün ist, sich später dunkel verfärbt und lange hängen bleibt. Auf der Oberfläche im späten Frühjahr ein grauer Reif. Gelegentlich können auch die Triebe verkrüppelt sein und schmale, verkümmerte Blätter tragen.

Vorkommen: An *Prunus domestica* (Pflaume), *P. cerasifera* (Kirschpflaume) und *P. spinosa* (Schlehe), häufig.

Biologie: Bei dieser Art brechen die Asci zwischen den Epidermiszellen der jungen Früchte hervor und bilden dort den grauen Reif. Kühles, regnerisches Wetter zwischen Austrieb und Blütezeit begünstig die Infektion, die über die Fruchtknoten zur Zeit der Blüte erfolgt.

Anmerkung: Die Früchte werden ungenießbar, sind aber nicht giftig.

5 *Taphrina wiesneri (= Taphrina cerasi)*

Hexenbesen der Kirsche, Kirschen-Kräuselkrankheit

Taphrinales (Wucherlinge)

Beschreibung: Kaum verdickte, rosafarbene Blätter treiben im Frühjahr früher aus, an den betroffenen Zweigen keine Blüten. Zweige an der Basis bogig abwärts gekrümmt und dann steil aufsteigend, oft Hexenbesen bildend.

Vorkommen: An *Prunus avium* (Süß-Kirsche), seltener *P. cerasifera* (Kirschpflaume), *P. cerasus* (Sauer-Kirsche), *P. fruticosa* (Steppen-Kirsche), *P. padus* (Gewöhnliche Traubenkirsche).

Biologie: Die Infektion findet über die Knospen statt. Die Asci entstehen bei dieser Art auf den Blattunterseiten.

6 *Eriophyes padi*

Eriophyoidea (Gallmilben)

Beschreibung: Beutelgalle. Gallen oft in großer Zahl auf einem Blatt, meist entlang der Blattadern, fast nur auf der Oberseite, horn- oder stiftförmig und bis etwa 4 mm lang. Selten auch auf der Unterseite, am Blattstiel oder an jungen Trieben. Grünlich oder gelblich gefärbt, unterseits mit einer Öffnung, die durch Haare verschlossen ist.

Vorkommen: An *Prunus padus* (Gewöhnliche Traubenkirsche), häufig.

7 *Eriophyes prunispinosae*

Schlehenbeutel-Gallmilbe

Eriophyoidea (Gallmilben)

Beschreibung: Beutelgalle. Gallen besonders am Rand der Blätter und hier vor allem auf der Unterseite, beutelförmig oder länglich. Färbung grün oder rot. Öffnung meist auf der Blattoberseite, von Haaren verschlossen.

Vorkommen: An *Prunus spinosa* (Schlehe), sehr häufig.

Ähnlich: An *Prunus domestica* (Pflaume) die sehr ähnlichen Gallen von *Eriophyes similis* (Pflaumenbeutel-Gallmilbe).

8 *Brachycaudus helichrysi*

Kleine Pflaumenblattlaus, Grüne Zwetschgenblattlaus

Aphidoidea (Blattläuse)

Beschreibung: Blätter stark gekräuselt, eingerollt und verkrüppelt, oft mehr oder weniger gelblich verfärbt. Im Innern im Frühjahr mit blassgrünen Blattläusen.

Vorkommen: An *Prunus domestica* (Pflaume, Zwetschge, Mirabelle), *P. spinosa* (Schlehe) häufig.
Biologie: Die Läuse saugen zuerst an den Knospen, später an den austreibenden Blättern. Im Mai wechseln geflügelte Tiere zu den Nebenwirten, zu denen Süßgräser (Poaceae), Korbblütler (Asteraceae) und Kartoffel (*Solanum tuberosum*) gehören. Ab September entstehen dort wieder geflügelte Läuse, die zu den Bäumen zurückfliegen.
Anmerkung: Die Läuse können Viren wie das Kartoffelmosaikvirus und das Scharka-Virus der Zwetschgen übertragen.

9 *Putoniella pruni*

Schlehenblattfalten-Gallmücke, Pflaumenblatt-Gallmücke

Cecidomyiidae (Gallmücken)

Beschreibung: Mittelrippe oder Seitennerv des Blattes unterseits mit einer schlauchförmigen, bis zu 4 cm langen, kahlen Tasche, oberseits mit schmaler Spalte, die sich später öffnet. Galle grün, gelblich oder leuchtend rot gefärbt und ziemlich dickwandig. Innen mit mehreren gelben bis roten Mückenlarven.
Vorkommen: An *Prunus spinosa* (Schlehe), ziemlich häufig, seltener an anderen Arten der Gattung.
Biologie: Imagines erscheinen besonders im April und Mai. Die Larven fressen im Mai und Juni in den Gallen. Anschließend lassen sie sich auf den Boden fallen und überwintern im Boden.

Pseudotsuga Douglasie

1 *Contarinia pseudotsugae*

Douglasien-Gallmücke

Cecidomyiidae (Gallmücken)

Beschreibung: Nadeln verbogen, im Biegungsbereich gelb oder braun, mit einer leichten Anschwellung. In dieser eine winzige orangefarbene Gallmückenlarve. Anschwellung und Biegung auch unauffällig, dann nur an der Verfärbung der Nadeln und der Larve im Innern zu erkennen. Bei starkem Befall können alle Nadeln abfallen, Triebe absterben und junge Bäume verkümmern.

Vorkommen: An *Pseudotsuga menziesii* (Douglasie).

Biologie: Eine Generation im Jahr. Die Larven überwintern im Boden und verpuppen sich im Frühjahr. Die orange gefärben Imagines leben nur wenige Tage. Nach der Paarung legen die weiblichen Gallmücken ihre orangefarbenen Eier mittels einer Legeröhre in die Nadeln. Im

Herbst verlassen die Larven die Nadeln durch dreieckige Öffnungen. Sie lassen sich zu Boden fallen, sofern die Nadeln bis zu diesem Zeitpunkt nicht bereits abgefallen sind und auf dem Boden liegen.

Anmerkung: Die Art stammt aus Nordamerika und tauchte in Europa als Neozoon 2015 erstmals in den Niederlanden und in Belgien auf. 2016 wurde sie in Deutschland, hier zuerst in Baden-Württemberg, nachgewiesen, 2017 in Frankreich. Sie wird besonders über den Transport befallener Jungbäume, Zweige und Erde verbreitet. Eine weitere Ausbreitung und Schädigung von Bäumen wird erwartet, sodass die Art 2016 in die Warnliste (Alert List) der EPPO (European and Mediterranean Plant Protection Organization) aufgenommen wurde.

Pyrus Birne

1 *Gymnosporangium sabinae*

Birnen-Gitterrost

Pucciniales (Rostpilze)

Beschreibung: Auf der Blattoberseite rostrote, bis über 10 mm große rundliche Flecke (**A**), auf denen ab Mai winzige pustelförmige Erhebungen, die Spermogonien, entstehen. Ab Mitte Juli unterseits an den gleichen Stellen halbkugelige, orangefarbene und bis etwa 5 mm hohe Anschwellungen, aus denen ab Ende August bis zu 2,5 mm hohe Aecidien wachsen. In diesem Stadium erinnert das Gebilde auf der Blattunterseite an das Euter einer Kuh (**B**). Die Sporenlager öffnen sich mit Längsrissen, bleiben an der Spitze aber verbunden, sodass der Eindruck von Gitterstäben entsteht (Name!).

Vorkommen: An *Pyrus communis* (Kultur-Birne), *P. pyraster* (Wild-Birne) und anderen bei uns wachsenden *Pyrus*-Arten, überall häufig.
Biologie: Jedes Spermogonium (0) setzt die Infektion mit einer Basidiospore voraus. Erst wenn seine Empfängnishyphen ein Spermatium eines anderen sexuellen Typs empfangen haben, entwickeln sich die Aecidien (I). Mit den Aecidiosporen findet ein Wirtswechsel statt. Der zweite Wirt ist *Juniperus sabina* (Sadebaum) oder eine andere in Gärten angepflanzte *Juniperus*-Art (Wacholder) mit schuppenförmigen Blättern (siehe S. 24, 191 f.).
Anmerkung: Der Pilz wächst vielerorts auf den Blättern der Birnbäume. Er richtet aber kaum Schäden an der Birne an, da er an dieser nur lokale Infektionen verursacht und im Herbst mit dem Laub abfällt.

2 *Eriophyes pyri (= Phytoptus pyri)*

Birnenpockenmilbe, Birnenpocken-Gallmilbe

Eriophyoidea (Gallmilben)

Beschreibung: Blasengalle. Flache, pockenartige Erhebungen auf der Blattfläche (**A**). Anfangs winzig, grün, später unregelmäßig, 1–4 mm breit werdend, gelb-rot und schließlich oberseits dunkelgrün und unterseits korkig, schokoladenbraun bis schwarz. Häufig fließen die Pusteln zusammen. Auf der Blattunterseite in jeder Pocke ein kleines Loch (**B**), durch das die Milben in die Gallen eindringen oder diese verlassen können. Gallen anfangs häufig besonders beiderseits der Mittelrippen angeordnet. Bei starkem Befall rollen sich bereits die jungen Blätter längs ein, später sterben die Blätter frühzeitig ab. Manchmal auch Blütenblätter befallen, diese dann mit rötlichen Flecken und unregelmäßig gewölbt. Bei dem selteneren Befall junger Früchte bleiben diese krüppelig und klein und fallen meist vorzeitig ab.
Vorkommen: Auf *Pyrus*-Arten, verbreitet.
Biologie: Die Milben überwintern zwischen Knospenschuppen (Winterweibchen, Deutogyne). Sie saugen im Frühjahr ab Knospenaufbruch und lösen dadurch die Gallbildung aus. Gewöhnlich dringt je ein Weibchen in die sich entwickelnde Galle ein und legt dort bis zu 14 Eier. Aus den daraus schlüpfenden Larven entwickeln sich die Sommerweibchen (Protogyne) der ersten

Generation, der mehrere weitere Generationen folgen. In 10–30 Tagen ist ein Entwicklungszyklus abgeschlossen. Außerhalb der Galle überleben die Weibchen nur wenige Tage. Ab Mitte Sommer entwickeln sich wieder Winterweibchen.

Anmerkung: Besonders das Spätstadium mit den dunklen Flecken führt immer wieder zu Verwechslungen mit Pilzerkrankungen. Starker Milbenbefall, der nach Jahren mit milden Wintern auftritt, kann den Baum schwächen und zu Ertragsausfällen führen. Es ist noch nicht abschließend geklärt, ob ähnliche Pocken auf *Sorbus* (Vogelbeere, Elsbeere, Mehlbeere, siehe S. 399 f.), *Crataegus* (Weißdorn) und *Malus* (Apfel) von einer Unterart der Birnenpockenmilbe verursacht werden oder ob es sich um eigene Arten handelt.

Quercus Eiche

An Eichen kommen sehr viele Arten von Gallenbildnern vor, allen voran Gallwespen. So leben etwa die Hälfte der rund 250 europäischen Gallwespenarten auf Eichen. Obwohl auch zahlreiche Eichenarten aus anderen Kontinenten bei uns in Gärten und Parks stehen, finden sich die Gallen der Gallwespen fast ausschließlich auf heimischen Eichenarten, in Mitteleuropa auf Stiel-Eiche (*Quercus robur*), Trauben-Eiche (*Quercus petraea*), Flaum-Eiche (*Quercus pubescens*) und Zerr-Eiche (*Quercus cerris*), in Südeuropa auf den dort wachsenden immergrünen Arten.

1 *Loranthus europaeus*

Eichenmistel, Europäische Riemenblume

Santalaceae (Sandelholzgewächse)

Beschreibung: Knotige, bis etwa 15 cm starke Verdickung eines Zweiges, aus der eine strauchige Pflanze mit ledrigen, länglich eiförmigen, sommergrünen Blättern herauswächst. Blüten unscheinbar grünlich, Früchte gelb gefärbte Scheinbeeren.

Vorkommen: Vorwiegend auf *Quercus pubescens* (Flaum-Eiche) und *Q. cerris* (Zerr-Eiche), seltener auf anderen *Quercus*-Arten, bisweilen auch auf *Castanea sativa* (Edel-Kastanie). Im Mittelmeergebiet weit verbreitet, nach Norden bis Österreich und ins südliche Ostdeutschland (bei Pirna in Sachsen, dort aber sehr selten).
Anmerkung: Im Unterschied zur wenig wirtsspezifischen, aber nur sehr selten auf Eichen wachsenden immergrünen Laubholz-Mistel (*Viscum album* ssp. *album*, siehe S. 207 f.) ist die Eichenmistel fast nur auf Eichen zu finden und wirft ihre Blätter im Herbst ab.

2 *Aceria cerrea (= Eriophyes cerri)*

Eriophyoidea (Gallmilben)

Beschreibung: Filzgalle. Blattfläche unterseits mit zunächst weißen, später braunen, meist 5–10 mm großen Filzrasen, denen auf der Oberseite beulenartige Emporwölbungen entsprechen (Bild von der Blattunterseite). Orientierung auch umgekehrt, oft auf demselben Blatt. Haare (bei starker Vergrößerung) zum Teil länger und gedreht, zum Teil kürzer und keulenförmig oder zylindrisch.
Vorkommen: An *Quercus cerris* (Zerr-Eiche), in deren natürlichem Verbreitungsgebiet (vom östlichen Mittelmeergebiet bis ins östliche Österreich und nach Südtirol) nicht selten, an in Mitteleuropa gepflanzten Bäumen offenbar nur ganz vereinzelt.

3 *Aceria suberina*

Eriophyoidea (Gallmilben)

Beschreibung: Länglich-beulenförmige, 2–5 mm große, filzig hellgrau behaarte Emporwölbungen auf der Blattunterseite, denen oberseits gelblich entfärbte Flecken entsprechen.
Vorkommen: Auf *Quercus suber* (Kork-Eiche), im Mittelmeergebiet.

Anmerkung: Die Art *Aceria ilicis* bildet ähnliche Gallen an *Quercus ilex* (Stein-Eiche) und *Q. coccifera* (Kermes-Eiche), im Mittelmeergebiet häufig, in Mitteleuropa fehlend.

4 *Asterodiaspis sp.* (= *Asterolecanium sp.*)

Eichen-Pockenschildlaus

Coccoidea (Schildläuse)

Beschreibung: Rinde jüngerer Zweige mit flach grubigen, wulstig umrandeten, etwa 2 mm großen Vertiefungen. Darin rotbraun bis graugrün gefärbte Schildläuse, meist in größerer Zahl dicht beieinander. Drei verschiedene, nur schwer unterscheidbare Arten der Gattung.

Vorkommen: Vorwiegend an *Quercus robur* (Stiel-Eiche), dort häufig, seltener auch an anderen *Quercus*-Arten.

Biologie: Eine Generation im Jahr. Die ausgewachsenen Weibchen überwintern auf der Rinde der Zweige. Ab dem Frühjahr legen sie Eier, aus denen bewegliche Nymphen schlüpfen. Diese setzen sich meist in der Nähe der Mutterlaus an einjährigen Zweigen fest. Durch ihr Saugen bildet das Zweiggewebe die beschriebenen Wucherungen. Männchen sind unbekannt.

5 *Phylloxera glabra*

Stieleichen-Zwerglaus

Aphidoidea (Blattläuse)

Beschreibung: Blattrand der Blattlappen ohrenartig nach unten eingeklappt (**A**). Darunter gelbe Blattläuse oder deren Eier (**B**).

Vorkommen: Vorwiegend an *Quercus robur* (Stiel-Eiche), dort häufig, seltener auch an anderen Laub abwerfenden *Quercus*-Arten.
Biologie: Die Entwicklung findet ohne Wirtswechsel statt. Die befruchteten Eier überwintern in Rindenritzen. Im Frühjahr besiedeln Nymphen die austreibenden Blätter. Nur die Läuse der ersten parthenogenetischen Generation lösen die ohrartigen Gallen aus. Die der späteren Generationen legen ihre gelben Eier in konzentrischen Kreisen auf die Unterseite der Blätter. Sie verursachen durch ihre Saugtätigkeit nur kleine helle Flecken auf den Blättern. Im Herbst entstehen geflügelte Geschlechtstiere.
Anmerkung: Ohne den Blattlappen aufzuschlagen, können die Gallen mit jenen von *Macrodiplosis pustularis* (Nr. 10) verwechselt werden.

6 *Trioza remota*

Eichen-Blattfloh

Psylloidea (Blattflöhe)

Beschreibung: Grubengalle. Blätter oberseits mit etwa 1 mm breiten, gelblich aufgehellten, pockenartigen Aufwölbungen (**A**), denen unterseits Vertiefungen entsprechen. Darin stark abgeflachte, grünlich oder gelblich gefärbte Blattflohlarven mit stabförmigen, weißen Wachsausscheidungen, die rings um den Rand ihres Körpers angeordnet sind (**B**).
Vorkommen: Vorwiegend an *Quercus robur* (Stiel-Eiche) und *Q. petraea* (Trauben-Eiche), ziemlich häufig.
Biologie: Die Gallen können ab Mai auf den Blättern gefunden werden. Etwa im September häuten sich die Larven zu gelblich grün gefärbten, etwa 3 mm großen Blattflöhen (**C**), die bis in den Oktober auf den Eichen bleiben. Sie überwintern im Schutz von immergrünen Pflanzen und kehren im Frühling zu den Eichen zurück, wo die Weibchen im Mai ihre Eier auf die frisch austreibenden Blätter legen.

7 *Stenolechia gemmella*

Eichentriebmotte

Gelechiidae (Palpenmotten)

Beschreibung: Triebspitzen auf bis zu 6 cm Länge um das 2–3-fache verdickt, zum Ende allmählich verschmälert (**A**). Blätter in diesem Bereich vorzeitig welkend. Im Mark eine hellgrau gefärbte Schmetterlingsraupe mit braunem Kopf (**B**). Flügelspannweite des Falters um 10 mm, seine Flügel weiß mit einem unregelmäßigen Muster aus schwarzen Flecken.

Vorkommen: An *Quercus robur* (Stiel-Eiche), *Q. petraea* (Trauben-Eiche) und *Q. pubescens* (Flaum-Eiche), nicht häufig.
Biologie: Die Imagines fliegen von Juli bis September. Die Raupen verpuppen sich meist im Trieb, seltener außerhalb.

8 *Dryomyia circinans*

Cecidomyiidae (Gallmücken)

Beschreibung: Auf der Blattunterseite dick scheibenförmige, meist rundliche und bis zu 6 mm breite, gelb oder grau behaarte Gallen, meist in größerer Zahl beieinander. Auf der Oberseite jeweils eine behaarte, von einem Ringwall umgebene Pore. Gelegentlich auch in umgekehrter Anordnung. In jungem Zustand bilden die Gallen kleine haarige Pusteln. Im Innern jeweils eine Mückenlarve.
Vorkommen: An *Quercus cerris* (Zerr-Eiche), im südosteuropäischen, bis ins östliche Österreich reichenden natürlichen Verbreitungsgebiet der Wirtspflanze ziemlich häufig, in Mitteleuropa sonst fehlend.
Biologie: Eine Generation im Jahr. Ausgewachsene Larven verlassen die Gallen und lassen sich auf den Boden fallen. Dort überwintern sie und verpuppen sich im Frühjahr.

9 *Dryomyia lichtensteinii*

Cecidomyiidae (Gallmücken)

Beschreibung: Auf der Blattunterseite rundliche bis eiförmige, um 4 mm lange, stark behaarte Pusteln. Auf der Oberseite jeweils ein vom einem Ringwall umgebener Schlitz, der etwas an eine Mundöffnung erinnert. Im Innern jeweils eine Mückenlarve. Oft sehr zahlreich auf den Blättern.
Vorkommen: An *Quercus ilex* (Stein-Eiche) und *Q. suber* (Kork-Eiche). Besonders auf der Iberischen Halbinsel, in Frankreich, Italien, dem ehemaligen Jugoslawien, Marokko und Algerien.

Biologie: Eine Generation im Jahr. Die Larven überwintern und verpuppen sich in den Gallen. Die Imagines erscheinen im April und fliegen bis Mitte Mai. Die Weibchen legen ihre roten Eier an Knospen ab. Nach dem Schlupf Ende Mai wandern die jungen Larven auf die neu austreibenden Blätter und lösen dort die Gallbildung aus.

10 *Macrodiplosis pustularis (= Macrodiplosis dryobia)*
Eichenblattrandlappen-Gallmücke, Blattrandlippengalle
Cecidomyiidae (Gallmücken)

Beschreibung: Spitze eines Blattlappens nach unten umgeschlagen und eng an die Unterseite des Blattes gedrückt, dabei etwas verdickt und oft gelb und grün gefleckt. In dieser etwa 10 mm großen, flachen Tasche eine oder mehrere weißliche, später gelblich orange gefärbte Mückenlarven mit grün durchschimmerndem Darm.

Vorkommen: An verschiedenen sommergrünen *Quercus*-Arten, überall häufig.

Biologie: Eine Generation im Jahr. Die ausgewachsenen Larven verlassen die Galle und lassen sich fallen. Die leeren Taschen verbräunen in der Regel früher als der Rest des Blattes. Die Larven überwintern im Boden und verpuppen sich dort im Frühjahr.

Anmerkung: Die Taschen lassen sich leichter aufschlagen als die der folgenden Art. Sie werden oft auch von Tripsen besiedelt. Sitzen gelbe Blattläuse unter den Lappen, handelt es sich um Gallen von *Phylloxera glabra* (Nr. 5).

11 *Macrodiplosis roboris (= Macrodiplosis volvens)*

Eichenblattroll-Gallmücke

Cecidomyiidae (Gallmücken)

Beschreibung: Rollengalle. Blattrand vorwiegend in den Winkel zwischen den Seitenlappen schmal röhrenförmig nach oben (selten nach unten) umgerollt. Rolle etwas verdickt und nur wenig entfärbt, innen mit ein bis drei anfangs weißlichen, später orangegelb gefärbten Mückenlarven.

Vorkommen: An verschiedenen sommergrünen *Quercus*-Arten, überall häufig, nicht selten zusammen mit den Gallen von *M. pustularis* (Nr. 10) auf den gleichen Blättern.

Biologie: Eine Generation im Jahr. Die ausgewachsenen Larven verlassen die Galle und lassen sich fallen. Sie überwintern im Boden und verpuppen sich dort im Frühjahr.

12 *Andricus amenti (= Andricus giraudianus)*

Cynipidae (Gallwespen)

Beschreibung: Unscheinbare, höchstens 2 mm große Galle der bisexuellen Generation an den männlichen Blütenkätzchen (nicht abgebildet). Galle der parthenogenetischen Generation ähnlich der von *A. callidoma* (Nr. 14), aber mit deutlich erkennbarer, kegelförmiger Spitze und oft fehlenden Längsleisten, außerdem mit längeren, rückwärts gerichteten Haaren. Färbung zunächst grün, später rot bis braun.

Vorkommen: An *Quercus robur* (Stiel-Eiche), *Q. petraea* (Trauben-Eiche) und *Q. pubescens* (Flaum-Eiche), im Mittelmeergebiet verbreitet, nach Norden bis Österreich, in Deutschland fehlend.

13 *Andricus aries*

Bockshorn-Gallwespe, Bockshorngalle

Cynipidae (Gallwespen)

Beschreibung: Galle der parthenogenetischen Generation an einer Blattknospe, mit einem eiförmigen, bis zu 6 mm dicken Grundkörper, der eine Larvenkammer enthält, und einem hohlen, seitlich abgeflachten, bis zu 5 cm langen Fortsatz, der spitz ausläuft und oft in zwei Teile aufgespalten ist.

Vorkommen: An *Quercus robur* (Stiel-Eiche), *Q. petraea* (Trauben-Eiche) und *Q. pubescens* (Flaum-Eiche).

Biologie: Die Galle der parthenogenetischen Generation ist von Juli bis Dezember zu finden. Sie reift im August. Die Larve verpuppt sich in der Galle, die Wespe erscheint zwischen August und Oktober oder im April oder Mai des 2. Jahres. Lange Zeit kannte man nur die Galle der parthenogenetischen Generation. Da diese aber stets in der Nähe von *Quercus cerris* (Zerr-Eiche) gefunden wurde, ging man davon aus, dass sich dort eine bisexuelle Generation entwickelt. Zu Beginn dieses Jahrhunderts konnte dann experimentell gezeigt werden, dass die Wespen dort Eier in Achselknospen legen.

Anmerkung: Die Art ist erst seit etwa 1990 aus Deutschland bekannt und seit Beginn des 21. Jahrhunderts in Nordwesteuropa weit verbreitet. Ursprünglich stammt sie aus Südosteuropa.

14 *Andricus callidoma*

Große Eichenspindel-Gallwespe

Cynipidae (Gallwespen)

Beschreibung: Galle der bisexuellen Generation (**A**) an männlichen Blütenkätzchen weit oben im Baum, eiförmig, bis etwa 2 mm lang und mit einem Schopf langer, weißer Haare besetzt. Galle der parthenogenetischen Generation (**B**) lang gestielt an einer Blattknospe. Gallenkörper spindelförmig mit aufgesetzter, kleiner Spitze, grün oder gelblich, außen mit fünf, meist rot gefärbten Längsrippen, je nach Art des Wirtsbaumes mehr oder weniger behaart.

Vorkommen: An *Quercus robur* (Stiel-Eiche), *Q. petraea* (Trauben-Eiche) und *Q. pubescens* (Flaum-Eiche), ziemlich häufig.

Biologie: Die Blütengalle der bisexuellen Generation erscheint im April oder Mai. Die Larven verpuppen sich in den abgefallenen Gallen am Boden. Die Wespe schlüpft bereits im Mai oder Juni. Die Knospengalle der parthenogenetischen Generation ist von Mai bis Oktober sichtbar. Sie reift Ende August. Die Larve verpuppt sich in der abgefallenen Galle am Boden. Die Wespe dieser Generation schlüpft erst im nächsten oder übernächsten Frühjahr.

15 *Andricus caputmedusae*

Medusenhaupt-Gallwespe, Medusengalle

Cynipidae (Gallwespen)

Beschreibung: Galle der parthenogenetischen Generation seitlich am Fruchtbecher der Eichel. Grundkörper dick scheibenförmig, rot gefärbt, in der Mitte mit einer bis zu 5 mm großen, durch eine Querwand geteilten Larvenkammer (diese aber nur mit einer Larve) sowie mit zahlreichen geschlängelten und baumförmig verzweigten Fortsätzen, diese zunächst grün, später gelblich oder rot und schließlich braun gefärbt.

Vorkommen: An vielen verschiedenen Laub abwerfenden und immergrünen *Quercus*-Arten. Im Mittelmeergebiet ziemlich häufig, vereinzelt auch in Österreich, in Deutschland fehlend.

Anmerkung: Von dieser seit langer Zeit gut bekannten Galle (sie wird auf einer der ältesten Abbildungen einer Galle aus dem 17. Jahrhundert dargestellt) ist nur die parthenogenetische Generation der Wespe bekannt. Es erscheint daher gut möglich, dass sich diese Gallwespe tatsächlich ausschließlich parthenogenetisch vermehrt.

16 *Andricus conificus*

Konusgalle

Cynipidae (Gallwespen)

Beschreibung: Galle der parthenogenetischen Generation meist auf einer ruhenden Knospe auf Zweigen oder am Stamm, rundlich kegelförmig, 10–12 mm hoch und an der Basis ebenso breit. Oberfläche in frischem Zustand weißgrau behaart, außerdem mit einer netzförmigen, roten bis dunkelvioletten Zeichnung, später holzig.
Vorkommen: An *Quercus robur* (Stiel-Eiche), *Q. petraea* (Trauben-Eiche), *Q. pubescens* (Flaum-Eiche) und einigen mediterranen *Quercus*-Arten. Im Mittelmeergebiet weit verbreitet, vereinzelt bis nach Österreich, in Deutschland fehlend.
Biologie: Die Imagines schlüpfen im Frühjahr. Eine bisexuelle Generation dieser Art ist unbekannt.

17 *Andricus coriarius*

Cynipidae (Gallwespen)

Beschreibung: Galle der parthenogenetischen Generation an den Seitenknospen von jungen Zweigen, unregelmäßig rundlich oder oval, 10–20 mm groß, oben mit 5–10 mm langen, seitlich abgeflachten und hornförmig gekrümmten, am Ende zugespitzten Fortsätzen. Färbung zunächst grün, später oft mehr oder weniger gerötet, schließlich braun. Innen zahlreiche Larvenkammern mit jeweils einer Wespenlarve.
Vorkommen: An *Quercus robur* (Stiel-Eiche), *Q. petraea* (Trauben-Eiche), *Q. pubescens* (Flaum-Eiche) und einigen mediterranen *Quercus*-Arten. Im Mittelmeergebiet weit verbreitet, vereinzelt bis nach Österreich, seit 1993 auch in Deutschland nachgewiesen.
Biologie: Von dieser Gallwespe ist nur die parthenogenetische Generation bekannt.

18 *Andricus coronatus*

Cynipidae (Gallwespen)

Beschreibung: Galle der parthenogenetischen Generation vor allem an Seitenknospen vorjähriger Zweige. Gallenkörper etwas breiter als hoch, mit einer scheiben- oder becherförmigen, bis zu 15 mm breiten Endplatte. Diese seitlich mit meist mehr als fünf 5–8 mm langen, abgeflachten und zugespitzen Fortsätzen, die meist strahlenförmig nach außen gerichtet sind. Färbung zunächst gelb oder rötlich, später braun, verholzt. Innenraum mit einer eiförmigen Innengalle.

Vorkommen: An *Quercus robur* (Stiel-Eiche), *Q. petraea* (Trauben-Eiche), *Q. pubescens* (Flaum-Eiche) und einigen mediterranen *Quercus*-Arten. Im Mittelmeergebiet weit verbreitet, vereinzelt bis nach Österreich, in Deutschland fehlend.

Biologie: Auch von dieser Gallwespe kennt man bisher nur die parthenogenetische Generation.

Ähnlich: Die Galle der parthenogenetischen Generation der ähnlichen, ebenfalls mediterran verbreiteten *A. polycerus* ist etwas höher als breit und trägt am Ende nur 3–5 zugespitzte Fortsätze.

19 *Andricus corruptrix*

Cynipidae (Gallwespen)

Beschreibung: Galle der bisexuellen Generation (**A**) meist einzeln an Knospen vorjähriger Zweige, eiförmig und nach oben zugespitzt, etwa 2 mm groß, gelblich bis hellbraun gefärbt. Galle der parthenogenetischen Generation (**B**) an einer Zweigspitze, oft an Stockausschlägen, nicht aus einer Knospe, sondern aus dem Achsengewebe gebildet. Glänzend braun und holzig, etwa 4 mm im Durchmesser und mit 1–5 buckligen, oben etwas gefurchten Höckern, oben in der Mitte oft mit einer winzigen, zerfransten Rosette.

Vorkommen: Bisexuelle Generation an *Quercus cerris* (Zerr-Eiche), parthenogenetische Generation an *Q. robur* (Stiel-Eiche), *Q. petraea* (Trauben-Eiche), *Q. pubescens* (Flaum-Eiche) sowie an mediterranen Arten der Gattung, anscheinend nicht selten, aber sehr schwer zu finden.

Biologie: Die Knospengalle der bisexuellen Generation ist von Februar bis Juni sichtbar. Sie reift im späten März. Die Larven verpuppen sich in der Galle auf dem Baum. Die Wespen schlüpfen ab Mitte April bis Juni. Die Zweiggalle der parthenogenetischen Generation entwickelt sich ab Mai. Die Larven verpuppen sich in der Galle auf dem Baum. Die Wespen verlassen die Gallen im Oktober des 1. Jahres oder im Frühjahr oder Sommer des Folgejahres.

20 *Andricus curvator*

Knorpelige Eichenblasen-Gallwespe, Eichenkragen-Gallwespe
Kragengalle (bisexuell)
Cynipidae (Gallwespen)

Beschreibung: Galle der bisexuellen Generation an verschiedenen Organen der Wirtspflanze. Meistens an Blättern und hier als knorpelige, harte Anschwellung von der Größe einer Erbse, die auf beiden Blattseiten in gleicher Weise hervortritt. Oft zu mehreren auf einem Blatt und dann nicht selten zu größeren Komplexen zusammenfließend (**A**). Im Innern ein geräumiger Hohlraum mit einer anfangs gelblich weißen, später braunen, pergamentartigen und etwa 2 mm großen, eiförmigen Innengalle, die an einem dünnen Faden befestigt ist und die Larve umschließt (**B**). Öfters auch als einseitige Anschwellung junger Zweige, wodurch diese deutlich gekrümmt werden (**C**). Auch hier mit der typischen, pergamentartigen Innengalle. Selten

auch zum Beispiel an weiblichen Blüten. Galle der parthenogenetischen Generation (**D**) in der Knospe eines jungen Triebes, zugespitzt eiförmig und 3–4 mm lang, nur mit der Spitze zwischen den Knospenschuppen hervorragend, grünlich oder braun mit ebenso gefärbter Spitze, davor einem weißen Ring.

Vorkommen: An *Quercus robur* (Stiel-Eiche), *Q. petraea* (Trauben-Eiche) und *Q. pubescens* (Flaum-Eiche), sehr häufig, aber Galle der parthenogenetischen Generation sehr schwer zu finden.

Biologie: Die Galle der bisexuellen Generation erscheint ab dem Blattaustrieb. Die Larve verpuppt sich in der Galle auf dem Baum. Die Wespe schlüpft zwischen Mai und August. Die Galle der parthenogenetischen Generation erscheint im August oder September und fällt im Oktober zu Boden. Dort verpuppt sich die Larve. Die Wespe schlüpft im März oder April des nächsten Frühjahrs.

Anmerkung: Diese Gallen sind besonders häufig an Stammausschlägen zu finden, oft in Kopfhöhe.

B

C

D

21 *Andricus dentimitratus*

Cynipidae (Gallwespen)

Beschreibung: Galle der parthenogenetischen Generation bis zu 25 mm hoch und 20 mm breit, auf dem Fruchtbecher einer Eichel sitzend und diesen mit dem halbkugelig-glockenförmigen unteren Teil, der nach unten in mehrere schmale Zipfel ausläuft, umgreifend. Mittlerer Gallenteil verschmälert und zylindrisch geformt, innen mit einem Hohlraum, in dem sich eine pergamentartige Innengalle mit der Wespenlarve befindet. Oberer Gallenteil scheibenförmig, mit zahlreichen zugespitzten, flach ausgebreiteten Fortsätzen, an ein Zahnrad erinnernd. Die ganze Galle mit klebriger Oberfläche, vor allem der obere Teil, und leuchtend karminrot bis dunkelrot gefärbt.

Vorkommen: An verschiedenen Laub abwerfenden *Quercus*-Arten, daneben auch an immergrünen. Im Mittelmeergebiet, vereinzelt bis Österreich, in Deutschland fehlend.

Biologie: Gallenreife im September. Die Wespe schlüpft wenig später oder im nächsten Frühjahr. Eine bisexuelle Generation dieser Art ist nicht bekannt.

A

22 *Andricus foecundatrix*

Eichenrosen-Gallwespe
Eichenrosengalle (parthenogenetisch)
Cynipidae (Gallwespen)

Beschreibung: Galle der bisexuellen Generation (**A**) an männlichen Blütenkätzchen, eiförmig und etwa 2 mm lang, locker behaart. Zuerst grün, später braun gefärbt. Bis zum

Schlüpfzeitpunkt bleibt das Kätzchen grün und am Zweig hängen. Knospengalle der parthenogenetischen Generation (**B**) ähnlich einem Hopfenfruchtstand, aus der Spitzen- oder Seitenknospe eines Zweiges entstanden. Zahlreiche runde, hellgrün gefärbte und rotbraun gerandete Knospenschuppen umhüllen eine etwa 4 mm lange, harte Innengalle (**C**) mit der darin befindlichen Wespenlarve.

Vorkommen: An *Quercus robur* (Stiel-Eiche), *Q. petraea* (Trauben-Eiche) und *Q. pubescens* (Flaum-Eiche), sehr häufig, aber Galle der bisexuellen Generation sehr schwer zu finden.

Biologie: Die Galle der bisexuellen Generation erscheint im Mai, die Wespe schlüpft im Mai oder Juni. Die Galle der parthenogenetischen Generation entwickelt sich von Juni bis September. Sie öffnet sich bei der Reife im September oder Oktober nach Art einer Rosenblüte. Dann fällt die Innengalle zu Boden. In dieser verpuppt sich sie Larve. Die Wespe schlüpft im nächsten Frühjahr.

23 *Andricus gallaeurnaeformis*

Cynipidae (Gallwespen)

Beschreibung: Galle der bisexuellen Generation (nicht abgebildet) im Innern des Blattgewebes, rundlich, etwa 3 mm im Durchmesser und 1 mm hoch, zunächst grün, später bräunlich. Galle der parthenogenetischen Generation meist zu mehreren auf der Unterseite eines nach unten eingekrümmten Blattes. Tonnenförmig, ca. 3 mm hoch, bei etwa einem Drittel der Höhe am breitesten, am oberen Ende deutlich vertieft, hier in der Mitte mit einem Höcker und außen mit einem deutlichen, meist rot gefärbten Randwulst.

Vorkommen: Bisexuelle Generation an *Quercus pubescens* (Flaum-Eiche), *Q. robur* (Stiel-Eiche) oder *Q. frainetto* (Ungarische Eiche), parthenogenetische Generation außerdem auch an *Q. cerris* (Zerr-Eiche). Im Mittelmeergebiet ziemlich häufig, nach Norden bis Österreich, in Deutschland fehlend.

Biologie: Die Galle der bisexuellen Generation reift im Frühjahr, die Wespe schlüpft im Juni. Die Galle der parthenogenetischen Generation fällt bei der Reife im Herbst ab und entlässt im folgenden Frühjahr die Wespe.

24 *Andricus gemmeus*

Cynipidae (Gallwespen)

Beschreibung: Galle der bisexuellen Generation meist in einem stark verkürzten und zwiebelartig verdickten Neutrieb, Blätter dabei teilweise reduziert, teilweise aber auch normal entwickelt (**A**, linke Bildhälfte). Bis etwa 10 mm lang und 5 mm dick, im Innern eine mit einer braunen Kapsel umgebene Larvenkammer. Diese Galle oft auch in einem männlichen Blütenkätzchen,

dieses entweder mit kugelig verdickter Kätzchenspindel oder das Kätzchen ganz zu einer außen mit Staubgefäßen besetzten Kugel reduziert (**A**, rechte Bildhälfte). Galle der parthenogenetischen Generation (**B**, **C**) einzeln oder in Gruppen von bis zu 15 vorwiegend an ruhenden Knospen des Baumstamms oder an Wasserreisern. Etwa 3–4 mm im Durchmesser, mit zahlreichen kegel- bis fingerförmigen, fein behaarten Fortsätzen, zunächst grün, später meist gelblich gefärbt, Fortsätze oft rot.

Vorkommen: Bisexuelle Generation an *Quercus cerris* (Zerr-Eiche), parthenogenetische Generation an *Q. robur* (Stiel-Eiche), *Q. petraea* (Trauben-Eiche) und *Q. pubescens* (Flaum-Eiche), gebietsweise nicht selten, vor allem an Standorten, an denen eine Zerr-Eiche in der Nähe einer der anderen Eichenarten wächst.

Biologie: Die Galle der bisexuellen Generation reift im Mai oder Juni, die Wespe schlüpft wenig später. Die Galle der parthenogenetischen Generation erscheint meist im August, die Wespe erst im Sommer des Folgejahres.

25 *Andricus glandulae*

Eichenglocken-Gallwespe

Cynipidae (Gallwespen)

Beschreibung: Galle der bisexuellen Generation (nicht abgebildet) an männlichen Bütenkätzchen, eiförmig und etwa 1,5 mm groß, zunächst grün, später gelb oder braun. Galle der parthenogenetischen Generation an der Knospe eines jungen Zweiges, glocken- oder umgekehrt birnenförmig, 3–6 mm hoch und bis zu 4 mm breit. Mit kahler, kegelförmiger Spitze, ansonsten mit seidigen, weißen, rückwärts gerichteten Haaren. Färbung zunächst grün oder rot, später braun.
Vorkommen: Fast nur an *Quercus petraea* (Trauben-Eiche) und *Q. pubescens* (Flaum-Eiche), selten auch an *Q. robur* (Stiel-Eiche), überall nur vereinzelt.
Biologie: Die Galle der bisexuellen Generation erscheint im April oder Mai, die Wespe schlüpft im Mai oder Juni. Die Galle der parthenogenetischen Generation entwickelt sich von Juli bis September. Bei der Reife im Herbst fällt sie ab. Die Larve verpuppt sich in der Galle am Boden. Die Wespe schlüpft im Oktober oder im nächsten Frühjahr.

26 *Andricus grossulariae*

Eichenjohannisbeer-Gallwespe
Johannisbeergalle (bisexuell)

Cynipidae (Gallwespen)

Beschreibung: Gallen der bisexuellen Generation (**A**) meist in größerer Zahl an männlichen Blütenkätzchen, rundlich mit kegelförmiger Spitze und 6–8 mm lang. Mit einer Larvenkammer, zunächst glänzend grün, dann leuchtend rot und sehr an Johannisbeeren erinnernd, schließlich braun bis schwarz. Galle der parthenogenetischen Generation (**B**) vielkammerig, oft zu mehreren auf dem Fruchtbecher sitzend und dabei oft eine unreife Eichel umschließend, 10–15 mm im Durchmesser. Seitlich und oben mit zahlreichen abgeflachten, etwas klebrigen Fortsätzen und dadurch an eine Seeanemone erinnernd. Färbung meist grün, gelegentlich gerötet. Meist hoch im Wirtsbaum, daher am leichtesten im Herbst zu finden, wenn die Galle mit dem verbliebenen Rest der Frucht zu Boden fällt.
Vorkommen: Bisexuelle Generation an *Quercus cerris* (Zerr-Eiche), parthenogenetische Generation an *Q. robur* (Stiel-Eiche), *Q. petraea* (Trauben-Eiche) und *Q. pubescens* (Flaum-Eiche), von Südosteuropa bis Österreich weit verbreitet, seit etwa 1962 auch in Deutschland nachgewiesen.

Biologie: Die Gallen der bisexuellen Generation reifen im Mai und Juni, die Wespe erscheint wenig später. Die Gallen der parthenogenetischen Generation entwickeln sich im Sommer. Sie reifen im Herbst und entlassen die Wespen von Januar bis April des 2. Jahres.
Anmerkung: Die parthenogenetische Generation wurde früher als eigene Art (*A. mayri*) angesehen. Ihre Gallen ähneln gelegentlich etwas denen der Knoppern-Gallwespe (*Andricus quercuscalicis*, Nr. 37).

27 *Andricus hystrix*

Cynipidae (Gallwespen)

Beschreibung: Galle der parthenogenetischen Generation meist an einem dünnen Zweig, rundlich und 3–4 mm im Durchmesser. Ringsum igelartig dicht mit zahlreichen zur Spitze verschmälerten, dünnen Fortsätzen von 3–4 mm Länge besetzt. Diese Fortsätze an ihrer Spitze jeweils mit einem Kranz feiner, weißer Haare.

Vorkommen: An *Quercus pubescens* (Flaum-Eiche), *Q. petraea* (Trauben-Eiche) und *Q. robur* (Stiel-Eiche). Nur in Südeuropa, nördlich bis Ungarn, ziemlich selten, in Deutschland und Österreich fehlend.

Anmerkung: Eine bisexuelle Generation dieser Gallwespe ist unbekannt.

28 *Andricus infectorius*

Kleine Färbergallwespe, Triester Eichengalle, Feigengalle

Cynipidae (Gallwespen)

Beschreibung: Galle der parthenogenetischen Generation an Seiten- oder Spitzenknospen von Zweigen, kugelig oder feigen- bis birnenförmig, mehr oder weniger gestielt, 8–15 mm im Durchmesser, Oberfläche bei der Reife runzelig. Färbung zunächst grün mit weißen Punkten, später braun.

Vorkommen: Vorwiegend an *Quercus pubescens* (Flaum-Eiche). In Südosteuropa, nördlich bis Südtirol, in Deutschland fehlend.

Biologie: Die Gallen entwickeln sich ab Mitte Mai. Die Wespen schlüpfen im Spätsommer oder Frühherbst. Es wird vermutet, dass eine bisexuelle Generation auf *Quercus cerris* (Zerr-Eiche) existiert. Diese konnte aber noch nicht nachgewiesen weden. Zwar ordnete man über längere Zeit kleine, eiförmige Gallen an den männlichen Blütenkätzchen der Zerr-Eiche dieser Gallwespe zu, neuere DNA-Untersuchungen stellen dies aber infrage.

29 *Andricus inflator*

Eichenkohlrabi-Gallwespe, Grünkugel-Gallwespe Kohlrabigalle (bisexuell), Grüne Kugelgalle (parthenogenetisch)

Cynipidae (Gallwespen)

Beschreibung: Galle der bisexuellen Generation an der Spitze eines Haupt- oder Seitentriebes. Diese stark verkürzt und auf bis zu 20 mm Länge und 10 mm Breite keulenförmig angeschwollen, oft besonders einseitig mit mehreren kleinen Knospen besetzt. Als verdickte Triebspitze noch jahrelang erkennbar (**A**). Im Innern ein Hohlraum mit einer ovalen, an der Basis festsitzenden Innengalle (**B**). Galle der parthenogenetischen Generation an einer Zweigspitze, unten von den Knospenschuppen eingehüllt, kugelig mit winziger, aufgesetzter Spitze. 3–4 mm im Durchmesser, grün mit hellen Punkten, sehr leicht abfallend (**C**).

Vorkommen: An vielen verschiedenen Laub abwerfenden *Quercus*-Arten.

Biologie: Die Galle der bisexuellen Generation reift im September. Die Larve verpuppt sich in der Galle auf dem Baum, die Wespen schlüpfen von März bis August des 2. Jahres. Die Galle der parthenogenetischen Generation erscheint ab Ende Juli, ist Ende Oktober reif und fällt ab. Die Larven verpuppen sich in der Galle am Boden und schlüpfen im folgenden Frühjahr, zum Teil auch erst ein oder zwei Jahre später.

30 *Andricus kollari*

Eichenschwammkugel-Gallwespe Schwammkugelgalle, Murmelgalle (parthenogenetisch)

Cynipidae (Gallwespen)

Beschreibung: Gallen der bisexuellen Generation (nicht abgebildet) meist zu mehreren in einer Zweigknospe, eiförmig, 2–3 mm lang und bis zu 2 mm breit, sehr ähnlich denen von *A. lignicolus* (Nr. 32), aber meist schmaler als diese und auf der Oberfläche fein gekörnelt. Galle der parthenogenetischen Generation ebenfalls an Zweigknospen, kugelig mit bis zu 25 mm Durchmesser, schwach gehöckert. Gallengewebe weich und schwammig, mit dem Messer gut schneidbar. Färbung zunächst grün und leicht behaart, später hell- bis rotbraun und glatt (**A**). Gallen noch Jahre später an den Zweigen zu finden.

Vorkommen: Bisexuelle Generation an *Quercus cerris* (Zerr-Eiche), parthenogenetische Generation an verschiedenen anderen Laub abwerfenden *Quercus*-Arten, ziemlich häufig.
Biologie: Die Gallen der bisexuellen Generation sind von März bis Juni sichtbar. Sie reifen bereits im März und April, die Wespen erscheinen ab April. Die Gallen der parthenogenetischen Generation entwickeln sich ab Juni und reifen im August oder September. Die Larven verpuppen sich in den Gallen am Baum (**B**). Die Wespen schlüpfen ab August oder – in nördlichen Regionen – auch erst im nächsten Frühjahr (**C**).
Anmerkung: Die auffallenden Kugelgallen dieser Art sind oft weitab der nächsten bekannten Zerr-Eichenvorkommen zu finden. Es erscheint daher denkbar, dass sich diese Gallwespe auch jahrelang rein parthenogenetisch vermehren kann. Die Gallen werden gelegentlich von Vögeln aufgehackt.

31 *Andricus legitimus*

Eichenfrucht-Gallwespe

Cynipidae (Gallwespen)

Beschreibung: Galle der parthenogenetischen Generation im Innern einer verkümmerten Eichel, die nicht oder nur kaum über den Rand des Bechers hinausragt (**A**). Einkammerig oder, wenn sekundär von Inquilinen (der ebenfalls zu den Gallwespen zählenden Art *Synergus clandestinus*) besiedelt, mehrkammerig (**B**).
Vorkommen: An *Quercus robur* (Stiel-Eiche), *Q. petraea* (Trauben-Eiche) und vermutlich weiteren Arten der Gattung, ziemlich selten, aber sicher oft übersehen.
Biologie: Die Gallen entwickeln sich ab Mai und reifen ab Ende September. Die Larven verpuppen sich in den abgefallenen Gallen und schlüpfen 3–4 Jahre später im April, Mai oder September. Eine bisexuelle Generation dieser Art ist unbekannt.

32 *Andricus lignicolus*

Eichenholzkugel-Gallwespe
Holzkugelgalle (parthenogenetisch)
Cynipidae (Gallwespen)

Beschreibung: Gallen der bisexuellen Generation (**A**) meist zu mehreren in einer Zweigknospe, die dadurch etwas an ein winziges Vogelnest mit Eiern erinnert. Gallen sehr ähnlich denen von *A. kollari* (Nr. 30), meist aber etwas kleiner und breiter und mit glatter Oberfläche. Galle der parthenogenetischen Generation (**B**) einzeln oder zu mehreren an Zweigknospen, kugelig und 8–10 mm im Durchmesser, holzig fest, nicht oder kaum gestielt. Oberfläche netzartig schorfig-rissig, zunächst graugrün, später braun.

Vorkommen: Bisexuelle Generation an *Quercus cerris* (Zerr-Eiche), parthenogenetische Generation an verschiedenen anderen Laub abwerfenden *Quercus*-Arten, ziemlich häufig, selten auch an *Q. cerris*.

Biologie: Die Gallen der bisexuellen Generation erscheinen im zeitigen Frühjahr. Die Larven verpuppen sich in den Gallen auf den Bäumen. Die Wespen verlassen die Gallen im September des 1. Jahres oder zwischen März und Juni des 2. Jahres. Die Gallen der parthenogenetischen Generation entwickeln sich ab Juli und reifen im Spätherbst. Die Wespen schlüpfen im November oder Dezember des 1. Jahres oder im folgenden Frühjahr. Die verlassenen Holzkugelgallen bleiben noch jahrelang an den Zweigen.

Anmerkung: Auch die Kugelgallen dieser Gallwespe sind offensichtlich oft weit entfernt von Zerr-Eichen zu finden. Es erscheint daher auch bei dieser Art denkbar, dass sie sich jahrelang rein parthenogenetisch vermehren kann.

33 Andricus lucidus
Haarige Honiggalle (parthenogenetisch)
Cynipidae (Gallwespen)

A

B

Beschreibung: Gallen der bisexuellen Generation (**A**, links im Bild) aus einem männlichen Blütenkätzchen entstanden, mehrere zusammen einen kugeligen oder eiförmigen, bis zu 40 mm großen Komplex bildend. Einzelgalle becher- bis krugförmig, von unten nach oben verbreitert und dort in einen breit-wulstigen Rand auslaufend, bis zu 10 mm hoch und 6–8 mm breit, im unteren Teil mit mehreren Larvenkammern. Grün gefärbt, manchmal rot. Galle der parthenogenetischen Generation (**B**) in einer Blattachsel oder selten an einem Fruchtbecher, kugelig oder etwas abgeflacht, 10–15 mm im Durchmesser, ringsum und oben mit zahlreichen stabförmigen, bis zu 8 mm langen, am Ende keulenförmig verdickten und etwas klebrigen Fortsätzen besetzt. Färbung grün oder seltener rot. Im Innern zahlreiche Kammern mit jeweils einer Wespenlarve.

Vorkommen: Bisexuelle Generation an *Quercus cerris* (Zerr-Eiche), parthenogenetische Generation an verschiedenen anderen Laub abwerfenden *Quercus*-Arten. Im Mittelmeergebiet weit verbreitet, seit etwa 1990 auch in Deutschland nachgewiesen. Hier besonders in Parkanlagen, in denen Zerr-Eichen dicht neben anderen Eichenarten wachsen.

Biologie: Die Galle der bisexuellen Generation erscheint im späten Frühjahr und reift im September. Die Wespe erscheint ab September des 1. Jahres oder im Februar und März des 2. Jahres. Die Galle der parthenogenetischen Generation reift ab Juli, die Wespe erscheint zwischen Januar und April des folgenden Jahres.

34 *Andricus malpighii*

Kleine Eichenspindel-Gallwespe

Cynipidae (Gallwespen)

Beschreibung: Unscheinbare Galle der bisexuellen Generation (**A**) an männlichen Blütenkätzchen weit oben im Baum, eiförmig mit einer winzigen, aufgesetzten Spitze. Mit glatter Oberfläche, etwa 2 mm groß, an einen Samen erinnernd. Galle der parthenogenetischen Generation (**B**) ähnlich der von *A. callidoma* (Nr. 14), aber ungestielt. Färbung meist grün, selten rot (**C**).

Vorkommen: An *Quercus robur* (Stiel-Eiche), *Q. petraea* (Trauben-Eiche) und *Q. pubescens* (Flaum-Eiche), nicht häufig.

Biologie: Die Gallen der bisexuellen Generation entwickeln sich im Mai. Die Larven verpuppen sich in den Gallen auf dem Baum, die Wespen schlüpfen ab Ende Mai bis in den Juni.

Die Gallen der parthenogenetischen Generation erscheinen ab September und fallen nach der Reife im Oktober zu Boden. Die Larve verpuppt sich in der Galle. Die Wespe erscheint noch im 1. Jahr oder von März bis April des 2. Jahres.

35 *Andricus paradoxus*

Weißfleckige Eichen-Gallwespe

Cynipidae (Gallwespen)

Beschreibung: Die bisexuelle Generation entwickelt sich in einer etwa 1,5 mm großen, lang behaarten Kugelgalle an den männlichen Blütenkätzchen (nicht abgebildet). Galle der parthenogenetischen Generation länglich eiförmig, bis zu 8 mm lang, an der Knospe eines vorjährigen Zweiges. Grünlich bis rotbraun mit länglichen, weißen Flecken, am Ende mit einer kleinen, aufgesetzten Spitze.

Vorkommen: An *Quercus robur* (Stiel-Eiche), *Q. petraea* (Trauben-Eiche) und *Q. pubescens* (Flaum-Eiche), nicht häufig.

Biologie: Die Knospengalle der parthenogenetischen Generation entwickelt sich im Mai und Juni und fällt nach der Reife ab. Die Larve verpuppt sich in der Galle, entweder noch auf dem Baum oder am Boden. Die Wespe erscheint meist im März oder April des 2. Jahres, manchmal noch später.

36 *Andricus quadrilineatus*

Runzelige Eichenblüten-Gallwespe

Cynipidae (Gallwespen)

Beschreibung: Galle der bisexuellen Generation (nicht abgebildet) an männlichen Blütenkätzchen, 1,5–2 mm lang und 1 mm breit, eiförmig mit glatter Oberfläche und weißem Haarschopf an der Spitze. Galle der parthenogenetischen Generation ebenfalls an männlichen Blütenkätzchen (**A**), selten auf einem Blatt (**B**), mit 3–4 mm Länge und 2–3 mm Breite etwas größer, außen mit runzligen Längsfurchen und gelblich grün oder rot gefärbt.

Vorkommen: An *Quercus petraea* (Trauben-Eiche) und *Q. robur* (Stiel-Eiche), in Mitteleuropa ziemlich häufig, in Südeuropa dagegen selten und in größeren Gebieten ganz fehlend.

Biologie: Die Galle der bisexuellen Generation erscheint im Mai, die Wespe daraus im

B

Mai oder Juni. Die Gallen der parthenogenetischen Generation entwickeln sich ab Mai und reifen Ende Juni. Die Larve verpuppt sich in der Galle. Die Wespe erscheint zwischen Februar und April des 2. Jahres.

37 *Andricus quercuscalicis*

Knoppern-Gallwespe, Eichenknoppern-Gallwespe
Knopperngallen, Knoppern (parthenogenetisch)
Cynipidae (Gallwespen)

A

Beschreibung: Galle der bisexuellen Generation (**A**) an männlichen Blütenkätzchen, eiförmig, 1 mm breit, 1–1,5 mm hoch. Mit sehr dünner, pergamentartiger, unbehaarter Hülle und zunächst grün, später bräunlich gefärbt. Galle der parthenogenetischen Generation außen am Fruchtbecher (**B**), stumpf kegelförmig, 15–20 mm hoch und 18–25 mm breit, außen mit mehreren unregelmäßigen, zum Teil flügelförmigen Längsrippen, innen mit einem kegelförmigen, zweikammerigen Hohlraum. In der unteren Kammer eine dünnwandige Innengalle mit der Wespenlarve. Frische Galle grün oder mehr oder weniger rot, mit klebriger Oberfläche, später braun und holzig, nach der Reife (ab Ende August) mit der Frucht abfallend. Nicht selten mehrere Gallen an einem Fruchtbecher, sodass die Eichel selbst nicht mehr sichtbar ist (**C**).

Vorkommen: Bisexuelle Generation an *Quercus cerris* (Zerr-Eiche), parthenogenetische Generation meist an *Q. robur* (Stiel-Eiche), seltener an *Q. petraea* (Trauben-Eiche). Heimisch im südosteuropäischen, vom Balkan bis etwa Wien reichenden

B

ursprünglichen Vorkommensgebiet der Zerr-Eiche, inzwischen mit dieser an vielen Stellen in Mitteleuropa angepflanzten Eichenart auch in Deutschland vielerorts eingebürgert. Oft in großer Zahl an einem Baum.

Biologie: Die Gallen der bisexuellen Generation sind zwischen April und Juni zu finden. Die Larven verpuppen sich in den Gallen auf dem Baum, die Wespen schlüpfen von April bis Juni. Die Gallen der parthenogenetischen Generation entwickeln sich von Mai bis Oktober und fallen nach der Reife ab August mit der Frucht zu Boden. Die Larve verpuppt sich in der am Boden liegenden Galle. Die Wespe erscheint manchmal zwischen Oktober und Dezember des 1. Jahres, meistens jedoch zwischen Januar und April des 2. Jahres.

Anmerkung: Die Knopperngallen der parthenogenetischen Generation enthalten hohe Konzentrationen an Gerbstoffen. Sie wurden bis Ende des 19. Jahrhunderts in großen Mengen vom Balkan nach Deutschland importiert, um Gerbstoffe für die Lederherstellung zu gewinnen.

C

38 *Andricus quercuscorticis*

Cynipidae (Gallwespen)

A

Beschreibung: Galle der bisexuellen Generation (nicht abgebildet) in einer Blattachsel, eiförmig und etwa 2 mm groß, bei der Reife braun gefärbt. Gallen der parthenogenetischen Generation meist in größerer Zahl in der Rinde von Stämmen, Ästen oder Wurzeln. Sie brechen zunächst als kugelige Blasen nach außen (**A**). Der halbkugelig bis kegelförmig aufragende, zunächst gelbgrün oder rötlich gefärbte Gallendeckel trocknet im Herbst und fällt ab. Der größere Basalteil der Galle bleibt in der Rinde und ist jetzt durch die kreisrunde, weißliche Trennfläche deutlich sichtbar. Rings um diese Fläche erscheinen als eingestochene Punkte die Gefäßbündel, die zuvor den oberen Gallenteil versorgt hatten (**B**).

Vorkommen: An *Quercus robur* (Stiel-Eiche), *Q. petraea* (Trauben-Eiche) und *Q. pubescens* (Flaum-Eiche), ziemlich häufig, aber nicht ganz leicht zu finden.

B

Biologie: Die Gallen der bisexuellen Generation entwickeln sich im Juni und Juli. Die Larven verpuppen sich in den Gallen auf dem Baum, die Wespen schlüpfen ab Juni bis August. Die Gallen der parthenogenetischen Generation können zu jeder Zeit gefunden werden. Die Larve verpuppt sich in der Galle. Die Wespe erscheint zwischen April und Juli des nächsten Jahres und nagt dabei ein Loch in die Mitte der Gallenwand (**C**).

C

39 *Andricus quercusradicis*

Eichenblattrippen-Gallwespe, Eichenwurzelknoten-Gallwespe Knötchengalle (bisexuell)

Cynipidae (Gallwespen)

Beschreibung: Galle der bisexuellen Generation (nicht abgebildet) eine etwa 2 mm große Anschwellung eines einjährigen Zweiges. Oft zahlreiche derartige Gallen zu einer massiven Zweiganschwellung verschmolzen. Oft auch als wulstartige Verdickung eines Blattstiels oder einer Blattrippe entwickelt. In beiden Fällen nicht sicher von der bisexuellen Galle von *Andricus testaceipes* (Nr. 44) zu unterscheiden. Galle der parthenogenetischen Generation eine bis zu 80 mm große, kugelige oder eiförmige Anschwellung an einer oberflächennahen, stärkeren Wurzel. Zunächst fleischig und weißlich, rötlich oder bräunlich gefärbt (**A**), später holzig und dunkelbraun. Im Innern rund 60 Larvenkammern (**B**).
Vorkommen: An *Quercus robur* (Stiel-Eiche), *Q. petraea* (Trauben-Eiche) und *Q. pubescens* (Flaum-Eiche), häufig, aber sehr schwer zu finden.
Biologie: Die Gallen der bisexuellen Generation entwickeln sich von Juni bis August. Die Larven verpuppen sich in den Gallen auf dem Baum, die Wespen schlüpfen zwischen Juli und November.

A

Die Gallen der parthenogenetischen Generation entwickeln sich ab September. Sie reifen ab Ende des 2. Jahres. Die Larven verpuppen sich in der Galle, die Wespen erscheinen von März bis April des 3. Frühjahrs.

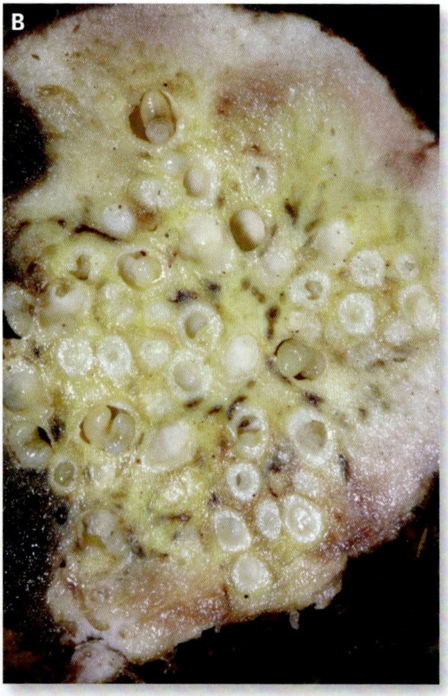

40 *Andricus quercusramuli*

Eichenknospen-Gallwespe, Baumwoll-Eichengallenwespe, Baumwollgalle (bisexuell)

Cynipidae (Gallwespen)

Beschreibung: Gallen der bisexuellen Generation (**A**) an Knospen männlicher Blütenkätzchen, oft zu 10–20 beieinander. Eigentlicher Gallenkörper eine eiförmige, etwa 2 mm große Kapsel, ringsum dicht mit zahlreichen gedrehten Haaren besetzt, sodass etwa 20 mm große, kugelige Ballen entstehen, die meist von benachbarten, normal entwickelten Blütenkätzchen überragt werden. Haare zunächst schneeweiß, später zunehmend gebräunt. Galle der parthenogenetischen Gene-

ration (**B**) in einer Blattknospe, zylindrisch mit abgerundeter Spitze, oft gebogen und am Ende mit einer kleinen Warze. Färbung unten weiß, im Spitzenteil anfangs grün, später rotbraun.
Vorkommen: Vorwiegend an *Quercus petraea* (Trauben-Eiche) oder *Q. pubescens* (Flaum-Eiche), seltener an *Q. robur* (Stiel-Eiche), meist im Kronenbereich alter Bäume und daher nicht leicht zu finden.
Biologie: Die Gallen der bisexuellen Generation entwickeln sich von Mai bis Juli. Die Larven verpuppen sich in den Gallen auf dem Baum, die Wespen schlüpfen zwischen Mai und August. Die Gallen der parthenogenetischen Generation entwickeln sich ab September. Zunächst sind sie etwa zur Hälfte zwischen den Knospenschuppen verborgen. Bei der Reife im Oktober oder November schieben sie sich immer weiter aus der Knospe hervor, um schließlich zu Boden zu fallen. Die Larve verpuppt sich in der Galle am Boden. Die Wespe erscheint im nächsten Frühjahr, oft aber auch erst 1–2 Jahre später.

41 *Andricus quercustozae*

Tozae-Gallwespe,
Tozaegalle, Große Kronengalle (parthenogenetisch)
Cynipidae (Gallwespen)

Beschreibung: Galle der parthenogenetischen Generation an jungen Zweigen, rundlich und etwa 2–4 cm im Durchmesser. Oberhalb der Mitte mit einem Kranz aus meist dreieckigen, abgeflachten Höckern, am oberen Pol meist mit einem weiteren Höcker. Zunächst grün oder rot und klebrig (**A**), später holzig und braun (**B**), schließlich silbergrau. Im Innern eine lose haftende, längliche Innengalle mit der Wespenlarve.

Vorkommen: An *Quercus petraea* (Trauben-Eiche), *Q. pubescens* (FlaumEiche), *Q. robur* (Stiel-Eiche), *Q. frainetto* (Ungarische Eiche), *Q. suber* (Kork-Eiche), *Q. pyrenaica* (Pyrenäen-Eiche), *Q. canariensis* (Kanarische Eiche), *Q. infectoria* (Aleppo-Eiche). Im Süden häufig, nach Norden bis Südtirol, in Deutschland fehlend.

Biologie: Die Gallen der parthenogenetischen Generation entwickeln sich ab Juli und reifen im September oder Oktober. Die Wespen erscheinen im zeitigen Frühjahr. Eine bisexuelle Generation dieser Wespe ist bisher nicht bekannt, erscheint aber durchaus wahrscheinlich, da die Galle besonders häufig in der Nähe von *Q. cerris* (Zerr-Eiche) gefunden wird, dem möglichen Wirtsbaum dieser Wespengeneration.

Anmerkungen: Die alten Gallen bleiben noch viele Jahre am Baum. Sie dienen mit ihrem zentralen Hohlraum und dem Gang, durch den sie von der ursprünglichen Bewohnerin verlassen wurden, vielen verschiedenen Wespen-, Bienen- und Ameisenarten als willkommener Ort zur Nestgründung. Der Name „tozae“ leitet sich von *Quercus toza* ab, dem früheren Namen von *Quercus pyrenaica* (Pyrenäen-Eiche).

42 *Andricus seminationis*

Eichenkätzchenspindel-Gallwespe

Cynipidae (Gallwespen)

Beschreibung: Galle der parthenogenetischen Generation ähnlich denen von *Andricus callidoma* (Nr. 14) und *A. malpighii* (Nr. 34), aber etwas kleiner und meist weniger deutlich gerippt als diese. An der Spitze mit einer kegelförmigen, von Borsten umringten Warze. Meist und oft zu mehreren an männlichen Blütenkätzchen, deren Spindeln sich schon vor Erscheinen der

Gallen verdicken, oft verkrümmen und lange Zeit grün bleiben, seltener auch an Blättern der Wirtspflanze.
Vorkommen: An *Quercus petraea* (Trauben-Eiche) und *Q. robur* (Stiel-Eiche), gebietsweise nicht selten, vor allem im südlichen Mitteleuropa.
Biologie: Die Gallen entwickeln sich von April bis Juni. Sie fallen nach der Reife im Juni ab, während die Spindeln noch den ganzen Sommer hängen bleiben können. Die Larven verpuppen sich in den Gallen am Boden. Die Wespen erscheinen zwischen März und Mai des 2. Jahres.
Anmerkung: Eine bisexuelle Generation dieser Gallwespe ist bislang unbekannt.

43 *Andricus solitarius*

Braune Eichenfilz-Gallwespe, Solitäre Eichen-Filzgallwespe
Braune Filzgalle, Vogelkopfgalle (parthenogenetisch)
Cynipidae (Gallwespen)

Beschreibung: Galle der bisexuellen Generation (nicht abgebildet) an sich eben entfaltenden männlichen Blütenknospen, eiförmig, um 2 mm groß und rotbraun oder gelblich behaart. Gallen der parthenogenetischen Generation an Blattknospen, kugelig mit annähernd zylindrischem Stiel zwischen den Knospenschuppen sitzend und am Ende in einen meist deutlich gebogenen Schnabel auslaufend. Zunächst grün, dann filzig rostbraun behaart, später glatt und braun gefärbt.
Vorkommen: An verschiedenen Laub abwerfenden *Quercus*-Arten, überall ziemlich häufig.
Biologie: Die Gallen der bisexuellen Generation entwickeln sich im April. Die Wespen sind bereits geschlüpft, wenn die Kätzchen voll entwickelt sind. Die Gallen der parthenogenetischen Generation entwickeln sich von Juni bis September und reifen ab Ende August. Die Larven verpuppen sich in den Gallen noch auf dem Baum oder nach dem Abfallen der Gallen am Boden. Die Wespe erscheint im August oder September.

44 *Andricus testaceipes*

Eichenblattwulst-Gallwespe, Eichenwurzelknoten-Gallwespe

Cynipidae (Gallwespen)

Beschreibung: Galle der bisexuellen Generation (**A**) meist als blattunterseitige ein- oder mehrkammerige Verdickung am Blattstiel oder an der Mittelrippe. Nicht mit Sicherheit von der entsprechenden Galle von *Andricus quercusradicis* (Nr. 39) zu unterscheiden, doch im Gegensatz zu dieser nur ausnahmsweise auch als Verdickung eines Zweiges entwickelt. Galle der parthenogenetischen Generation dicht über dem Erdboden an dünnen Stämmchen junger Eichen oder an Stockausschlägen, oft in großer Zahl dicht beieinander, kegelförmig, zunächst fleischig und weich, weißlich bis rot gefärbt (**B**). Nach der Reife trocknet die Außenhülle, wird braun und blättert nach und nach ab, sodass die holzige, tief längs gefurchte Innengalle sichtbar

A

B

wird. Bis zuletzt bleibt von der Außenhülle meist eine Art „Zipfelmütze“ zurück (**C**).

Vorkommen: An vielen verschiedenen *Quercus*-Arten, außer an Laub abwerfenden auch an immergrünen Arten.

Biologie: Die Gallen der bisexuellen Generation entwickeln sich von Juni bis September. Die Larven verpuppen sich in den Gallen, die Wespen verlassen diese im August oder September. Die Gallen der parthenogenetischen Generation entwickeln sich ab September und reifen im September des 2. Jahres. Die Larven verpuppen sich in der Galle. Die Wespen schlüpfen noch vor dem Winter, verbringen aber den Winter in der Galle, bevor sie diese im Februar oder März des 3. Jahres durch ein Loch auf der Seite verlassen.

Ähnlich: Die Gallen der parthenogenetischen Generation ähneln denen der meist deutlich selteneren Gallwespe *Andricus rhyzomae*. Deren Gallen sind aber mehr halbkugelig und die Wespen schlüpfen durch ein Loch am oberen Ende der Galle.

C

45 *Aphelonyx cerricola*

Cynipidae (Gallwespen)

Beschreibung: Galle der parthenogenetischen Generation einen dünnen Zweig umfassend, rundlich und 10–30 mm groß, anfangs hellgrün mit kurzer, filziger Behaarung, später hellbraun. Im Innern ein Hohlraum mit einer oder seltener zwei eiförmigen Innengallen. Oft zu mehreren dicht beieinander und sich gegenseitig abplattend und dann bis zu 7 cm große Komplexe bildend.

Vorkommen: An *Quercus cerris* (Zerr-Eiche), von Österreich bis Südosteuropa verbreitet, fehlt bisher offensichtlich im westlichen Südeuropa und in Deutschland, wurde aber auch schon in Belgien und England gefunden.

Biologie: Die Gallen entwickeln sich im Sommer. Die Wespen erscheinen von August bis Dezember des 1. Jahres oder Januar bis März des 2. Jahres.

Anmerkung: Eine bisexuelle Generation dieser Art ist bisher nicht bekannt.

46 *Biorhiza pallida*

Eichenschwamm-Gallwespe, Eichen-Schwammgallwespe
Eichen-Wurzelgalle (parthenogenetisch), Schwammapfel (bisexuell)
Cynipidae (Gallwespen)

Beschreibung: Galle der bisexuellen Generation (**A**) aus einer Knospe an einem jungen Zweig entstanden, meist rundlich oder knollenförmig und oft an eine Kartoffel erinnernd, 2–4 cm groß. Zunächst schwammig und ziemlich weich, weißlich oder gelblich bis rötlich gefärbt, später heller oder dunkler braun. Im Innern zahlreiche Larvenkammern (**B**). Gallen der parthenogenetischen Generation (**C**) an einer (meist dünnen) Wurzel bis etwa 50 cm tief im Erdboden, gelegentlich auch tiefer. Rundlich, etwa 5–10 mm groß, meist in bis zu walnussgroßen Gruppen und sich dann gegenseitig abplattend, einkammerig. Zunächst weich und fleischig, später zunehmend holzig und braun mit rissig gefelderter Oberfläche.
Vorkommen: An verschiedenen Laub abwerfenden *Quercus*-Arten, doch nicht an *Q. cerris* (Zerr-Eiche), überall häufig, aber mit von Jahr zu Jahr stark schwankender Individuenzahl.

Biologie: Die Gallen der bisexuellen Generation erscheinen im Mai und Juni. Die Larven verpuppen sich in den Gallen auf dem Baum, die Wespen erscheinen im Juni oder Juli. Meist beide Geschlechter dieser Generation voll geflügelt (siehe S. 41), gebietsweise aber auch Weibchen mit etwas reduzierten oder verkrüppelten Flügeln. Die Gallen der parthenogenetischen Generation reifen im Spätherbst des 2. Jahres. Die Larven verpuppen sich in den Gallen am Baum. Die flügellosen Wespen dieser Generation schlüpfen vorzugsweise im Dezember oder Januar aus dem Erdboden und wandern dann oft über Schnee hinweg bis an die Spitzen von Eichenzweigen, wo sie ihre Eier in die ruhenden Knospen ablegen (**D**). Da die Ablage der zahlreichen Eier mehrere Stunden in Anspruch nimmt (jedes Weibchen legt offenbar seinen gesamten Eivorrat in einer einzigen Knospe ab, **E**) und während dieser Zeit die Temperaturen oft bis in kritische Bereiche absinken, sterben die Tiere nicht selten noch während der Eiablage (**D**, linkes Tier). Andere Individuen werden auch nach deutlichen Minusgraden wieder mobil, wenn sie

C

D

in positive Temperaturbereiche kommen, und setzen ihre Eiablage fort (**D**, rechtes Tier). Weitere Angaben zur Entwicklung dieser Art siehe S. 39 ff.).

Anmerkung: Durch die winteraktiven, oft auf Schnee umherlaufenden Weibchen eine der am leichtesten auch als Imago zu beobachtenden Gallwespen.

47 *Callirhytis erythrocephala*

Cynipidae (Gallwespen)

Beschreibung: Gallen der parthenogenetischen Generation meist zu mehreren im Innern einer Eichel. Diese äußerlich nur wenig oder gar nicht verändert, oft aber im vergallten Bereich etwas verdickt oder mit buckligen Vorwölbungen. Eicheln härter als normal, Larvenkammern eiförmig, 2–3 mm groß.

Vorkommen: An *Quercus cerris* (Zerr-Eiche), nicht häufig, aber vermutlich öfters übersehen.

Biologie: Die Entwicklung dauert mindestens zwei Jahre.

Anmerkung: Eine bisexuelle Generation dieser Gallwespe ist nicht sicher bekannt. Es gibt aber Vermutungen, dass sie sich in einjährigen Zweigen von *Q. robur* (Stiel-Eiche) entwickelt und sich nur durch das Schlupfloch verrät. Die Identität von *C. erythrocephala* ist derzeit noch nicht endgültig geklärt, offenbar gibt es mehrere verschiedene Arten, die sich in Eicheln der Zerr-Eiche entwickeln.

48 *Cynips agama*

Cynipidae (Gallwespen)

Beschreibung: Galle der bisexuellen Generation (nicht abgebildet) an einer Knospe, eiförmig und 2–4 mm groß. Oberfläche mit durchscheinenden Bläschen. Galle der parthenogenetischen Generation meist auf der Blattunterseite, eiförmig und 3–4 mm groß, mit der Längsachse quer auf einer Blattader sitzend. Oberfläche etwas höckerig, Färbung gelblich weiß bis hellbräunlich. Wand sehr dünn und fest, etwas brüchig, innen mit einer Larvenkammer.
Vorkommen: Vorwiegend an *Quercus petraea* (Trauben-Eiche), seltener an *Q. robur* (Stiel-Eiche) oder *Q. pubescens* (Flaum-Eiche), ziemlich selten.
Biologie: Die Gallen der parthenogenetischen Generation entwickeln sich von Juni bis September und reifen im Herbst. Die Larven verpuppen sich in der Galle auf dem Baum oder auf dem abgefallenen Blatt. Die Wespen erscheinen von September bis November.

49 *Cynips cornifex*

Cynipidae (Gallwespen)

Beschreibung: Galle der parthenogenetischen Generation an der Blattunterseite, hornförmig und bis zu 10 mm hoch. Am unteren Ende scheibenartig verbreitert und mit einem kaum sichtbaren, kurzen Stiel am Blatt befestigt. Färbung zunächst grün, später oft mehr oder weniger gerötet und heller gefleckt. Innen mit einer Larvenkammer.
Vorkommen: An *Quercus petraea* (Trauben-Eiche) und *Q. pubescens* (Flaum-Eiche), im Mittelmeergebiet weit verbreitet, nördlich bis Österreich, in Deutschland fehlend.
Biologie: Die Gallen reifen im Oktober, die Wespen erscheinen im November oder Dezember.
Anmerkung: Eine bisexuelle Generation dieser Art ist unbekannt.

50 *Cynips disticha*

Zweizellengalle (parthenogenetisch)

Cynipidae (Gallwespen)

Beschreibung: Galle der bisexuellen Generation (nicht abgebildet) schmal eiförmig bis walzenförmig, um 5 mm lang und 2,5 mm breit, in einer Blattknospe oder mit einem Ende am Blattrand und hier meist am Ende eines Blattnerven befestigt. Färbung graugrün, Oberfläche mit feinen, durchscheinenden Höckern. Galle der parthenogenetischen Generation an der Blattunterseite meist zu mehreren auf den Blattnerven sitzend (**A**), 4–6 mm groß, rundlich und etwas flachgedrückt, oben leicht eingetieft und in der Mitte mit einem kleinen Nabel (**B**). Färbung gelblich bis hellbräunlich, innen außer der Larvenkammer eine weitere, leere Kammer (**C**).
Vorkommen: Meist an *Quercus petraea* (Trauben-Eiche), nur selten an anderen *Quercus*-Arten, nicht häufig.
Biologie: Die Gallen der bisexuellen Generation entwickeln sich im Mai. Die Gallen der parthenogenetischen Generation entwickeln sich von Juli bis September. Die Larven verpuppen sich in der Galle. Die Wespen erscheinen von September bis November.

51 Cynips divisa

Braune Eichenglanz-Gallwespe
Eichenglanzgallen (parthenogenetisch)
Cynipidae (Gallwespen)

Beschreibung: Galle der bisexuellen Generation (nicht abgebildet) sehr ähnlich der von *Cynips disticha* (Nr. 50) und von dieser nicht sicher zu unterscheiden. Galle der parthenogenetischen Generation meist an der Blattunterseite zu mehreren an den Blattnerven, rundlich und etwas flachgedrückt, bis zu 6 mm hoch und 8 mm breit (**A**). Färbung zunächst hellgrün, später rötlich und schließlich glänzend braun. Relativ dickwandig, holzig, lässt sich nicht zerdrücken, innen nur mit einem Hohlraum, in dem die Larve oder Puppe liegt (**B**).

Vorkommen: An *Quercus petraea* (Trauben-Eiche), *Q. pubescens* (Flaum-Eiche), *Q. robur* (Stiel-Eiche) und anderen Laub abwerfenden *Quercus*-Arten, ziemlich häufig, deutlich häufiger als *Cynips disticha*.

Biologie: Die Galle der bisexuellen Generation entwickelt sich von April bis Juni. Die Larven verpuppen sich in den Gallen auf dem Baum, die Wespen erscheinen im Mai. Die Galle der parthenogenetischen Generation erscheint ab Juni. Sie reift im Herbst und fällt dann mit dem Blatt ab. Die Wespe schlüpft noch im Herbst oder seltener im zeitigen Frühjahr des 2. Jahres.

Ähnlich: Die Galle der parthenogenetischen Generation der selteneren *Cynips agama* (Nr. 48) ist ebenfalls einkammrig, aber dünnwandig und lässt sich zusammendrücken. Sie ist eher bräunlich gelb und fast glanzlos.

52 *Cynips longiventris*

Gestreifte Eichengallwespe, Eichenzier-Gallwespe
Schmuckgalle (parthenogenetisch)
Cynipidae (Gallwespen)

Beschreibung: Galle der bisexuellen Generation (**A**) an einer ruhenden Knospe am Stamm eines älteren Baumes oder an einem Stockausschlag, eiförmig und etwa 2 mm groß. Färbung graugrün oder graubraun, mit längerer, weißlicher Behaarung, innen mit einer Larvenkammer. Gallenreife im Mai oder Juni, die Wespe erscheint ebenfalls in dieser Zeit. Galle der parthenogenetischen Generation (**B**, **C**) an der Blattunterseite, rundlich oder etwas flachgedrückt mit 8–10 mm Durchmesser. Färbung rötlich mit weißen oder gelblichen, meist wulstig vorstehenden Binden und ebenso gefärbten Höckern. Im Innern eine Larvenkammer.

Vorkommen: An verschiedenen Laub abwerfenden *Quercus*-Arten, aber nicht an *Q. cerris* (Zerr-Eiche), häufig.

Biologie: Die Gallen der bisexuellen Generation entwickeln sich von Juni bis September. Die Larven verpuppen sich in den Gallen, die Wespen verlassen diese im August oder September. Die Gallen der parthenogenetischen Generation entwickeln sich von Juli bis Oktober und fallen im Herbst mit dem Blatt zu Boden. Die Larven verpuppen sich in der Galle noch auf dem Baum oder auf den abgefallenen Blättern. Die Wespen erscheinen von September bis Dezember des 1. Jahres oder von Januar bis März des 2. Jahres.

53 *Cynips quercus*

Cynipidae (Gallwespen)

Beschreibung: Galle der bisexuellen Generation (nicht abgebildet) an einer ruhenden Knospe, eiförmig und 3–5 mm lang. Grünlich oder rötlich gefärbt, mit dichter, roter Behaarung. Galle der parthenogenetischen Generation an der Blattunterseite, kugelig und etwa 10 mm im Durchmesser. Wand sehr fest und mit kleinen, flachen Warzen besetzt, glanzlos hellbräunlich gefärbt, oft mit leicht violetter Tönung oder einer weißlichen Bereifung. Im Innern eine etwa 4 mm große Larvenkammer.

Vorkommen: Fast nur an *Quercus pubescens* (Flaum-Eiche), ganz selten auch an anderen *Quercus*-Arten. Von Südeuropa bis Österreich verbreitet, aber nicht häufig, in Deutschland fehlend.

Biologie: Die Galle der bisexuellen Generation reift im April oder Mai, die Wespe schlüpft im Mai. Die Galle der parthenogenetischen Generation reift im Spätherbst und entlässt die Wespe im November oder Dezember.

Anmerkung: Genetische Untersuchungen ergaben, dass diese Art eng mit *Cynips quercusfolii* (Nr. 54) verwandt ist.

54 *Cynips quercusfolii*

Gemeine Eichengallwespe, Gewöhnliche Eichengallapfelwespe
Gallapfel (parthenogenetisch), Samtgalle (bisexuell)

Cynipidae (Gallwespen)

Beschreibung: Galle der bisexuellen Generation (**A**) meist an einer ruhenden Knospe am Baumstamm, seltener an einem Stockausschlag oder an einem älteren Zweig, eiförmig und 2–3 mm groß. Färbung zunächst rot, später dunkelviolett mit einer sehr dichten, samtartigen Behaarung. Im Innern eine Larvenkammer. Galle der parthenogenetischen Generation an der Blattunterseite, kugelig und 15–20 mm, manchmal 25 mm im Durchmesser. Gallenwand sehr dick, aber schwammig weich, Oberfläche glatt oder mehr oder weniger warzig. Färbung zunächst grün (**B**), später gelblich und an der Sonnenseite meist gerötet (**C**). Im Innern eine ziemlich kleine Kammer mit der Larve oder Puppe (**D**).

Vorkommen: An verschiedenen Laub abwerfenden *Quercus*-Arten, darunter gelegentlich auch an *Q. cerris* (Zerr-Eiche), überall ziemlich häufig.

Biologie: Die Gallen der bisexuellen Generation entwickeln sich von April bis Mai und reifen Ende Mai. Die Larve verpuppt sich in der Galle auf dem Baum. Die Wespe (**E**) schlüpft im Mai

A

B

oder Juni. Verglichen mit der anderen Generation sind diese Tiere deutlich kleiner (2–3 mm) und untersetzter, ihre Beine sind hellbraun gefärbt. Die Gallen der parthenogenetischen Generation erscheinen ab Juli. Sie sind im September oder Oktober reif und fallen beim herbstlichen

Laubfall mit dem Blatt zu Boden. Die Wespe (**F**) schlüpft oft bereits im Oktober aus der Puppe und nagt zunächst einen Schlüpfgang bis dicht unter die Gallenoberfläche. Zwischen November und März verlässt sie dann bei günstiger Witterung ihr Quartier, um ihre Eier in Knospen abzulegen. Die ausschließlich weiblichen Wespen dieser Generation sind deutlich größer als die Frühjahrstiere (um 4 mm) und besitzen Beine in der schwarzbraunen Grundfärbung ihres Körpers.

Anmerkung: In manchen Jahren neigt diese wohl bekannteste Gallwespe zur ausgesprochenen Massenvermehrung. Dann können manchmal mehr als 10 Gallen an jedem einzelnen Eichenblatt die Zweige durch ihr Gewicht stark nach unten ziehen. Ein solches Massenauftreten wird aber fast immer schon im nächsten Jahr durch Parasiten wieder auf das normale Maß zurückgedrängt. Von Parasitoiden oder Inquilinen besetzte Gallen sind oft an ihrer stark höckerigen Oberfläche zu erkennen.

55 Neuroterus albipes

Krempengallwespe, Eichenkrempen-Gallwespe
Krempengalle (parthenogenetisch)
Cynipidae (Gallwespen)

Beschreibung: Galle der bisexuellen Generation (**A**) am Rand eines sich eben entfaltenden Blattes, meist in einer Ausbuchtung des an dieser Stelle etwas zusammengezogenen Blattrandes. Eiförmig und etwa 2 mm lang, mit der Längsseite am Blatt befestigt. Färbung hellgrün bis gelblich, zunächst leicht behaart, später kahl, an der Außenseite mit einer kleinen Warze. Kann auch am Blattstiel oder (selten) an männlichen Blütenkätzchen auftreten. Galle der par-

thenogenetischen Generation (**B–H**) meist an der Blattunterseite, seltener auf der Oberseite, sehr vielgestaltig. In der normalen Form flach scheibenförmig bis schüsselförmig, 3–5 mm groß, in der Mitte leicht nabelartig erhöht und mehr oder weniger deutlich radial gestreift. Außenrand oft wulstig aufgebogen. Meist kahl oder nur schwach mit Sternhaaren besetzt, oft in der Jugend mit etwas stärkerer Behaarung, die dann aber nach und nach abfällt. Färbung gelblich, weißlich oder rötlich bis intensiv dunkelrot, nicht selten mehrfarbig und dann meist mit roter Mitte. Bei der häufig auftretenden Form *reflexus* (**C–F**) ist der Seitenrand an 2–4 Stellen lappenförmig nach innen gebogen, sodass meist nur noch die Mitte der Gallenoberseite sichtbar bleibt. An den einzel-

nen Fundorten oft beide Formen nebeneinander. Nicht selten findet man auch Übergangsformen zwischen beiden (**G, H**).

Vorkommen: An vielen verschiedenen Laub abwerfenden *Quercus*-Arten, auch an *Q. cerris* (Zerr-Eiche), überall häufig.

Biologie: Die Galle der bisexuellen Generation entwickelt sich von April bis Juni. Sie fällt bei der Reife nicht ab, die Larve verpuppt sich in der Galle auf dem Baum. Die Wespe schlüpft im Mai oder Juni. Die Galle der parthenogenetischen Generation ist von Juli bis September zu finden. Sie fällt bei der Reife im September oder Oktober vom Blatt ab, bleibt den Winter über am Boden liegen und nimmt durch die dort herrschende Feuchtigkeit deutlich im Volumen zu. Die Larve verpuppt sich in der Galle am Boden. Die Wespe erscheint zwischen Februar und April des 2. Jahres.

56 *Neuroterus anthracinus (= Andricus ostreus)*

Eichenaustern-Gallwespe
Austerngalle (parthenogenetisch)
Cynipidae (Gallwespen)

Beschreibung: Galle der bisexuellen Generation (nicht abgebildet) an den Narben der abgefallenen Knospenschuppen, eiförmig, 2–3 mm lang und hellgelblich bis hellbraun gefärbt. Galle der parthenogenetischen Generation an der Blattmittelrippe oder einer stärkeren Seitenrippe auf der Blattunterseite, selten auf der Oberseite. Eiförmig und seitlich etwas abgeflacht, 3–4 mm groß, parallel zur Blattrippe in einer zweiklappigen, braunen Hülle sitzend, die aus der früh-

zeitig eintrocknenden Außengalle hervorgegangen ist. Oberfläche glatt und glänzend, zunächst einfarbig hellgrün oder gelb, später meist mit zahlreichen roten oder violetten Punkten gezeichnet.

Vorkommen: An vielen verschiedenen Laub abwerfenden *Quercus*-Arten, auch an *Q. cerris* (Zerr-Eiche), ziemlich häufig.

Biologie: Die Galle der bisexuellen Generation erscheint mit dem Laubaustrieb von März bis Mai, meist reift sie im April. Die Wespen erscheinen zwischen März und Juni. Die Galle der parthenogenetischen Generation entwickelt sich ab Mitte Sommer bis Oktober. Bei der Reife im September oder Oktober fällt sie zu Boden, wobei die zweiklappige Hülle am Blatt verbleibt. Die Larve verpuppt sich in der Galle am Blatt oder auf dem Boden. Die Wespe schlüpft im September und Oktober des 1. Jahres oder im März und April des 2. Jahres.

57 *Neuroterus aprilinus*

April-Gallwespe

Cynipidae (Gallwespen)

Beschreibung: Die Galle der bisexuellen Generation (**A**) entwickelt sich innerhalb weniger Tage an einer Knospe. Bei dieser bleiben die unteren Knospenschuppen unverändert, während die oberen sich an ihrer Basis fleischig verdicken und miteinander zu einer länglichrunden, bis zu 1 cm hohen Galle verwachsen. Im Innern meist 1–3, gelegentlich bis zu 5 Larvenkammern (**B**). Gallen der parthenogenetischen Generation (**C**) an männlichen Blütenkätzchen, nur 1–1,5 mm groß und jeweils aus einem Staubblatt hervorgegangen. Reste der Staubbeutel an den Gallen noch deutlich als flache Wülste zu erkennen. Färbung hellgrün oder gelblich, oft rot getönt.

A

Vorkommen: An verschiedenen Laub abwerfenden *Quercus*-Arten, doch nicht an *Q. cerris* (Zerr-Eiche), ziemlich häufig.

Biologie: Die Galle der bisexuellen Generation erscheint bereits vor dem Laubaustrieb im April. Die Larve verpuppt sich in der Galle auf dem Baum. Die Wespe schlüpft im April oder Mai. Die Gallen der parthenogenetischen Generation entwickeln sich im Mai und Juni. Die Wespen erscheinen im Juli oder August.

58 *Neuroterus lanuginosus*

Cynipidae (Gallwespen)

Beschreibung: Gallen der parthenogenetischen Generation an der Blattunterseite, dick scheibenförmig, in der Mitte etwas erhöht, 4–6 mm breit und bis zu 4 mm hoch. Färbung weiß oder rötlich, mit langer, oberseits rotbrauner, zu den Rändern hin weißer Behaarung. Innen mit mehreren flachen, unbewohnten Hohlräumen und in der Mitte einer Larvenkammer.

Vorkommen: An *Quercus cerris* (Zerr-Eiche) und einigen nahen Verwandten, auch an immergrünen *Quercus*-Arten, von Südosteuropa bis Österreich und Italien verbreitet, fehlt in Deutschland.

Biologie: Die Galle erscheint im September, reift im Oktober und fällt dann zu Boden. Die Wespe schlüpft im März oder April des 2. Jahres.
Anmerkung: Eine bisexuelle Generation dieser Art ist nicht bekannt.

59 *Neuroterus numismalis*

Eichenmünzen-Gallwespe, Eichenseidenknopf-Gallwespe
Münzengalle, Seidenknopfgalle (parthenogenetisch)
Cynipidae (Gallwespen)

Beschreibung: Blasengalle der bisexuellen Generation (**A**) meist einzeln in der Blattfläche, kreisrund mit ca. 3 mm Durchmesser. Oberseits als flache Aufwölbung, in der Mitte mit einem winzigen Höcker und strahlenförmig angeordneten, hellen Streifen. Unterseits kaum über die Blattfläche hinausragend. Gallen der parthenogenetischen Generation (**B, C**) auf der Blattunterseite, oft in großer Zahl dicht beieinander. Dick scheibenförmig mit vertiefter Mitte, 2–3 mm im Durchmesser. Dicht mit einer goldbraunen, seidigen Behaarung überzogen. Anheftungsstellen der Gallen auf der Blattoberseite durch gelbe Flecke zu erkennen.
Vorkommen: An vielen verschiedenen Laub abwerfenden *Quercus*-Arten, auch an *Q. cerris* (Zerr-Eiche), überall häufig.
Biologie: Die Gallen der bisexuellen Generation sind von Mai bis Oktober auf den Blättern sichtbar. Sie reifen Ende Mai. Die Larven verpuppen sich in den Gallen. Die Wespen erscheinen bis Juli. Die Gallen der parthenogenetischen Generation entwickeln sich von August bis Oktober. Nach der Reife im Oktober fallen sie zu Boden und nehmen durch die Bodenfeuchtigkeit stark an Volumen zu. Die Larven verpuppen sich im Winter in den am Boden liegenden Gallen. Die Wespen erscheinen im zeitigen Frühjahr des 2. Jahres.

C

60 *Neuroterus quercusbaccarum*

Eichenlinsen-Gallwespe, Weinbeeren-Gallwespe
Linsengalle (parthenogenetisch), Weinbeerengalle (bisexuell)

Cynipidae (Gallwespen)

Beschreibung: Galle der bisexuellen Generation kugelig, 4–7 mm im Durchmesser, hellgrün und saftig und so an eine Weinbeere erinnernd. Meist an männlichen Blütenkätzchen und dann oft mit feiner, roter Fleckung (**A**) oder an der Blattunterseite (**B**). In diesem Fall auf der Blatt-

A

B

oberseite als gewölbte, kleine Scheibe zu erkennen. Seltener auch am Blattstiel oder an einem dünnen Zweig. Galle der parthenogenetischen Generation auf der Blattunterseite, selten auch auf der Oberseite, linsenförmig, mit flacher Unterseite und zur Mitte nabelartig oder winklig erhöhter Oberseite. 4–6 mm im Durchmesser und etwa 2 mm hoch, im Jugendstadium oft rosa gefärbt (**C**), später gelbbraun mit zahlreichen rotbraunen und gelben Sternhaaren (**D**). Oft in großer Zahl auf einem Blatt und dessen Unterseite oft fast vollkommen verdeckend. Blattfläche um die Anheftungsstelle oft in größerer Fläche gelblich entfärbt. Anheftungsstelle von der Blattoberseite oft als gelblich oder bräunlich verfärbter Punkt oder Fleck erkennbar (**E**).

Vorkommen: Auf fast allen Laub abwerfenden *Quercus*-Arten, überall häufig.

Biologie: Die Galle der bisexuellen Generation entwickelt sich im Mai oder Juni. Die Larve verpuppt sich in der Galle auf dem Baum, die Wespe schlüpft im Juni oder Juli. Die Gallen der parthenogenetischen Generation entwickeln sich von Juli bis Oktober. Sie fallen bei der Reife im Oktober ab und quellen dann durch Bodenfeuchtigkeit stark auf. Die Larven verpuppen sich im Winter in den am Boden liegenden Gallen. Die Wespen schlüpfen ab März des folgenden Jahres.

E

61 Neuroterus saliens

Zerreichenblattnerven-Gallwespe
Springgalle (parthenogenetisch)

Cynipidae (Gallwespen)

Beschreibung: Gallen der bisexuellen Generation (**A**) in jungen Früchten, diese durch die Vergallung manchmal stark angeschwollen, manchmal aber auch äußerlich kaum verändert, aber oft fleckig rötlich verfärbt. Im Innern zahlreiche Larvenkammern (**B**). Galle der parthenogenetischen Generation (**C**) meist an Nerven der Blattunterseite, seltener auch der Oberseite, spindelförmig und bis zu 4 mm lang. Quillt erst kurz vor der Reife aus einer Spalte im Blattnerv hervor, oft zu mehreren nebeneinander an derselben Stelle. Kann auch an der Rinde junger Zweige vorkommen.

A

Vorkommen: Galle der parthenogenetischen Generation an *Quercus cerris* (Zerr-Eiche), im Mittelmeergebiet auch an immergrünen *Quercus*-Arten, die der bisexuellen anscheinend auch an weiteren Arten dieser Gattung. Ursprünglich vom Mittelmeergebiet bis Österreich verbreitet, seit einigen Jahren auch in Deutschland.

Biologie: Die Galle der bisexuellen Generation reift von April bis Mai. Die Wespen schlüpfen im Mai und Juni und machen durch ihre zahlreichen Schlupflöcher in der Wand der Fruchthülle die vergallten Früchte leicht kenntlich. Die Galle der parthenogenetischen Generation springt nach der Reife im Oktober durch eine ruckartige Bewegung der Wespenlarve in ihrem Innern von der Unterlage ab und fällt zu Boden. Hier kann sie durch weitere derartige Bewegungen noch eine zusätzliche Wegstrecke zurücklegen.

62 *Neuroterus tricolor*

Kleine Eichenlinsen-Gallwespe

Cynipidae (Gallwespen)

Beschreibung: Galle der bisexuellen Generation (nicht abgebildet) an der Blattunterseite, kugelig und 4–5 mm groß. Weißlich oder graugrün, dicht mit weißen oder rötlichen, 1–2 mm langen Haaren besetzt. Galle der parthenogenetischen Generation (**A**, **B**) ebenfalls an der Blattunterseite, linsenförmig und ca. 3 mm groß. In der Mitte erhöht, Rand oft aufgebogen. Färbung weißlich oder rötlich, auch mehrfarbig, mit zahlreichen braunen Sternhaaren.

Vorkommen: An *Quercus petraea* (Trauben-Eiche), *Q. robur* (Stiel-Eiche), *Q. pubescens* (Flaum-Eiche) und *Q. frainetto* (Ungarische Eiche), nicht häufig.

Biologie: Die Galle der bisexuellen Generation ist von Mai bis August zu finden. Sie reift im Juni. Die Galle der parthenogenetischen Generation ist von Juli bis Oktober sichtbar. Sie reift ab Ende August. Die Larve verpuppt sich in der Galle auf dem Baum oder am Boden in der abgefallenen oder noch am Blatt haftenden Galle. Die Wespe erscheint im Oktober oder November des 1. Jahres oder zwischen März und Juli des 2. Jahres.

63 *Plagiotrochus quercusilicis*

Cynipidae (Gallwespen)

Beschreibung: Gallen der bisexuellen Generation in männlichen Blütenkätzchen (**A**) oder in Blättern der Wirtspflanze (**B**). Im ersten Fall schwillt die Spindel des Blütenstandes deutlich eiförmig an und färbt sich meist leuchtend rot. Die Gallen erinnern dadurch an Früchte des Maulbeerbaumes (*Morus*), lassen aber durch die an ihrer Oberfläche sitzenden Reste der Staubgefäße ihre Herkunft noch erkennen. Im zweiten Fall erscheint die Blattfläche im Bereich der Mittelrippe flach eiförmig angeschwollen und rot gefärbt. Die restliche Blattfläche kann weitgehend bis auf den bestachelten Blattrand reduziert sein. Gallen der parthenogenetischen Generation (**C**) in dünnen Zweigen der Wirtspflanze. Diese sind auf mehreren Zentimeter Länge deutlich verdickt und enthalten im Innern zahlreiche Larvenkammern.

Vorkommen: Besonders an *Quercus coccifera* (Kermes-Eiche), auch an anderen immergrünen *Quercus*-Arten. Im Mittelmeergebiet ziemlich verbreitet, in Mitteleuropa fehlend.
Biologie: Die Gallen der bisexuellen Generation reifen im Frühjahr. Bei den Gallen der parthenogenetischen Generation kann die Entwicklung 2–3 Jahre dauern.

A

B

64 *Synophrus politus*

Cynipidae (Gallwespen)

Beschreibung: Galle der parthenogenetischen Generation meist an einem Zweig sitzend, kugelig oder eiförmig und um 1 cm groß. Mit hartem, holzigem Kern, in dem sich eine Larvenkammer befindet, und äußerer Rindenschicht. Diese zunächst grün, später braun gefärbt. Oft mit Blattresten oder einem kleinen Blattschopf. Selten auch an der Blattunterseite als 6–8 mm große Kugelgalle.

Vorkommen: An *Quercus cerris* (Zerr-Eiche) und an immergrünen *Quercus*-Arten, im Mittelmeergebiet, nördlich bis Südtirol und Österreich, in Deutschland fehlend.

Biologie: Die Entwicklung beginnt in jungen Gallen, die durch die Gallwespen aus der Artengruppe *Andricus burgundus* ausgelöst wurden. Nachdem der ursprüngliche Gallenerzeuger abgestorben ist, bestimmt die *Synophrus*-Larve die weitere Entwicklung der Galle. Die Gallen reifen im Herbst, die Wespen erscheinen im Frühjahr.

Anmerkung: Die Art gehört systematisch zu einer Unterfamilie der Gallwespen, zu der sonst nur Einmieter in Gallen anderer Arten zählen. Sie scheint sich wie die meisten nicht an Eichen lebenden Gallwespen nur bisexuell fortzupflanzen. Aus Spanien wurde jedoch auch eine *Synophrus*-Art beschrieben, die sich dort an *Q. suber* (Kork-Eiche) entwickelt *(Synophrus hispanicus)* und von der bisher keine Männchen bekannt sind.

65 *Trigonaspis megaptera*

Eichennieren-Gallwespe, Korallen-Gallwespe

Cynipidae (Gallwespen)

A

Beschreibung: Galle der bisexuellen Generation (**A**) meist im unteren Teil von Stämmchen sehr junger Bäume oder an Stockausschlägen, seltener an dicken Stämmen, kugelig bis eiförmig und am Ende etwas zugespitzt, 4–10 mm groß. Fleischig, Färbung weißlich bis leuchtend rot. Im Innern eine Larvenkammer. Gallen der parthenogenetischen Generation (**B**, **C**) blattunterseits an der Mittelrippe oder einem dickeren Seitennerv, nierenförmig bis unregelmäßig schüsselförmig, 2–4 mm groß. Oft in großen, dichten Gruppen, Färbung hellgrün oder gelblich, oft etwas gerötet (**C**). Im Innern eine Larvenkammer.

B

C

Vorkommen: An vielen verschiedenen Laub abwerfenden *Quercus*-Arten, ziemlich häufig.
Biologie: Galle der bisexuellen Generation erscheint ab April und reift im Mai oder Juni. Die Larve verpuppt sich in der Galle, die Wespe erscheint zwischen Mai und Juli. Die Gallen der parthenogenetischen Generation erscheinen ab September. Sie fallen nach der Reife im Oktober oder November zu Boden. Die Larven verpuppen sich in den Gallen. Die Wespen erscheinen zwischen September und Dezember des 1. Jahres oder im Mai oder Juni des 2. Jahres, oft aber auch erst nach mehreren Jahren.

66 *Trigonaspis synaspis*

Cynipidae (Gallwespen)

Beschreibung: Gallen der bisexuellen Generation (nicht abgebildet) nicht sicher von denen der vorangegangenen Art zu unterscheiden. Gallen der parthenogenetischen Generation wie bei dieser oft in dichten Gruppen an der Blattunterseite. Form im deutlichen Unterschied zu ihnen aber kugelig mit bis zu 8 mm Durchmesser. Färbung hellgelblich bis rötlich, später braun.
Vorkommen: An verschiedenen Laub abwerfenden *Quercus*-Arten, im Mittelmeergebiet verbreitet, nach Norden bis Südtirol, in Deutschland fehlend.
Biologie: Die Gallen der parthenogenetischen Generation fallen nach der Reife im September oder Oktober ab.

Ranunculus Hahnenfuß

1 *Uromyces ficariae*

Brauner Scharbockskrautrost

Pucciniales (Rostpilze)

Beschreibung: Hellgelbe Aufwölbungen auf Blattspreiten, Blattstielen und Blattstängeln. Darauf kleine, nur um 0,5 mm große, braune Sporenlager, die später braunes Sporenpulver freigeben. Sporenlager meist in Gruppen beieinander auf einer gemeinsamen Anschwellung.
Vorkommen: An *Ranunculus ficaria* (Gewöhnliches Scharbockskraut), häufig.
Biologie: Dieser Rostpilz macht keinen Wirtswechsel. Er bildet in den Sporenlagern nur Teleutosporen (III), gelegentlich auch einige Uredosporen (II).

2 *Uromyces rumicis / Uromyces poae (Aecidium ficariae)*

Hahnenfuß-Rispengrasrost / Scharbockskraut-Ampferrost

Pucciniales (Rostpilze)

Beschreibung: Gelblich entfärbte Flecke mit etwas schwielig verdicktem Gewebe in der deformierten Blattfläche, oft in der Nähe des Blattrandes oder am Blattstiel. Darauf auf der Blattunterseite orangefarbene Sporenlager. Diese öffnen sich becherförmig mit krönchenartigem Rand und geben orange gefärbtes Sporenpulver frei. Die vergallten Blattstellen werden später dunkelbraun.

Vorkommen: An *Ranunculus ficaria* (Gewöhnliches Scharbockskraut), häufig.

Biologie: Die beschriebenen Aecidien (I) erscheinen von April bis Juni. Mit den Aecidiosporen erfolgt ein Wirtswechsel zu Ampfer (*Rumex*) bzw. Rispengräsern (*Poa*)

Anmerkung: Welche der beiden Rostpilz-Arten auf dem Scharbockskraut vorliegt, lässt sich makroskopisch oft schwer entscheiden. Ein Anhaltspunkt kann sein, dass bei *Uromyces rumicis* die Aecidien meist in Gruppen von 20–50 dicht beieinander sitzen. Bei *Uromyces poae* bilden sie meist Gruppen von 10–20, die oft ringförmig angeordnet sind. Wichtig für die Bestimmung ist auch, welcher zweite Wirt in der Nähe steht. Ist der zweite Wirt nicht bekannt, wird zusammenfassend für beide Arten häufig der Name *Aecidium ficariae* verwendet.

3 *Dasineura ranunculi*

Hahnenfußblatt-Gallmücke

Cecidomyiidae (Gallmücken)

Beschreibung: Gesamte Blattfläche oder Teile davon tütenförmig zusammengerollt, verdickt und gelblich oder rötlich gefärbt. Im Innern mehrere zunächst weiß, später orangegelb gefärbte Mückenlarven.

Vorkommen: An *Ranunculus acris* (Scharfer Hahnenfuß), *R. repens* (Kriechender Hahnenfuß) und weiteren Arten der Gattung, häufig.

Biologie: Zwei Generationen im Jahr. Erscheint ab Mai bis in den Spätsommer. Ein Teil der Larven verpuppt sich in der Galle, ein anderer Teil im Boden.

Rhamnus Kreuzdorn

1 *Puccinia coronata*

Kronenrost

Pucciniales (Rostpilze)

Beschreibung: Anfangs an jungen Zweigen, an der Blattbasis und auf der Blattoberseite gelbe Flecken. Die Gallen entwickeln sich von Mai bis August an diesen Zweigstellen bzw. auf der Unterseite der Blätter als eine deutliche Anschwellung und Verkrümmung. Auf dieser erheben sich Sporenlager als leuchtend orange gefärbte, anfangs etwa 0,5 mm große Pusteln. Sie öff-

nen sich zu einem zylindrischen Becher mit zurückgekrümmtem, krönchenartigem Rand und streuen orange Sporen aus.

Vorkommen: An *Rhamnus cathartica* (Echter Kreuzdorn) und *Frangula alnus* (Gewöhnlicher Faulbaum) häufig, seltener auf anderen *Rhamnus*-Arten.

Biologie: Siehe bei *Frangula alnus* (S. 156 f.).

2 *Trichochermes walkeri*

Kreuzdorn-Blattfloh

Psylloideae (Blattflöhe)

Beschreibung: Blattrand auf meist 1–2 cm Länge sehr fest nach oben umgerollt, deutlich knorpelig verdickt und besonders neben der Galle oft fein pelzig behaart. Hellgrün gefärbt, manchmal rot oder violett getönt, im Innern mehrere blassgelbe, abgeflachte Blattflohlarven mit einem Saum aus stabförmigen Wachsausscheidungen.

Vorkommen: An *Rhamnus cathartica* (Echter Kreuzdorn) häufig, seltener an anderen *Rhamnus*-Arten.

Biologie: Eine Generation im Jahr. Die Gallen entwickeln sich ab Mai. Ab Juni häutet sich das letzte Nymphenstadium, oft nahe der Galle, zur Imago. Erwachsene Blattflöhe können bis Oktober gefunden werden. Die Weibchen legen noch vor dem Winter ihre orange gefärbten Eier an den Zweigen, oft in Knospennähe, ab. Die Larven schlüpfen im Frühjahr, sobald sich die Knospen öffnen, und besiedeln die Blätter, wo sie die Gallbildung auslösen.

Anmerkung: Dieser Blattfloh kann beim Anzapfen des Phloems zellwandlose Bakterien übertragen, die Hexenbesen am Kreuzdorn verursachen (*Candidatus Phytoplasma rhamni*).

Rhododendron Alpenrose

1 *Exobasidium rhododendri*

Alpenrosen-Nacktbasidie, Alpenrosenapfel, Saftapfel, Ohrläppchenkrankheit

Exobasidiales (Nacktbasidienartige)

Beschreibung: Bis etwa walnussgroße, fleischig-schwammige und mehr oder weniger kugelige Anschwellung auf der Unterseite junger Blätter oder im Blütenstand. Meist gelblich gefärbt und an einer Seite gerötet, anfangs glänzend (**A**), später durch die sich entwickelnden Sporenmassen mit einer weißen Bereifung (**B**).

A

B

Vorkommen: Häufig an *Rhododendron ferrugineum* (Rostblättrige Alpenrose), seltener an *R. hirsutum* (Bewimperte Alpenrose) und den Hybriden beider Arten, besonders in den Alpen stellenweise nicht selten.

Biologie: Die in den Wirt eindringenden Hyphen wachsen zwischen den Wirtszellen. Die Infektion ist lokal, nur an der vom Pilz befallenen Stelle bläht sich das Gewebe zur Galle auf.

2 *Aceria alpestris* (= *Eriophyes alpestris*)

Eriophyoidea (Gallmilben)

Beschreibung: Rollengalle. Blätter an der Sprossspitze in der ganzen Länge eng nach oben eingerollt, auf beiden Seiten der Blattspreite mit einzelligen Haaren besetzt und heller gefärbt als die normalen Blätter.

Vorkommen: An *Rhododendron ferrugineum* (Rostblättrige Alpenrose) und *R. hirsutum* (Bewimperte Alpenrose), in den Alpen ziemlich häufig.

Ribes Johannisbeere Stachelbeere

1 *Cecidophyopsis ribis*

Johannisbeer-Gallmilbe

Eriophyoidea (Gallmilben)

Beschreibung: Knospengalle. Vor allem Seitenknospen, seltener auch Spitzenknospen auf bis über 1 cm Größe verdickt und kugelig. Im Frühjahr entweder austrocknend oder sich etwas öffnend, aber dann nicht oder nur wenig und verkrüppelt austreibend. Sich entfaltende

Blätter sind oft unsymmetrisch und tief eingeschnitten. Zwischen den verkümmerten Blättern Gallmilben.

Vorkommen: Vor allem an *Ribes nigrum* (Schwarze Johannisbeere), seltener an *R. rubrum* (Rote Johannisbeere) und *R. uva-crispa* (Stachelbeere), kann sich in Gärten zur Plage entwickeln.

Biologie: Während oder nach dem Laubaustrieb verlassen die Milben die Rundknospen und schwärmen über die Blätter. An exponierten Stellen richten sie sich auf. So können sie sich an fliegenden Insekten, die die Sträucher besuchen, wie etwa bestäubenden Bienen, festhaken und verbreitet werden. Diese Ausbreitungsart bringt sie sicherer zu anderen Johannisbeersträuchern als der Wind, den sie ebenfalls nutzen. Ab Ende der Blütezeit bis Ende Juli dringen die Milben in die nächstjährigen Knospen ein. Ab Juli können bereits neue vergrößerte Knospen sichtbar sein, in denen die Milben ihre Eier ablegen und die weitere Entwicklung stattfindet. Es entstehen mehrere Milbengenerationen im Jahr. Die Milben können die Sträucher nicht nur direkt schädigen, sondern sie sind auch Übertrager eines Virus, der die „Brennnesselblättrigkeit" der Schwarzen Johannisbeere verursacht.

2 *Cryptomyzus korschelti*

Johannisbeeren-Blattlaus

Aphidoidea (Blattläuse)

Beschreibung: Blattfläche nach oben blasig aufgetrieben und gelblich oder rot verfärbt (**A**), in den entsprechenden Vertiefungen der Blattunterseite orangefarbige, 2–2,5 mm große Blattläuse (**B**).

Vorkommen: An *Ribes alpinum* (Alpen-Johannisbeere) häufig, in Gärten auch an *R. rubrum* (Rote Johannisbeere) und Zier-Johannisbeeren (*Ribes* spp.).

Biologie: Die Johannisbeere ist der Primärwirt dieser Laus, die ihre Wintereier hier ablegt. Die im Frühjahr schlüpfenden Läuse entwickeln sich bis Mitte Juni auf dem Strauch. Die Sommergenerationen entwickeln sich ab Mitte Juni auf Sekundärwirten aus der Familie der Lippenblütler (Lamiaceae), zum Beispiel *Salvia* (Salbei), *Stachys byzantina* (Woll-Ziest).

Robinia Robinie

1 *Rhizobium sp.*

Wurzelknöllchen der Leguminosen

Bacteria (Bakterien)

Beschreibung: An den Wurzeln etwa 1–10 mm große Knöllchen, weißlich, gräulich oder in der Farbe der Wurzel, an der Oberfläche oft rau. Im Innern ohne Hohlraum.

Vorkommen: An *Robinia*-Arten, an allen Standorten zu finden.

Biologie: Die Wurzeln sondern verschiedene Signalstoffe ab, die frei im Boden lebende *Rhizobium*-Bakterien anlocken. Diese dringen in die Wurzeln ein, worauf sich die entsprechenden Stellen zu Wurzelknöllchen entwickeln.

Anmerkungen: Es handelt sich um dieselbe symbiontische Lebensgemeinschaft wie bei *Trifolium* (Klee, siehe S. 421 f.) und anderen Fabaceae. Während die meisten Schmetterlingsblütler nur Symbiosen mit einem oder wenigen Bakterienstämmen eingehen, sind es bei der Robinie über 30 verschiedene aus den Gattungen *Rhizobium*, *Mesorhizobium*, *Bradyrhizobium* und anderen. So kann das Gehölz auf unterschiedlichen Böden wachsen.

2 *Obolodiplosis robiniae*

Robinienblattroll-Gallmücke, Robinien-Gallmücke

Cecidomyiidae (Gallmücken)

Beschreibung: Rollengalle. Randrollung der Blattfiedern nach unten, teils auf einer Länge von ca. 1 cm (**A**), teils als zigarrenförmige Einrollung der gesamten Fiedern (**B**). Betroffener Bereich angeschwollen. Im Innern der Rolle bis zu fünf anfangs weiße, später orangefarbene Mückenlarven. Die ebenfalls orangefarbenen Puppen sind längere Zeit zu rollenden Bewegungen fähig (**C**). Gallmücke um 3 mm lang (**D**).
Vorkommen: An *Robinia pseudoacacia* (Robinie), in Süd- und Mitteleuropa bereits weit verbreitet und ziemlich häufig.
Biologie: Mehrere, meist 2–3, gelegentlich auch 4 Generationen im Jahr. Die Larven der ersten Generationen verpuppen sich in den Gallen, die der letzten überwintern im Boden und verpuppen sich dort im Frühjahr.
Anmerkung: Die Robinie wurde bereits im frühen 17. Jahrhundert aus Nordamerika nach Europa eingeführt, die Gallmücke tauchte als Neozoon erstmals 2003 in Europa auf. Von Norditalien aus breitete sie sich als invasive Art schnell weiter aus. Ein sehr effizienter Gegenspieler ist

die spezialisierte Schlupfwespe *Platygaster robiniae*. Diese Art wurde erst 2007 in Europa neu entdeckt und beschrieben. Möglicherweise handelt es sich bei dem Parasitoiden gar nicht um eine amerikanische Art, sondern um eine europäische Schlupfwespe, die sich mit dem neuen Wirt eine neue Nische erobert hat.

C

D

Rorippa Sumpfkresse

1 *Dasineura sisymbrii*

Kressenblüten-Gallmücke, Rauken-Gallmücke

Cecidomyiidae (Gallmücken)

Beschreibung: Schwammartige, bis etwa 2 cm große, mehr oder weniger kugelige Schwellung im oberen Bereich des Blütenstandes, weißlich oder hellgelblich, oft teilweise rötlich gefärbt, im Innern mit orangeroten Mückenlarven.

Vorkommen: An *Rorippa*-Arten, aber auch an anderen Kreuzblütlern (Brassicaceae): *Barbarea vulgaris* (Gewöhnliches Barbarakraut), *Descurainia sophia* (Gewöhnliche Besenrauke) und *Sisybrium*-Arten (Rauken).

Biologie: 2–3 Generationen im Jahr. Die Larven verpuppen sich in Kokons in der Galle.

Rosa Rose

Neben den Eichen sind die Rosen bei uns die zweitwichtigste Pflanzengattung für Gallwespen.

1 *Phragmidium sp.*

Rosenroste

Pucciniales (Rostpilze)

Beschreibung: Polsterartige Anschwellungen an Zweigen, Blättern, Blüten oder Früchten, die aufbrechen und leuchtend orangefarbene Sporenmassen hervorquellen lassen.
Vorkommen: An verschiedenen *Rosa*-Arten, außer an Wildarten auch an Zuchtformen, häufig.
Biologie: Mehrere verschiedene Arten der Gattung, die sich vor allem nach dem Bau der Sporen, teilweise auch nach den Wirtspflanzenarten unterscheiden lassen. Die oben beschriebenen, für die Gallen verantwortlichen Aecidien (I) entstehen ab Mai. Die kleinen, ebenfalls orangefarbenen Uredolager (II) und Teleutolager (III) bilden sich später auf derselben Rosenart, meist auf den Blattunterseiten.

2 *Dasineura rosae*

Rosenblattfalten-Gallmücke, Rosenblatt-Gallmücke, Rosenfalten-Gallmücke

Cecidomyiidae (Gallmücken)

Beschreibung: Beide Hälften der Fiederblättchen entlang der Mittelrippe nach oben zusammengeklappt, an eine Erbsenhülse erinnernd, Blattfläche bis auf einen schmalen Randsaum stark bauchig erweitert und verdickt. Entlang der Kontaktlinie der beiden Hälften oft wellenförmig hin und her gebogen (**A**), Außenseite nicht selten gerötet (**B**). Im Innern bis zu 50 anfangs helle, später orangefarbene Larven. Oft mehrere Blättchen eines Fiederblatts betroffen.

Vorkommen: An verschiedenen wilden *Rosa*-Arten häufig, seltener an Zuchtformen. Besonders an den oberen Trieben.

Biologie: Von Mai bis September in 2–3 oder auch mehr Generationen. Die ausgewachsenen Larven verlassen die Galle, fallen zu Boden und verpuppen sich dort.

Anmerkung: Oft leben in den Gallen dieser Art andere Gallmückenlarven als Einmieter, zum Beispiel die auch in ausgewachsenem Zustand weißen Larven der Gallmücken *Macrolabis luceti* und *Macrolabis alatauensis*.

3 *Blennocampa phyllocolpa*

Rosenblattrollwespe

Tenthredinidae (Blattwespen)

Beschreibung: Rollengallen: meist alle Fiederblättchen eines Blattes zigarettenartig nach unten eingerollt (**A**). Die meisten Blättchenrollen leer, in einigen eine anfangs weiße, später hellgrüne, bis zu 10 mm lange Afterraupe mit kurzen, gespaltenen Dornen (**B**).
Vorkommen: An verschiedenen *Rosa*-Arten und -Sorten, häufig, auch in Gärten.
Biologie: Eine Generation im Jahr. Die um 4 mm großen Blattwespen schlüpfen von April bis Juni. Das Weibchen legt je 1–3 Eier an den Rand der Blättchenunterseiten. Zusätzlich sticht es in die Nähe der Mittelrippe in die Blättchen, wodurch sich diese einrollen. Die meisten Eier sterben ab. Die überlebenden Larven fressen in der Röhre an den Blättchen. Ab Juli verlassen sie diese und wandern in den Boden, wo sie sich nach der Winterruhe im Frühjahr in einem Kokon verpuppen.

4 *Diplolepis eglanteriae*

Rosenblattkugel-Gallwespe

Cynipidae (Gallwespen)

Beschreibung: Gallen meist auf der Blattunterseite, seltener auf der Oberseite, oft zu mehreren nebeneinander, kugelrund, ohne Stacheln, 3–8 mm im Durchmesser. Wand ziemlich fest, Färbung grün oder mehr oder weniger gerötet (besonders bei Gallen auf der Blattoberseite), innen mit einer Larvenkammer.

Vorkommen: An verschiedenen wilden *Rosa*-Arten, häufig.

Biologie: Eine Generation im Jahr. Die Gallen reifen ab Juni und fallen dann ab. Die Larven überwintern und verpuppen sich in den Gallen am Boden. Die Wespen schlüpfen im Mai des Folgejahres.

5 *Diplolepis mayri*
Rosenstachel-Gallwespe
Cynipidae (Gallwespen)

Beschreibung: Gallen meist an Zweigen, einzeln und mehr oder weniger kugelig oder zu mehreren zusammenfließend und dann bis zu 4 cm große, knollige Komplexe bildend, außen mit zahlreichen 3–5 mm langen, dünnen Stacheln besetzt. Auch an Blättern, dort aber fast immer als einkammerige Einzelgallen. Anfangs fleischig und grün bis gelblich oder rot, später hart und dunkelbraun.
Vorkommen: An verschiedenen wilden *Rosa*-Arten, nicht häufig, selten an Zuchtformen.
Biologie: Eine Generation im Jahr. Die Gallen erscheinen im Juni oder Juli. Die Zweiggallen verbleiben lange an der Wirtspflanze, Blattgallen fallen mit den Blättern zu Boden. Die Larven verpuppen sich in den Gallen. Die Wespen schlüpfen im Mai oder Juni des nächsten Jahres.

6 *Diplolepis nervosa*
Rosenmorgenstern-Gallwespe
Cynipidae (Gallwespen)

Beschreibung: Gallen meist auf der Blattunterseite, seltener auf der Oberseite, meist einzeln, rundlich und mit mehreren kräftigen, stachelartigen Fortsätzen. Mehr oder weniger stark gerötet.

Vorkommen: An verschiedenen wilden *Rosa*-Arten, nicht häufig.
Biologie: Eine Generation im Jahr. Die Galle reift ab Juli und fällt danach ab. Die Larve überwintert und verpuppt sich in der Galle am Boden. Die Wespe erscheint im Sommer des nächsten Jahres.
Anmerkung: Die Art kann auch Gallen bilden, die vollkommen ohne Stacheln sind. Eine Unterscheidung von *D. eglanteriae* (Nr. 4) ist dann nur anhand der geschlüpften Gallwespen möglich.

7 *Diplolepis rosae*

Schlafapfel-Gallwespe, Gewöhnliche Rosen-Gallwespe, Bedeguar, Schlafapfel

Cynipidae (Gallwespen)

Beschreibung: Gallen als etwa 50 mm große, manchmal sogar noch größere, feste Klumpen an den Zweigspitzen mit zahlreichen fädigen, meist verzweigten Auswüchsen. Grün oder gelblich gefärbt, oft mehr oder weniger stark gerötet (**A**). Entsteht nicht aus dem Rindengewebe, sondern aus vergallten Blattanlagen, die zu größeren Komplexen miteinander verwachsen. Gallenkörper mit zahlreichen Kammern, in denen außer den Wirtslarven fast immer auch eine größere Zahl an Parasitoiden und Inquilinen heranwachsen (**B**, S. 48). Gallen gelegentlich auch am Blattstiel oder auf der Blattfläche, dann aber fast immer ziemlich klein (**C**). Alte Gallen sind noch jahrelang am Zweig zu erkennen.

Vorkommen: An vielen verschiedenen wilden *Rosa*-Arten, seltener auch an Zuchtformen, überall häufig.

A

B

Biologie: Die Gallen reifen ab August. Die Wespe schlüpft im folgenden Mai oder Juni. In Mitteleuropa gibt es praktisch ausschließlich Weibchen. Sie besitzen einen an der Basis rot gefärbten Hinterleib und beginnen schon bald mit der Eiablage in die austreibenden Zweigspitzen (**D**). Männchen treten erst in Südeuropa hin und wieder auf, sodass man bei uns von einer rein parthenogenetischen Fortpflanzung ausgehen kann. Das Fehlen der Männchen bzw. deren Seltenheit hängt mit Bakterien der Gattung *Wolbachia* zusammen. Diese leben in den Geschlechtsorganen der Gallwespen und werden über die Eizellen auf die Töchter weitergegeben. Männliche Tiere können die Bakterien nicht übertragen. Das Bakterium sichert sich sein Überleben, indem es in die Verteilung des Erbguts der Gallwespe so eingreift, dass die Weibchen nur noch diploide Eier legen, aus denen genetisch identische Weibchen entstehen. Damit sich Männchen entwickeln, wären haploide Eier nötig.
Anmerkung: Die Galle soll nach einem alten Volksglauben gegen Schlafstörungen helfen, wenn sie unter das Kopfkissen gelegt wird.

8 *Diplolepis spinosissimae*

Beidseitige Rosenblatt-Gallwespe

Cynipidae (Gallwespen)

Beschreibung: Meist als beidseitig auf der Blattfläche erscheinende, einkammerige Galle von 3–5 cm Länge, oft zu mehreren zusammenfließend und dann auch größere, mehrkammerige Komplexe bildend. Gelegentlich auch an Blattstielen oder Blüten.
Vorkommen: An vielen verschiedenen *Rosa*-Arten, auch an Zuchtformen, gebietsweise ziemlich häufig.

Biologie: Die Galle entwickelt sich ab dem späten Frühling und reift im Sommer. Sie fällt mit dem Blatt im Herbst zu Boden. Die Larve überwintert in der Galle und verpuppt sich im März. Die Wespe erscheint im Mai oder Juni des nächsten Jahres. Bei dieser Gallwespe konnte wie für *D. rosae* (Nr. 7) ein Einfluss des Bakteriums *Wolbachia* auf die Geschlechterhäufigkeit nachgewiesen werden.

Rubus Himbeere Brombeere Kratzbeere

1 *Candidatus Phytoplasma rubi*

Rubus-Stauche, Besenwüchsigkeit der Brombeere, Verzwergungskrankheit der Brombeere

Bacteria (Bakterien)

Beschreibung: Missgebildete Blüten mit verlängerten, schmaleren oder breiteren Kelchblättern und vergrünten Kronblättern, Blüten und Früchte oft durchwachsen. Hexenbesen aus gestauchten, kümmerlichen Seitentrieben.
Vorkommen: An *Rubus idaeus* (Himbeere) und *R. fruticosus* (Brombeere).
Biologie: Die zellwandlosen Bakterien werden von saugenden Insekten, besonders wohl der Himbeer-Maskenzikade (*Macropsis fuscula*) übertragen. Auch über miteinander verwachsene Wurzeln gelangen wahrscheinlich Phytoplasmen in Nachbarpflanzen. Der Erreger beeinflusst bestimmte Gene in seinem Wirt.

2 *Acalitus essigi*

Brombeer-Gallmilbe

Eriphyoidea (Gallmilben)

Beschreibung: Ungleich ausreifende Früchte. Alle oder einzelne Früchtchen der Sammelsteinfrucht reifen nicht oder sehr verzögert, sodass eine Sammelsteinfrucht sowohl schwarze als auch rote Früchtchen zeigt. Scheinbar reife, schwarze Früchte schmecken weniger süß. Früchte können auch austrocken.

Vorkommen: An *Rubus fruticosus* (Brombeere), häufig, auch in Gärten. Besonders an Pflanzen, die in der Sonne stehen.

Biologie: Die Milben überwintern unter Knospenschuppen, in Blattachseln oder Fruchtmumien. Zur Blütezeit saugen sie besonders in Kelchnähe, dann an den sich entwickelnden Früchtchen und legen hier auch ihre Eier ab. Es können 8–10 überlappende Generationen auftreten. Ende August und Anfang September sind die Milbenpopulationen am größten und damit ist die Anzahl befallener Früchte am höchsten. Später nimmt der Befall durch erhöhte Sterblichkeit der wärmeliebenden Tiere wieder ab. Im Obstbau kann diese Gallmilbe zu Ernteverlusten führen. Die befallenen Früchte sind jedoch nicht giftig.

3 *Lasioptera rubi*

Himbeerruten-Gallmücke, Himbeer-Gallmücke

Cecidomyiidae (Gallmücken)

Beschreibung: Ambrosiagalle. Kugelige bis länglich-eiförmige, oft einseitige, dickwandige Anschwellung des Triebes, bis zu 3 cm lang und 5–15 mm dick, einkammrig. Zunächst grün, später holzig und braun mit längsrissig aufplatzender Rinde (**A**). Im Innern zahlreiche weiße, später orangefarbene Mückenlarven in einem Hohlraum zwischen Kot, zersetztem Pflanzengewebe und Pilzmyzel (**B**).

Vorkommen: An *Rubus idaeus* (Himbeere), *R. caesius* (Kratzbeere) und *R. fruticosus* (Brombeere), überall häufig.

Biologie: Eine Generation im Jahr. Die Mücke schlüpft ab Mai und gelangt durch Risse oder zersetzte Gallenbereiche ins Freie. Sie legt ihre Eier an die Basis von Knospen oder Seitentrieben. Die nach etwa 10 Tagen schlüpfenden Larven bohren sich in den Stängel, der innerhalb von 6 Wochen zur Galle anschwillt. Die Larven fressen mehrere Monate in der Galle und verpuppen sich dort im Frühjahr des 2. Jahres.

4 *Diastrophus rubi*

Brombeerspross-Gallwespe, Brombeer-Gallwespe

Cynipidae (Gallwespen)

Beschreibung: Eiförmige bis schmal längliche, außen bucklig unebene Anschwellung des Triebes von 1–8 cm Länge und bis zu 1 cm Durchmesser. Außen grün und glatt berindet, im Innern zahlreiche Larvenkammern (**A**). Gelegentlich auch an Blattstielen, dann aber ziemlich klein und mit wenigen Kammern.

Vorkommen: Vor allem an *Rubus caesius* (Kratzbeere), auch an *R. fruticosus* (Brombeere), nicht selten.

Biologie: Eine Generation im Jahr. Die Galle entwickelt sich ab Juni und reift im Spätsommer. Die Larven überwintern in der Galle und verpuppen sich im Frühjahr des nächsten Jahres. Die Wespen schlüpfen im Mai oder Juni und hinterlassen in der Rinde ein Muster aus braun umringten Schlupflöchern (**B**).

Salix Weide

Weiden bieten einer Vielzahl von anderen Organismen einen Lebensraum. Hierzu gehören zahlreiche Gallenerreger aus unterschiedlichen Gruppen. Diese profitieren davon, dass Weiden während der ganzen Vegetationsperiode wachsen und so über lange Zeit geeignete Bedingungen für die Gallenentwicklung bieten. Besonders bekannt sind Weiden für die Fülle an Blattwespen, die sich von ihnen ernähren. Die Afterraupen der gallenbildenden Arten fressen in geschlossenen Gallen oder offenen Fraßröhren, die der größeren Arten frei an den Blättern.

1 *Agrobacterium tumefaciens*

Bakterienkrebs

Bacteria (Bakterien)

Beschreibung: Aus der Rinde an einem Zweig oder am Stamm hervorbrechende, rundliche Wucherung, von meist Haselnuss- bis Walnussgröße, manchmal bis Faustgröße. Zunächst fleischig und weißlich bis rötlich gefärbt (**A**), später zunehmend bräunlich und verholzend (**B**), im Innern ohne Kammern. Wächst über mehrere Jahre und bleibt später noch weitere Jahre gut erkennbar.

Vorkommen: An vielen verschiedenen *Salix*-Arten, daneben auch an anderen Pflanzen (zum Beispiel S. 54, 242 f., 262 f.).

Biologie: Die Erreger gelangen über Wunden in die Rinde und lösen dort die Wucherungen aus.

A

B

2 *Candidatus Phytoplasma*

Wirrzöpfe

Bacteria (Bakterien)

Beschreibung: Kleine bis mehrere Dezimeter große Missbildung von Zweigspitzen, Seitenzweigen oder Blütenkätzchen, oft verbunden mit starker Verzweigung und Ausbildung extrem vieler deutlich verkleinerter Blätter. Diese können zu kolbenartigen Gebilden verdichtet (**A**), in anderen Fällen aber auch sehr locker angeordnet sein (**B**).

Vorkommen: An verschiedenen *Salix*-Arten nicht selten, besonders an schmalblättrigen, seltener an *S. caprea* (Sal-Weide) und ihren näheren Verwandten (**C**).

A

Anmerkung: Die Entstehung dieser auffallenden Bildungen ist immer noch umstritten. Zunächst ging man von Gallmilben als Verursachern aus. Später waren aber vor allem Bakterien und Viren im Gespräch. Die Gallmilben, von denen man zum Teil verschiedene Arten zwischen den Blättern fand, galten jetzt als sekundäre Besiedler. Dann wurde wieder davon ausgegangen, dass die Gallen wohl doch von der Weidenwirrzopf-Gallmilbe *Stenacis triradiatus* verursacht

werden und weitere Arten von Gallmilben als Einmieter zu betrachten sind. Mittlerweile konnte aber gezeigt werden, dass die Gallen auch nach Abtöten der Milben weiterwachsen. Außerdem konnte in entsprechenden Missbildungen unter anderem an *Salix babylonica* (Trauer-Weide) und *S. alba* (Silber-Weide) die DNA von Phytoplasmen nachgewiesen werden. Damit sind wahrscheinlich entsprechende Phytoplasmen die Auslöser und die Gallmilben könnten diese übertragen.

3 *Melampsora sp.*

Weidenroste

Pucciniales (Rostpilze)

Beschreibung: Orangefarbene, rundliche, polsterförmige bis pulvrige Sporenlager von ca. 1–3 mm Durchmesser an der Blattunterseite, oft aber auch auf der Oberseite. Bei Befall auf den Blattnerven diese oft verdreht. Mehrere nur nach mikroskopischen Merkmalen der Sporen unterscheidbare Arten. Bei starkem Befall krümmen und kräuseln sich die Blätter und können verdorren oder vorzeitig abfallen.
Vorkommen: An verschiedenen *Salix*-Arten, die einzelnen Rostpilzarten meist an bestimmte Weidenarten gebunden.
Biologie: Nach den beschriebenen orangen Uredosporenlagern (II) entstehen auch die braunen bis schwarzen Teleutosporenlager (III) auf den Blättern. Nicht alle *Melampsora*-Arten führen zu einem veränderten Pflanzenwachstum und damit zur Gallbildung. Die meisten *Melampsora*-Arten zeigen einen Wirtswechsel zu anderen Pflanzen. Die Sporedien (0) und Aecidien (I) entwickeln sich je nach *Melampsora*-Art zum Beispiel auf *Larix* (Lärche), *Allium* (Lauch), *Galanthus* (Schneeglöckchen) oder *Arum* (Aronstab), manche bleiben mit allen Sporengenerationen auf der gleichen Pflanze.

4 *Aculus magnirostris*

Eriophyoidea (Gallmilben)

Beschreibung: Blattrand meist an mehreren voneinander getrennten Stellen eng aufgerollt, verdickt und oft auch wellenförmig auf- und abgebogen. Oft auch nur kleine knorpelige Knöpfchen am Blattrand. Zunächst grün, später oft leuchtend rot gefärbt.
Vorkommen: An *Salix fragilis* (Bruch-Weide), *S. alba* (Silber-Weide) und *S. purpurea* (Purpur-Weide), nicht selten.
Anmerkung: Es ist noch nicht endgültig geklärt, ob diese Blattrandgallen ausschließlich durch die genannte Art oder auch durch die Gallmilbe *Aculus craspedobius* ausgelöst werden.

5 *Aculus tetanothrix*

Eriophyoidea (Gallmilben)

Beschreibung: Gallen vor allem auf der Blattoberseite, köpfchenförmig, kurz gestielt und 1–2 mm hoch, meist zahlreich auf einem Blatt. Außenseite kahl oder behaart, innen ebenso. Auf der Blattunterseite eine enge Öffnung, die durch Haare versperrt wird.

Vorkommen: Auf schmalblättrigen *Salix*-Arten, häufig.
Biologie: Die Milben überwintern in Rindenspalten oder unter Knospenschuppen.
Anmerkung: Diese Milbe gehört zu einem Komplex von Milben, die Gallen auf verschiedenen Weiden bilden.
Ähnlich: Auf den breitblättrigen Weiden aus der Verwandtschaft von *S. caprea* (Sal-Weide) findet man die sehr ähnlichen Gallen von *Aculus laevis*.

6 *Iteomyia capreae*

Kleine Weidenknorpel-Gallmücke, Kleine Weidenknorpelgalle

Cecidomyiidae (Gallmücken)

A

B

Beschreibung: Harte Gallen in der Blattfläche oder auf den Seitennerven, oft in größerer Zahl dicht beieinander, rundlich und 1–4 mm im Durchmesser. Auf beiden Blattseiten sichtbar. Oberseits als mehr oder weniger rote, gelb umrandete Anschwellung (**A**). Auf der Blattunterseite deutlicher erhaben, hier mit einer mehr oder weniger rötlich umringten Öffnung (**B**). Im Innern jeweils eine zunächst weiße, später orangefarbene oder rote Mückenlarve, die durch die Öffnung sichtbar ist.
Vorkommen: An *Salix caprea* (Sal-Weide), *S. aurita* (Ohr-Weide), ihren Hybriden und nahen Verwandten, häufig.
Biologie: Eine Generation im Jahr. Die ausgewachsene Larve verlässt die Galle und lässt sich auf den Boden fallen. Dort überwintert sie und verpuppt sich im Frühjahr.

7 *Iteomyia major*

Große Weidenknorpel-Gallmücke, Große Weidenknorpelgalle

Cecidomyiidae (Gallmücken)

Beschreibung: Gallen ähnlich der vorigen Art, jedoch größer und meist in Gruppen zu etwa 2–10 in der Blattfläche, an der Mittelrippe oder an einem Seitennerven einen knorpelig harten Komplex bildend. Öffnungen der Einzelgallen auf der Blattunterseite. Im Innern zunächst weiße, später blassorangefarbene Mückenlarven.

Vorkommen: An *Salix caprea* (Sal-Weide), *S. cinerea* (Grau-Weide) und anderen *Salix*-Arten, besonders an breitblättrigen Arten, ziemlich häufig.

Biologie: Eine Generation im Jahr. Die Larven lassen sich im späten Sommer zu Boden fallen, überwintern im Boden und verpuppen sich im Frühjahr.

8 *Rabdophaga heterobia*

Mandelweidenschopf-Gallmücke, Mandelweidenblüten-Gallmücke

Cecidomyiidae (Gallmücken)

Beschreibung: Gallen der ersten Generation (**A**) an männlichen Blütenkätzchen, diese meist an ihrer Spitze, seltener an der Basis mit deutlich verdickten und verlängerten, dicht weißfilzig behaarten Staubfäden, hierdurch etwa zur Hälfte wollig verdickt erscheinend. Gallen der zweiten Generation (**B**) an den Zweigspitzen, hier als knospenartiger, bis etwa 10 mm großer, dicht weiß behaarter Blattschopf, der von 3–6 größeren, an der Basis deutlich verbreiterten und sternförmig ausgebreiteten Blättern rosettenartig eingerahmt wird. Zwischen den verdickten Staubfäden bzw. im Blattschopf mehrere gelb oder rötlich gefärbte Mückenlarven.

Vorkommen: Nur an *Salix triandra* (Mandel-Weide), nicht selten.

Biologie: Zwei Generationen, von Ende April bis September. Die ausgewachsenen Larven verpuppen sich in weißen Kokons in den Gallen. Die der zweiten Generation überwintern eventuell auch zwischen den abgestorbenen Rosettenblättern, die nach dem normalen Laubfall am Strauch bleiben.

Ähnlich: Gleichartige Gallen auf *Salix repens* (Kriech-Weide), *S. purpurea* (Purpur-Weide) und anderen Weidenarten werden von anderen *Rabdophaga*-Arten ausgelöst.

9 *Rabdophaga rosaria*

Weidenrosen-Gallmücke

Cecidomyiidae (Gallmücken)

Beschreibung: Rosettengalle. Bis zu über 30 Blätter an einer Zweigspitze verkleinert und zu einer dichten, aber ausgebreiteten Rosette zusammengezogen (**A**). Nicht auffallend behaart. Im Innern nur eine weißliche bis orangerote Larve. Galle nach dem Laubfall dunkelbraun bis schwarz verfärbt und dann noch lange Zeit, meist bis zum nächsten Laubaustrieb, am Zweig zu erkennen (**B**).

Vorkommen: An *Salix caprea* (Sal-Weide) (**A**) *S. cinerea* (Grau-Weide) (**B**) und nahe verwandten Arten sowie an *S. alba* (Silber-Weide) und weiteren Weidenarten, häufig.

Biologie: Das Weibchen legt seine Eier im April oder Anfang Mai einzeln in Endknospen. Die Larven überwintern in der Galle und verpuppen sich im Frühjahr.

Anmerkung: Möglicherweise handelt es sich nicht um eine Art, sondern um einen Artenkomplex.

10 *Rabdophaga salicis*

Weidenruten-Gallmücke

Cecidomyiidae (Gallmücken)

Beschreibung: Kugelige oder spindelförmige, um 1 cm dicke und oft mehrere Zentimeter lange Anschwellung eines jungen Zweiges, die sich allmählich zur normalen Zweigdicke verschmälert (**A**). Im Innern zahlreiche Larvenkammern mit je einer orangen Mückenlarve (**B**).

Vorkommen: An *Salix caprea* (Sal-Weide), *S. aurita* (Ohr-Weide) und *Salix cinerea* (Grau-Weide), häufig.

Biologie: Eine Generation im Jahr. Die Larven überwintern und verpuppen sich im Frühjahr in der Galle. Die Imagines erscheinen im Mai oder Juni.

Ähnlich: Weitere *Rabdophaga*-Arten in ähnlichen Gallen. Andere Insekten-Sprossgallen an Weiden werden durch Käfer, Schmetterlinge und Blattwespen (zum Beispiel S. 373) verur-

sacht. Meistens müssen die Gallen aufgeschnitten werden, um anhand der Larven oder Puppen die Zuordnung vorzunehmen.

11 *Rabdophaga strobilina*
Cecidomyiidae (Gallmücken)

Beschreibung: Blätter an der Zweigspitze zu einer fast geschlossenen, 10–15 großen Knospe zusammengezogen, sehr an eine sich eben öffnende Rosenknospe oder an eine Artischocke erinnernd. Grün oder gelblich gefärbt, oft auch deutlich gerötet. Zweig unterhalb der Galle oft in einem engen Kreis um mehr als 180° gebogen.
Vorkommen: An *Salix purpurea* (Purpur-Weide), ziemlich häufig, vor allem in den Alpen und in ihrem Vorland.
Biologie: Mittlerweile wird vermutet, dass *Rhabdophaga strobilina* eine Inquiline in den Gallen von *R. rosaria* (Nr. 9) ist. In der Zentralkammer entwickelt sich *R. rosaria*, unter den Schuppen der Galle *R. strobilina*.

12 *Rabdophaga terminalis*
Weidentriebspitzen-Gallmücke
Cecidomyiidae (Gallmücken)

Beschreibung: Oberste Blätter an der Triebspitze zu einem schmalen Schopf zusammenneigend. Blätter eingerollt, gefaltet oder gekräuselt, etwas verdickt und oft rötlich gefärbt, nicht auffällig behaart. Im Innern viele orange oder rötlich gefärbte Mückenlarven.

Vorkommen: An verschiedenen schmalblättrigen *Salix*-Arten, besonders an *S. alba* (Silber-Weide) und *S. fragilis* (Bruch-Weide), häufig.

Biologie: Zwei oder mehr Generationen im Jahr. Die Larven verpuppen sich teilweise in der Galle, teilweise im Boden. Befallene Triebspitzen stellen ihr Längenwachstum ein und sterben schließlich ab. Unterhalb des Blattschopfes entstehen Seitentriebe.

13 *Euura acutifoliae (= Pontania acutifoliae daphnoides)*
Reifweiden-Blattwespe
Tenthredinidae (Blattwespen)

Beschreibung: Rundliche Galle an der Blattunterseite, bis zu etwa 1,5 cm dick, dickwandig. Deutlich glänzend, grün oder gelblich bis leuchtend rot gefärbt, auf der Oberfläche meist mit wenigen gelblichen Warzen.
Vorkommen: An *Salix daphnoides* (Reif-Weide) und Hybiden mit dieser, vor allem im ursprünglichen Verbreitungsgebiet der Wirtspflanze (Alpen und Alpenvorland), doch auch an sekundären Vorkommen dieser Weide. Außerdem an der in Osteuropa und Asien heimischen *S. acutifolia* (Spitzblättrige Weide), auch an gepflanzten Exemplaren.
Biologie: Eine Generation im Jahr.

14 *Euura amerinae*

Weidenmark-Blattwespe

Tenthredinidae (Blattwespen)

Beschreibung: Haselnuss- bis walnussgroße, rundliche oder etwas längliche Wucherungen an Zweigen (**A**), die äußerlich sehr an die Gallbildungen des Bakteriums *Agrobacterium tumefaciens* erinnern (Nr. 1). Im deutlichen Unterschied zu diesen aber im Innern mit bis zu 5 Kammern, in denen jeweils eine Afterraupe lebt (**B**). Später können die Kammern gelegentlich verschmelzen. Zweig im Bereich der Galle oft scharf gebogen.
Vorkommen: Nur an *Salix pentandra* (Lorbeer-Weide), offenbar mehr im nördlichen Mitteleuropa.
Biologie: Eine Generation im Jahr. Die Afterraupen verpuppen sich in dünnwandigen Kokons in der Galle.
Anmerkung: Einzige Blattwespengalle mit mehreren Larvenkammern.

15 *Euura bella (= Pontania bella)*

Tenthredinidae (Blattwespen)

Beschreibung: Rundliche Galle an der Blattunterseite. Unbehaart und deutlich glänzend, mehr oder weniger mit Warzen besetzt. Färbung gelblich bis leuchtend rot.
Vorkommen: Nur an *Salix aurita* (Ohr-Weide), nicht häufig.

16 *Euura bridgmanii (= Pontania bridgmanii)*

Salweidenknorpel-Blattwespe

Tenthredinidae (Blattwespen)

Beschreibung: Galle auf beiden Blattseiten etwa gleich ausgebildet, bohnenförmig und dickwandig, meist mit Kontakt zur Mittelrippe (**A**). Oberfläche glatt, nicht bzw. nicht anders behaart als die normale Blattfläche, meist in der Farbe des Blattes.

Vorkommen: An *Salix caprea* (Sal-Weide), *S. cinerea* (Grau-Weide), *S. aurita* (Ohr-Weide) und weiteren Weiden-Arten, häufig.

Biologie: Zwei Generationen im Jahr. Die harte, dicke Gallenwand wird während der Fresstätigkeit der Afterraupe dünner (**B**). Im Innern reichert sich währenddessen Kot der Larve an. Die ausgewachsene Larve verlässt die Galle und verpuppt sich im Boden.

17 *Euura collactanea (= Pontania collactanea)*

Kriechweiden-Blattwespe

Tenthredinidae (Blattwespen)

Beschreibung: Gallen an der Blattunterseite, rundlich oder etwas unregelmäßig geformt. Oberfläche mit oder ohne Warzen, schwach behaart oder kahl. Färbung grün bis einfarbig rot.

Vorkommen: Nur an *Salix repens* (Kriech-Weide) und *S. rosmarinifolia* (Rosmarinblättrige Weide), an den Standorten der Wirtspflanze meist nicht selten.

Biologie: Eine Generation im Jahr. Die dicke Gallenwand wird während der Fresstätigkeit der Afterraupe dünner. Im Innern reichert sich währenddessen Kot der Larve an.

18 *Euura elaeagnocola* (= *Pontania elaeagnocola*)

Tenthredinidae (Blattwespen)

Beschreibung: Gallen auf der Blattoberseite, dickwandig, länglich („wurstförmig"), meist zu zweit beiderseits der Mittelrippe und parallel zueinander orientiert, zunächst grün, später meist dunkelrot gefärbt.

Vorkommen: Nur an *Salix elaeagnos* (Lavendel-Weide), an den Wildstandorten dieser Weide entlang der Alpenflüsse stellenweise nicht selten, auch an gepflanzten Sträuchern in Parks und Gärten.

19 *Euura kriechbaumeri* (= *Pontania kriechbaumeri*)

Tenthredinidae (Blattwespen)

Beschreibung: Gallen an der Blattunterseite, rundlich bis eiförmig, oft seitlich etwas abgeflacht oder an der Spitze zweizipfelig. Grundfärbung grün oder rot, durch die dichte, weißfilzige Behaarung teilweise verdeckt.

Vorkommen: Nur an *Salix elaeagnos* (Lavendel-Weide), an den Wildstandorten dieser Weide in den Alpen und im Alpenvorland ziemlich häufig.

Biologie: Eine Generation im Jahr.

20 *Euura mucronata*

Weidenknospen-Blattwespe

Tenthredinidae (Blattwespen)

Beschreibung: Knospengalle. Die von der Knospenschuppe eingeschlossene Kätzchenknospe der Wirtspflanze deutlich angeschwollen (**A**). Wand verdickt und etwas fleischig. Im Innern eine weiße oder gelbliche Afterraupe (**B**).
Vorkommen: An *Salix aurita* (Ohr-Weide), *S. caprea* (Sal-Weide) und *S. cinerea* (Grau-Weide).

Biologie: Eine Generation im Jahr. Die Überwinterung findet im Boden statt. Die Gallen entwickeln sich ausschließlich aus Kätzchenknospen, nie aus Blattknospen. Es werden sowohl männliche als auch weibliche Kätzchenknospen befallen. Obwohl sie relativ unscheinbar sind, finden oft Meisen die Gallen und picken sie auf.
Ähnlich: An anderen *Salix*-Arten sehr ähnliche Knospengallen anderer *Euura*-Arten.

21 *Euura pedunculi* (= *Pontania pedunculi*)

Weidenfilz-Blattwespe

Tenthredinidae (Blattwespen)

Beschreibung: Gallen an der Blattunterseite, meist um 5 mm groß, kugelig, gelbgrün gefärbt, abstehend weiß behaart und auf der Oberfläche mit einigen feinen Warzen besetzt. Anwachsstelle auf der Blattoberseite als oft rot gefärbter Hügel erkennbar.
Vorkommen: An breitblättrigen, behaarten *Salix*-Arten wie *S. caprea* (Sal-Weide), *S. aurita* (Ohr-Weide), *S. cinerea* (Grau-Weide).

22 *Euura proxima* (= *Pontania proxima*)

Weidennieren-Blattwespe, Weidengallen-Blattwespe

Tenthredinidae (Blattwespen)

Beschreibung: Gallen neben der Blattmittelrippe, bohnenförmig und dickwandig, auf der Ober- und Unterseite gleichermaßen entwickelt. Meist in größerer Zahl in zwei Reihen angeordnet (manchmal mehr als 20 Gallen/Blatt), Färbung grün oder rot, Oberfläche glatt und glänzend.
Vorkommen: An *Salix fragilis* (Bruch-Weide), *S. alba* (Silber-Weide) und ihren Hybriden, fast überall die häufigste *Pontania*-Art.
Biologie: Zwei Generationen von Frühjahr bis Herbst. Die erste Generation fliegt etwa im Mai, die zweite im Juli. Kurz vor Ende der Entwicklung beißt die Larve ein Loch in die Unterseite und entfernt den Kot aus der Galle,

verpuppt sich aber schließlich in Rindenritzen oder am Erdboden in einem Kokon. Die Eientwicklung erfolgt parthenogenetisch (auf über 500 Weibchen kommt durchschnittlich ein Männchen).

23 *Euura reticulatae (= Pontania reticulatae)*

Netzweiden-Blattwespe

Tenthredinidae (Blattwespen)

Beschreibung: Gallen nur an der Blattunterseite, unregelmäßig kugelig, unbehaart und dünnwandig. Gelblich grün oder je nach Besonnung mehr oder weniger rot gefärbt. Anwachsstelle auf der Oberseite des Blattes oft als roter Fleck erkennbar.
Vorkommen: Nur an *Salix reticulata* (Netz-Weide), in den Alpen an den Standorten der Wirtspflanze.
Biologie: Eine Generation im Jahr.

24 *Euura triandrae (= Pontania triandrae)*

Mandelweiden-Blattwespe

Tenthredinidae (Blattwespen)

Beschreibung: Gallen außer durch die andere Wirtspflanze kaum von jenen von *Euura proxima* (Nr. 22) zu unterscheiden, meist einzeln oder in geringer Zahl auf einem Blatt.
Vorkommen: Nur an *Salix triandra* (Mandel-Weide), ziemlich häufig.

25 *Euura varia* (= *Pontania varia*)

Tenthredinidae (Blattwespen)

Beschreibung: Gallen nur an der Blattunterseite, unregelmäßig kugelig, deutlich behaart bis unbehaart. Oft mit kleinen Warzen an der Oberfläche und oft zu mehreren nebeneinander. Färbung gelbgrün, oft rotbackig oder ganz rot.
Vorkommen: Nur an *Salix myrsinifolia* (Schwarzwerdende Weide), im Alpenvorland und in den Alpen nicht selten.

26 *Euura vesicator* (= *Pontania vesicator*)

Tenthredinidae (Blattwespen)

Beschreibung: Gallen auf beiden Blattseiten gleich entwickelt, ziemlich groß und blasig aufgetrieben, Blattfläche im Bereich der Gallen meist deutlich verbreitert. Galle unbehaart und dünnwandig, gelbgrün und meist mehr oder weniger stark gerötet, ohne Warzen. Meist nur 1–2, aber auch bis zu 4 Gallen pro Blatt.
Vorkommen: Nur an *Salix purpurea* (Purpur-Weide), ziemlich häufig.
Biologie: Zwei sich vermischende Generationen im Jahr. Die Eiablage erfolgt in sehr junge Blätter, in die das Weibchen auf der Unterseite am Mittelnerv eine Eitasche sägt. Mit dem Ei gelangen Wuchsstoffe aus der Drüse des Weibchens in das Blatt, sodass schon ein Anstich genügt, die Bildung der Galle auszulösen. Wenn die Larven schlüpfen, sind die Gallen schon fast vollständig ausgewachsen. Während des Wachstums der Afterraupen reichert sich der Kot in den Gallen an. Erst wenn die Afterraupe ausgewachsen ist, frisst sie ein rundes Loch in die Gallenwand und verlässt diese, um sich im Boden in einem Kokon zu verpuppen.

27 *Euura viminalis (= Pontania viminalis)*

Purpurweidengallen-Blattwespe, Korbweiden-Blattwespe

Tenthredinidae (Blattwespen)

Beschreibung: Gallen an der Blattunterseite, kugelig, ziemlich dickwandig, auf der Oberfläche meist mit einigen Warzen. Färbung gelblich grün und mehr oder weniger gerötet (**A**).

A

Blattoberseits nur ein leichter Wulst am Mittelnerv. Meist nur eine Galle pro Blatt. Im Innern eine Afterraupe (**B**).

Vorkommen: Nur an *Salix purpurea* (Purpur-Weide), häufig.

Biologie: Sehr ähnlich jener von *Euura vesicator* (Nr. 26).

28 *Euura virilis* (= *Pontania virilis*)

Weidenwulst-Blattwespe

Tenthredinidae (Blattwespen)

Beschreibung: Gallen sehr ähnlich denen von *Euura elaeagnocola* (Nr. 18), außer durch die Wirtspflanze kaum von dieser zu unterscheiden. Oberfläche aber oft grau bereift und Färbung dadurch mehr violett erscheinend.

Vorkommen: Nur an *Salix purpurea* (Purpur-Weide), nicht selten.

Biologie: Eine Generation im Jahr. Das Weibchen sägt junge, sich gerade entfaltende Blätter an der Unterseite am Mittelnerv drei- bis fünfmal in gleichmäßigen Abständen an. Die abgegeben Wuchsstoffe lösen die Gallbildung aus. Nur in die mittlere Sägestelle wird ein Ei gelegt. Die ausgewachsene Afterraupe frisst ein rundes Loch in die Gallenwand und verlässt diese, um sich im Boden in einem Kokon zu verpuppen.
Anmerkung: Gelegentlich können alle drei Blattwespengallen der Purpur-Weide (Nr. 26–28) nebeneinander am gleichen Exemplar auftreten.

29 *Phyllocolpa sp.*

Weidenroll-Blattwespe

Tenthredinidae (Blattwespen)

Beschreibung: Faltengalle, Rollengalle. Blattrand meist etwa auf seiner halben Länge nach unten umgeschlagen oder eingerollt, nicht deutlich verdickt (**A**). Unter dem umgeschlagenen Rand eine weiße Afterraupe (**B**). Mehrere schwer unterscheidbare Arten der Gattung, die zum Teil an ganz bestimmte Wirtsarten gebunden sind. Abbildung der Blattwespe siehe S. 38.
Vorkommen: An verschiedenen *Salix*-Arten, häufig.
Biologie: Bei diesen Blattwespen ritzt das Weibchen zunächst viele Male in die Blattfläche eines sich entwickelndes Blattes und injiziert kleine Mengen Sekret, worauf sich das Blatt einrollt. Erst anschließend erfolgt die Eiablage. Junge Larven fressen das Blattgewebe der Galleninnenseite. Später verlassen sie immer wieder die Blattrolle und fressen am Blattrand. Die ausgewachsenen Larven verpuppen sich am Boden in einem Kokon zwischen der Laubstreu.

Salvia Salbei

1 *Aceria salviae*

Eriophyoidea (Gallmilben)

Beschreibung: Blattfläche besonders der Grundblätter mit meist vielen, unterschiedlich großen, pockenartigen Erhebungen (**A**), unterseits jeweils eine dicht behaarte Höhlung (**B**). Haare einfach oder verzweigt, zunächst weiß, später bräunlich. Derartige Haarfilze zum Teil auch blattoberseits sowie an Blattstielen und Stängeln.

Vorkommen: An verschiedenen *Salvia*-Arten, gebietsweise ziemlich häufig.

Sambucus Holunder

1 *Epitrimerus trilobus*

Holunderblattkräusel-Gallmilbe, Holunder-Gallmilbe

Eriophyoidea (Gallmilben)

Beschreibung: Rollengalle. Ränder meist mehrerer benachbarter Blattfiedern in einer 1–5 mm breiten Rolle eng oder locker nach oben umgerollt, oft um die ganze Blattfieder laufend, Blattfläche beulig gekräuselt, grün bleibend, jedoch oft kleiner (**A**). Vielfach die ganzen Blattfiedern löffelartig aufgebogen.

Vorkommen: An verschiedenen *Sambucus*-Arten, ziemlich häufig.

Biologie: Die Milben überwintern in Knospen. Es gibt bei dieser Art Protogyne und Deutogyne.

Anmerkung: Auf dem Roten Holunder (*Sambucus racemosa*) kann auch ein Befall mit dem Echten Mehltaupilz *Erysiphe vanbruntiana* var. *sambuci-racemosae* zu etwas verkrümmten Blättern führen. Diese rollen sich jedoch nicht ein. Außerdem ist der Pilz am weißlichen Myzelbelag erkennbar. Auf diesem bildet er zahlreiche kleine, runde, anfangs gelbliche, später dunkelbraune Fruchtkörper, die mit bloßem Auge gerade noch zu erkennen sind. Dieser Mehltaupilz stammt ursprünglich aus Asien und breitet sich seit den 1980er-Jahren in Europa stark aus. Gallmilben und Mehltaupilz können auch gemeinsam auftreten (**B**).

2 *Placochela nigripes*

Holunderblüten-Gallmücke

Cecidomyiidae (Gallmücken)

Beschreibung: Blütenknospen blasig angeschwollen, sich nicht öffnend, die geschwollenen Blütenblätter bleiben grün oder färben sich auch rosa bis rot. Meist mehrere Knospen in einem Blütenstand betroffen. Im Innern eine gelb oder orange gefärbte Mückenlarve ohne Sprungvermögen.

Vorkommen: An *Sambucus nigra* (Schwarzer Holunder) und *S. ebulus* (Attich), häufig.

Biologie: Erscheint im Juni und Juli. Eine Generation im Jahr. Die Larve überwintert im Boden.

Anmerkung: Die Gallmücke *Contarinia sambuci* verusacht ähnliche geschwollene Blütenknospen, in denen sich jedoch mehrere blassgelbe Larven mit Sprungvermögen befinden.

Sanguisorba Wiesenknopf

1 *Aceria sanguisorbae*

Wiesenknopffilz-Gallmilbe

Eriophyoidea (Gallmilben)

Beschreibung: Vor allem die Blattfiedern, oft aber auch Blattstiele, Stängel und Blütenknospen mit einem dichten, weißen, manchmals auch rötlichen, später braunen Haarfilz überzogen und zum Teil deformiert. Haare einzellig, ziemlich lang, verkrümmt und miteinander verschlungen.

Vorkommen: An *Sanguisorba minor* (Kleiner Wiesenknopf), seltener an *S. officinalis* (Großer Wiesenknopf).

Scabiosa Skabiose

1 *Aceria squalida*

Eriophyoidea (Gallmilben)

Beschreibung: Blütenknospen und obere Blätter etwas verkleinert und zu weißfilzigen, lang und dicht behaarten Komplexen zusammengezogen.
Vorkommen: Vor allem an *Scabiosa columbaria* (Tauben-Skabiose), doch auch an anderen Arten der Gattung sowie an *Knautia arvensis* (Wiesen-Witwenblume), nicht häufig.

Scrophularia Braunwurz

1 *Asphondylia scrophulariae*

Cecidomyiidae (Gallmücken)

Beschreibung: Ambrosiagalle. Blütenkrone stark angeschwollen und sich nicht öffnend, Kelchblätter dagegen kaum verändert. Staubfäden stark verdickt, an der Basis miteinander verschmolzen. Im Innern der Blüte ein weißgraues Pilzgeflecht und eine orange Mückenlarve.
Vorkommen: An *Scrophularia canina* (Hunds-Braunwurz) (**A**), *S. nodosa* (Knotige Braunwurz) (**B**) und anderen Arten der Gattung, nicht selten.
Biologie: Zwei Generationen im Jahr.

A

B

Secale Roggen

1 *Claviceps purpurea*
Mutterkornpilz
Hypocreales (Krustenkugelpilzartige)

Beschreibung: Anstelle des Getreidekorns entwickelt sich ein purpurbraunes bis schwarzes, hartes, längliches, mehr oder weniger gekrümmtes, hornartiges Gebilde, das aus der Ähre herausragt. Es kann bis zu 6 cm lang werden (**A**, oben im Vergleich gesunde Roggenkörner). Oft sitzen mehrere dieser Mutterkörner in einer Ähre.
Vorkommen: In den Ähren von *Secale cereale* (Roggen), besonders im Biolandbau (**B**). Verschiedene weitere Formen von *Claviceps purpurea* auf vielen verschiedenen Süßgräsern (Poaceae, **C**). Besonders große Sklerotien entwickeln sich dabei auf großblütigen Gräsern.
Biologie: Bei dem beschriebenen Gebilde handelt es sich um die Dauerform des Pilzes, das Sklerotium. Dieses fällt aus dem reifen Fruchtstand heraus und überdauert am Boden. Im Früh-

ling – oft erst nach Jahren – keimt es aus und bildet gestielte Fruchtkörper, in denen sich Ascosporen entwickeln. Sobald die Wirtsgräser blühen, schleudert der Pilz seine Sporen in die Luft. Mit etwas Glück gelangen sie mit dem Wind oder Regentropfen auf die Narbe des passenden Grases. Dort keimt die Spore aus und wächst – wie ein Pollenschlauch – durch die Narbe in die Samenanlage. Das Myzel des Pilzes lebt von den Nährstoffen, die eigentlich für den Samen vorgesehen sind. Es bildet Konidiosporen, die sich mit Nektar der Grasblüten mischen. Insekten, die vom Nektar angelockt werden, transportieren die Sporen zu weiteren Grasblüten. Solange die Gräser blühen, kann sich der Pilz auf diese Weise stark vermehren. Im weiteren Verlauf vermehrt sich das Myzel, verhärtet sich und bildet schließlich ein violettgraues oder fast schwarzes Sklerotium.

Anmerkungen: Früher galt der Mutterkornpilz nicht als Gallenerzeuger und fehlt entsprechend in älteren Werken über Pflanzengallen. Aufgrund seiner Entwicklung ist es jedoch berechtigt, diesen Pilz in einem Buch über Gallen zu beschreiben, denn in den ganz jungen Blüten, die vom Pilz befallen sind, vergrößern und vermehren sich die Zellen. Das Mutterkorn selbst, das dann wie eine Galle aussieht, besteht jedoch nur noch aus Pilzgewebe.

Das Sklerotium enthält besonders in den äußeren Schichten verschiedene hochgiftige Alkaloide. Sie halten Mäuse und Wühlmäuse davon ab, die Gebilde anstelle von Samen zu vertilgen. Ihre dunkle Farbe dient außerdem als Schutz vor Sonnenlicht. Auch vor Austrocknung sollen sie schützen. Kamen sie früher durch ungenügende Saatgutreinigung ins Brotgetreide, konnten sie zu oft tödlich verlaufenden Vergiftungen führen.

Securigera Kronwicke

1 *Asphondylia baudysi*

Cecidomyiidae (Gallmücken)

Beschreibung: Ambrosiagalle. Hülsen partiell angeschwollen, oft zusätzlich verkrümmt (**A**). Im Innern eine einzelne Mückenlarve und feines, weißes Pilzgeflecht (**B**).

Vorkommen: An *Securigera varia* (Bunte Kronwicke), zerstreut.

Biologie: 2–3 Generationen im Jahr. Die Larve verpuppt sich in der Galle.

Sempervivum Hauswurz

1 *Endophyllum sempervivi*

Hauswurzrost

Pucciniales (Rostpilze)

Beschreibung: Einige bis viele Blätter der Rosette aufgerichtet und zum Teil auf das Doppelte verlängert, gelblich entfärbt. In die Oberfläche eingesenkt punktförmige, orangerote Sporenlager, die sich zuerst mit einer Pore und bei der Reife im Mai oder Juni becherförmig öffnen.

Vorkommen: An verschiedenen *Sempervivum*-Arten, an den alpinen und den meist kultivierten außeralpinen Standorten dieser Pflanzen nicht selten. Auch auf *Echeveria* (Echeverie) und *Jovibarba* (Fransenhauswurz).

Biologie: Dieser Rostpilz hat einen stark abgekürzten Zyklus und keinen Wirtswechsel. Die Aecidiosporen (I) keinem unmittelbar mit Basidien aus. Die von ihnen abgeschleuderten Basidiosporen (IV) bilden auf ihrem Wirt Spermogonien (o), denen die oben beschriebenen Aecidien folgen.

Silene Leimkraut Lichtnelke

1 *Synchytrium aureum*

Chytridiomycetes (Flagellatenpilze)

Beschreibung: Besonders an den bodennahen Blättern zahlreiche unter 1 mm große, halbkugelige, warzenartige Gallen. Diese hart, perlenartig wirkend und goldgelb durchscheinend, zum Teil auch zusammenfließend.

Vorkommen: Auf *Silene vulgaris* (Taubenkropf-Leimkraut), auch auf vielen anderen krautigen Wirten.

Biologie: Siehe S. 20 (Einleitung).

2 *Microbotryum lychnidis-dioicae*

Weißer Nachtnelken-Blütenbrand

Microbotryaceae (Blütenbrände)

Beschreibung: Bei weiblichen Pflanzen die Blüten nur noch mit verkümmerten Fruchtknoten und zusätzlich mit Staubblättern, aus denen schwarzviolettes Sporenpulver freigesetzt wird (**B**, links 2 gesunde Blüten, rechts 3 befallene Blüten). Bei männlichen Pflanzen enthalten die Staubblätter statt gelbem Pollen ebenfalls nur schwarzviolettes Sporenpulver. Blüten öffnen sich, die Kronblätter sind aber durch das Sporenpulver meist schmutzig (**A**).

A

Vorkommen: Auf *Silene latifolia* (Weiße Lichtnelke, Weiße Nachtnelke) häufig, auf *S. dioica* (Rote Lichtnelke) zerstreut.

Biologie: Siehe S. 22 (Einleitung).

Anmerkungen: Die Sporen werden von blütenbesuchenden Insekten verbreitet. Bei diesen zweihäusigen Lichtnelkenarten führt ein Befall durch den Pilz dazu, dass die Pflanzen – egal ob männlich oder weiblich – sich nicht mehr sexuell vermehren können.

Früher wurden die Blütenbrände der Nelkengewächse (Caryophyllaceae) unter der Art *Ustilago violacea* bzw. *Microbotryum violaceum* zusammengefasst. Mittlerweile ist eine Artaufteilung nach den verschiedenen Wirtspflanzen erfolgt. So hat fast jedes Nel-

B

kengewächs seinen eigenen Blütenbrand. Häufig kann ein Blütenbrand zum Beispiel auch an *Saponaria officinalis* (Echtes Seifenkraut, S. 23) oder an *Cerastium* (Hornkraut) gefunden werden. Auch bei diesen bilden sich die Sporen ausschließlich in den Staubblättern. Da sie in der Regel zwittrige Blüten haben, können die befallenen Pflanzen noch Samen ausbilden.

3 *Jaapiella alpina*

Cecidomyiidae (Gallmücken)

Beschreibung: Blätter am Ende nicht blühender Triebe knospenartig gehäuft, an der Basis verdickt und gelblich entfärbt, Galle erinnert an eine kleine Artischocke. Im Innern rosarot gefärbte Mückenlarven.
Vorkommen: An *Silene acaulis* (Stängelloses Leimkraut), an den alpinen Standorten, selten.
Biologie: Eine Generation im Jahr. Die Larven verpuppen sich im Boden.

4 *Jaapiella floriperda*

Leimkrautblüten-Gallmücke

Cecidomyiidae (Gallmücken)

Beschreibung: Blütenknospen deutlich vergrößert, geschlossen bleibend (rechte Knospe). Im Innern gelb oder rot gefärbte Mückenlarven.
Vorkommen: An *Silene vulgaris* (Taubenkropf-Leimkraut), zerstreut.
Biologie: Mindestens 2 Generationen im Jahr, Überwinterung und Verpuppung im Boden.

Sonchus Gänsedistel

1 *Cystiphora sonchi*

Gänsedistelblatt-Gallmücke

Cecidomyiidae (Gallmücken)

Beschreibung: Blistergalle. Kreisrunde, etwa 5 mm große, warzenartige Auftreibungen auf der Oberseite der Blattfläche, meist purpurrot und in der Mitte etwas heller gefärbt. Oft von einem gelben Ring umgeben. Auf der Blattunterseite etwas eingesenkt und nur von der Epidermis der Pflanze verschlossen. Meist zahlreich in einem Blatt und oft beiderseits der Mittelrippe aufgereiht. In jeder Galle eine gelblich gefärbte Mückenlarve.

Vorkommen: Vor allem an *Sonchus arvensis* (Acker-Gänsedistel) und *S. oleraceus* (Kohl-Gänsedistel), doch auch an anderen Arten der Gattung, ziemlich häufig.

Biologie: Zwei oder mehr Generationen im Jahr. Larven ab Juli. Die Larven der Sommergenerationen verpuppen sich in der Galle, die der letzten Generation im Boden.

Sorbus Eberesche Elsbeere Mehlbeere

1 *Gymnosporangium cornutum*

Ebereschen-Gitterrost

Pucciniales (Rostpilze)

Beschreibung: Auf der Blattoberseite gelbe bis orangerote rundliche Flecke, auf denen ab Juni winzige pustelförmige Erhebungen, die Spermogonien (0), entstehen. Unterseits an den gleichen Stellen halbkugelige, orangefarbene und bis zu etwa 5 mm hohe Anschwellungen, aus denen von Juli bis August 3–5 hohe, hornförmige Sporenlager, die Aecidien, wachsen. Diese bleiben auch bei der Reife röhrenförmig und öffnen sich nur wenig von ihrer Spitze aus.
Vorkommen: An *Sorbus aucuparia* (Gewöhnliche Eberesche) häufig, seltener auf anderen *Sorbus*-Arten, jedoch nicht auf *S. torminalis* (Elsbeere).
Biologie: Mit den Aecidiosporen (I) findet ein Wirtswechsel zu *Juniperus communis* (Gewöhnlicher Wacholder) statt, auf dem der Pilz Teleutosporen (III) bildet.

Anmerkung: Neben dieser Gitterrostart können weitere Arten auf *Sorbus* auftreten. Ähnliche hornförmige Sporenlager an den Blättern der Elsbeere stammen von der seltenen Art *Gymnosporangium torminali-juniperini*. Bei den anderen Gitterrostarten bleiben die Aecidien nicht röhrenförmig, sondern sind bis zum Grund längs zerschlitzt und zuletzt ausgebreitet.

2 *Eriophyes arianus*

Mehlbeerenpocken-Gallmilbe

Eriophyoidea (Gallmilben)

Beschreibung: Blasengallen wie bei den beiden folgenden Arten, nur durch die Wirtspflanze von diesen zu unterscheiden (**A** Blattoberseite, **B** Blattunterseite).
Vorkommen: An *Sorbus aria* (Gewöhnliche Mehlbeere).

A

B

3 *Eriophyes sorbi*

Ebereschenpocken-Gallmilbe

Eriophyoidea (Gallmilben)

Beschreibung: Blasengalle. Pockenartige, ober- und unterseits meist nur schwach hervortretende, um 2 mm große Auftreibungen der Blattfläche (**A**). Auf der Unterseite eine enge Öffnung. Zunächst hellgrün, später braun gefärbt (**B**).
Vorkommen: An *Sorbus aucuparia* (Gewöhnliche Eberesche), häufig.
Anmerkung: Es ist noch nicht endgültig geklärt, ob es sich um eine eigene Art handelt oder um eine Unterart der Birnenpockenmilbe (S. 270 f.). Beide Milben gelten als mögliche Überträger des Ringfleckenmosaikvirus der Eberesche.

4 *Eriophyes torminalis*

Elsbeerenpocken-Gallmilbe

Eriophyoidea (Gallmilben)

Beschreibung: Blasengalle. Sehr ähnliche pockenartige Auftreibungen der Blattfläche wie bei der vorangegangenen Art, nur durch die Wirtspflanze von dieser zu unterscheiden.
Vorkommen: An *Sorbus torminalis* (Elsbeere).
Anmerkung: Auch die artliche Trennung dieser Gallmilbe von den vorangegangenen und der Birnenpockenmilbe ist derzeit noch umstritten und bedarf daher weiterer Untersuchungen.

Stachys Ziest

1 *Asphondylia stachydis*

Cecidomyiidae (Gallmücken)

Beschreibung: Ambrosiagalle. Blütenknospen blasig angeschwollen, sich nicht öffnend, 3–8 mm groß (**A**). Innen dicht mit anfangs hellem, später dunkelgrauem Pilzmyzel ausgekleidet und mit einer gelborangen Mückenlarve (**B**). Oft viele Blütenknospen an einer Pflanze betroffen.
Vorkommen: An *Stachys recta* (Aufrechter Ziest) und *S. annua* (Einjähriger Ziest).
Biologie: Die Larve verpuppt sich in der Galle.

A

B

2 *Wachtliella stachydis*

Waldziestblatt-Gallmücke

Cecidomyiidae (Gallmücken)

Beschreibung: Rollengalle. Blätter an den Rändern eingerollt und verdickt, im Innern der Rolle orangegelbe Mückenlarven. Besonders Blätter im oberen Stängelbereich betroffen.
Vorkommen: An *Stachys sylvatica* (Wald-Ziest), *S. alpina* (Alpen-Ziest), *S. palustris* (Sumpf-Ziest), *S. recta* (Aufrechter Ziest).
Biologie: Zwei Generationen im Jahr. Die Larven der Sommergeneration verpuppen sich in der Galle, die der Wintergeneration im Boden.

Symphytum Beinwell

1 *Dasineura symphyti*

Cecidomyiidae (Gallmücken)

Beschreibung: Blütenknospen geschlossen bleibend, angeschwollen, verformt, oft mit dicht weiß behaartem Kelch. Im Innern mehrere weiße oder gelbe Mückenlarven.

Vorkommen: An *Symphytum officinale* (Arznei-Beinwell) und *S. asperum* (Rauer Beinwell), nicht häufig.

Tanacetum Rainfarn

1 *Rhopalomyia tanaceticola*

Rainfarn-Gallmücke

Cecidomyiidae (Gallmücken)

Beschreibung: Blätter (**A**) oder Blütenkörbchen (**B**) mit krugförmigen, bis zu 7 mm hohen Gallen. Diese öffen sich bei der Reife mit mehreren schräg nach außen gerichteten Zipfeln, zwischen diesen weiß behaart. Färbung zunächst grün, später bräunlich oder dunkelviolett. Auch an Knospen an der Stängelbasis, oft zu mehreren miteinander verwachsen. Innen jeweils mit einer orangeroten Mückenlarve.

Vorkommen: An *Tanacetum vulgare* (Rainfarn), nicht selten, in Norddeutschland häufig.
Biologie: Zwei oder mehr Generationen im Jahr. Die Gallen der ersten Generation erscheinen im April und Mai an den vegetativen Pflanzenteilen. Diese Larven verpuppen sich in der Galle. Die zweite Generation bildet ihre Gallen von Juni bis September in den Blütenkörbchen und überwintert und verpuppt sich im Boden.
Anmerkung: *Tanacetum vulgare* hat sich als Neubürger in den USA und Kanada invasiv ausgebreitet und unterliegt in verschiedenen Bundesstaaten als schädliche Pflanze der Unkrautkontrolle. Die Gallmücke gehört zu verschiedenen Insekten, die zur biologischen Kontrolle infrage kommen.

Taraxacum Löwenzahn

1 *Puccinia silvativa*

Kuhblumen-Seggenrost

Pucciniales (Rostpilze)

Beschreibung: Blätter mit gelben bis roten Anschwellungen, die von einem verfärbten Hof umgeben sind. Auf der Blattunterseite, selten auch der Oberseite, oft auch an Blütenschäften orange Sporenlager, die sich becherförmig mit krönchenartigem Rand öffnen und orange Sporen freigeben. Sporenlager auf den Anschwellungen meistens dicht gedrängt stehend.

Vorkommen: An *Taraxacum*-Arten. In Gebieten, in denen der zweite Wirt vorkommt, häufig, sonst selten.

Biologie: Die beschriebenen Aecidien (I) entwickeln sich um die Spermogonien (o) herum. Mit den Aecidiosporen findet ein Wirtswechsel zu verschiedenen Seggenarten statt, besonders zu *Carex brizoides* (Zittergras-Segge), *C. capillaris* (Kleine Haarstielige Segge), *C. praexoc* (Frühe Segge), *C. repens* (Kriech-Segge).

2 *Trioza dispar*

Löwenzahn-Blattfloh

Psylloideae (Blattflöhe)

Beschreibung: Grubengalle. Blätter oberseits mit zahlreichen, 1–2 mm großen Emporwölbungen (**A**), unterseits mit entsprechenden Vertiefungen. Darin jeweils eine stark abgeflachte, hellbraune Blattflohlarve mit zahlreichen kurzen, weißen Wachsfäden an Kopf und Brustabschnitt sowie ebenso vielen mehrfach längeren am Hinterleib (**B**).

Vorkommen: An *Taraxacum officinale* (Gewöhnlicher Löwenzahn), nicht selten.

Biologie: Eine Generation im Jahr. Die Imagines überwintern auf Koniferen. Die Weibchen legen ihre Eier einzeln auf die Unterseite von jungen Löwenzahnblättern. Die Larven erscheinen ab Mai oder Juni und können bis Ende August gefunden werden.

A

B

3 *Cystiphora taraxaci*

Gewöhnliche Löwenzahnblatt-Gallmücke

Cecidomyiidae (Gallmücken)

Beschreibung: Blistergalle. Blätter mit 4–5 mm großen, runden Flecken, die oft zu mehreren zusammenfließen und oberseits nur leicht gewölbt sind. Unterseits sind sie glatt und nur von der Epidermis des Blatts bedeckt. Färbung gelbgrün bis leuchtend purpurrot (**A**), innen jeweils mit einer orangefarbenen Mückenlarve, die besonders von der Unterseite durch die dünne Epidermis gut zu erkennen ist (**B**).

Vorkommen: An *Taraxacum officinale* (Gewöhnlicher Löwenzahn), häufig.

Biologie: Gallen von Mai bis Oktober, Mücken jährlich in 2 oder mehr Generationen. Die Larven verpuppen sich im Boden.

Taxus Eibe

1 *Cecidophyopsis psilaspis*

Eibenknospen-Gallmilbe

Eriophyoidea (Gallmilben)

Beschreibung: Knospengalle. Blattknospen oder männliche Blütenknospen etwas angeschwollen und nicht austreibend. Nadeln in den Blattknospen verkümmert und angeschwollen, bei vergallten Blütenknospen die Deckblätter verdickt. Stark befallene Blattknospen sterben im Sommer ab, schwach befallene treiben mit verkrüppelten Nadeln aus.
Vorkommen: An *Taxus baccata* (Gewöhnliche Eibe), stellenweise ziemlich häufig, kann in Baumschulen schädlich werden.
Biologie: Die Milben überwintern in den Knospengallen und befallen im Frühjahr neue Knospen. Während des ganzen Jahres können alle Entwicklungsstadien gefunden werden.

2 *Taxomyia taxi*

Eiben-Gallmücke

Cecidomyiidae (Gallmücken)

Beschreibung: Rosettengalle. Triebspitzen und Spitzen der Seitentriebe zu 10–30 mm langen, zapfenartigen Gebilden aus stark verkürzten und verbreiterten Nadeln zusammengezogen. Im Zentrum breite, dünne Schuppen, die einen Hohlraum mit einer orangefarbenen Mückenlarve umschließen.
Vorkommen: An *Taxus baccata* (Gewöhnliche Eibe), ziemlich häufig.
Biologie: Die Imagines erscheinen im Mai oder Juni. Das Weibchen legt die Eier einzeln in die Knospen. Die jungen Larven schlüpfen nach 1–3 Wochen aus den Eiern und graben sich in die

jungen Knospen. Im ersten Jahr entsteht eine ziemlich kleine Galle aus dicht stehenden, breiten, dünnen Schuppen. Erst im zweiten Jahr wächst die Galle zur vollen Größe und wird lockerer. Die Larve verpuppt sich in der Galle. Die leeren Gallen färben sich manchmal braun und bleiben noch 1–2 Jahre am Gehölz. Außer dem häufigeren, zweijährigen Entwicklungszyklus gibt es auch Larven, die rascher wachsen und ihre Entwicklung in einem Jahr abschließen.

Teucrium Gamander

1 *Aculus teucrii*

Eriophyoidea (Gallmilben)

Beschreibung: Blätter vorwiegend im oberen Teil der Pflanze parallel zum Rand wulstartig emporgewölbt und hellgelb entfärbt, manchmal auffallend behaart. Blattunterseite mit entsprechenden, behaarten Vertiefungen, in denen sich die Gallmilben aufhalten.
Vorkommen: An *Teucrium chamaedrys* (Edel-Gamander), nicht selten.

2 *Copium clavicorne*
Edelgamander-Keulengitterwanze
Tingidae (Netzwanzen)

Beschreibung: Blütenkrone vor allem im oberen Teil blasig verdickt und etwas aus dem Kelch hervortretend (Foto, die unteren Knospen). Staubgefäße und manchmal auch der Stempel etwas angeschwollen. Im Innern von Juni bis August jeweils eine Wanzenlarve, ab Ende August verlassen die ausgewachsenen Wanzen (Foto S. 31) die Gallen. Diese von der folgenden Art durch ihre teilweise zweireihig außen neben den Flügeln angelegten Maschen des Hinterleibsrandes gut zu unterscheiden.
Vorkommen: An *Teucrium chamaedrys* (Edel-Gamander), auch in Gärten, seltener als die folgende Art.

3 *Copium teucrii*
Gamander-Netzwanze
Tingidae (Netzwanzen)

Beschreibung: Kelch der Blüte stark angeschwollen und die Blütenkrone meist völlig umhüllend (**A**, unten im Bild). Innere Blütenteile mehr oder weniger verkümmert. Im Innern jeweils eine Wanzenlarve (**B**). Die ausgewachsenen Wanzen (**C**) bereits ab Juli. Im Unterschied zur vorangegangenen Art mit nur einer Maschenreihe an der Seite des Hinterleibs neben dem Flügel.

Vorkommen: An *Teucrium montanum* (Berg-Gamander), im Verbreitungsgebiet der Pflanze meist häufig.

Thalictrum Wiesenraute

1 *Aecidium thalictri (Puccinia spp.)*

Wiesenrauten-Braunroste

Pucciniales (Rostpilze)

Beschreibung: Gelbbraune bis leuchtend orangefarbene Flecken meist auf der Blattunterseite, hier das Blattgewebe mehr oder weniger verdickt und oft verfärbt. Darauf entstehen Sporenlager (Aecidien), deren Rand sternförmig aufreißt und gelbe Sporen in einem Becher mit krönchenartigem Rand freigibt.

Vorkommen: An *Thalictrum*-Arten.
Biologie: Mit den Aecidiosporen (I) findet ein Wirtswechsel zu verschiedenen Süßgräsern (Poaceae), zum Teil auch Getreidearten statt. Dort entstehen – ohne Gallbildung – Uredosporen (II) und Teleutosporen (III).
Anmerkung: *Aecidium thalictri* ist die Bezeichnung für eine Sammelart von *Puccinia*, die ihre Aecidien auf *Thalictrum* ausbildet. Dieser Name wird verwendet, wenn der Gräserwirt nicht bekannt ist. Nur wenn der nach dem Wirtswechsel besiedelte Wirt bekannt ist, kann die genaue *Puccinia*-Art bestimmt werden.

Thymus Thymian

1 *Aceria thomasi*
Thymianschopf-Gallmilbe
Eriophyoidea (Gallmilben)

Beschreibung: Blätter an den Spitzen nicht blühender Triebe etwas verkleinert, schopfig gehäuft und dicht weiß behaart. Fast das ganze Jahr über zu finden.
Vorkommen: An *Thymus*-Arten, ziemlich häufig.

Tilia Linde

1 *Aceria lateannulatus*

Lindenhörnchen-Gallmilbe

Eriophyoidea (Gallmilben)

Beschreibung: Beutelgalle. Blattoberseite mit meist zahlreichen keulenförmigen und nach oben verschmälerten, am Ende aber abgerundeten Gallen besetzt. Diese nicht höher als 5 mm, grün oder gelbbraun bis rot gefärbt. Auf der Blattunterseite eine kleine Öffnung, von weißen Haaren umgeben.

Vorkommen: An *Tilia cordata* (Winter-Linde), häufig.

2 *Eriophyes exilis* (= *Eriophyes leiosoma*)

Lindenblattwinkel-Gallmilbe, Lindenfilz-Gallmilbe

Eriophyoidea (Gallmilben)

Beschreibung: An *Tilia platyphyllos*: Beutelgalle. Auf der Blattoberseite halbkugelige, 2–3 mm große Anschwellungen reihenweise in den Nervenwinkeln (**A**). Auf der Unterseite jeweils eine anfangs weiß, später braun behaarte Verdickung mit zentraler Öffnung.

An *Tilia cordata*, *T. tomentosa* und anderen *Tilia*-Arten: Filzgalle. Haarfilz zwischen den Blattadern rundliche oder ovale Flecken bildend oder als Streifen entlang der Adern entwickelt, vorwiegend auf der Blattunterseite (**B, C**), seltener auch auf der Oberseite (**D**). Färbung zunächst weiß oder rötlich, später braun. Auf der Gegenseite des Blattes meistens eine leichte Wölbung mit gelbgrüner Färbung.

A
B
C
D

Vorkommen: An *Tilia platyphyllos* (Sommer-Linde), *T. cordata* (Winter-Linde), *T.* x *vulgaris* (Holländische Linde), *T. tomentosa* (Silber-Linde) und an nicht heimischen Arten dieser Gattung, ziemlich häufig.
Biologie: Die Milben überwintern unter Knospenschuppen oder in Rindenritzen. Bei dieser Art gibt es Protogyne (Sommerweibchen) und Deutogyne (Winterweibchen).
Anmerkungen: Bis vor Kurzem galten zwei verschiedene Gallmilbenarten als Auslöser der beiden unterschiedlichen Gallentypen. Neue Untersuchungen zeigen jedoch, dass es sich um eine Art handelt, die beiden Namen damit Synonyme sind.
Auch unbefallene Lindenblätter besitzen Haarbüschel in den Nervenwinkeln der Blätter. Wichtig für die Bestimmung der Blattwinkelgallen auf *Tilia platyphyllos* sind deshalb die flachen, behaarten Höcker auf der Blattoberseite.

3 *Eriophyes tiliae*

Sommerlindenhorn-Gallmilbe
Hörnchengalle, Stiftgalle
Eriophyoidea (Gallmilben)

Beschreibung: Beutelgalle. Blattoberseite mit meist zahlreichen schlank keulen- bis stiftförmigen, nach oben verschmälerten und am Ende zugespitzten Gallen besetzt. Diese kahl oder leicht behaart und 8–15 mm hoch, grün, gelblich braun oder leuchtend rot gefärbt. Auf der Blattunterseite eine kleine Öffnung, von weißen Haaren umgeben.
Vorkommen: An *Tilia platyphyllos* (Sommer-Linde), häufig.
Anmerkung: An *Tilia* x *vulgaris* (Holländische Linde), der Kreuzung aus beiden heimischen Lindenarten, kommt sowohl diese als auch *Aceria lateannulatus* (Nr. 1) vor.

4 *Phytoptus tetratrichus*

Eriophyoidea (Gallmilben)

Beschreibung: An *Tilia cordata, T. platyphyllos*: Rollengalle. Blattrand auf mehr oder weniger großen Strecken eng zur Ober- oder Unterseite eingerollt.
An *T. tomentosa* (nicht abgebildet): Warzige Erhebungen auf der Oberseite, Filz auf der Unterseite der Blätter.
Vorkommen: An *Tilia cordata* (Winter-Linde), *T. platyphyllos* (Sommer-Linde), *T. tomentosa* (Silber-Linde).
Biologie: Bei dieser Art gibt es Protogyne (Sommerweibchen) und Deutogyne (Winterweibchen). Nur die Deutogynen lösen Gallen aus.
Anmerkung: Die Rollengallen ähneln jener von *Dasineura tiliae* (Nr. 6).

5 *Contarinia tiliarum*

Lindentrieb-Gallmücke

Cecidomyiidae (Gallmücken)

Beschreibung: Harte, kugelige bis eiförmige Anschwellung an Blattstielen, meist in der Nähe der Spreite, an jungen Zweigen, Blütenstielen oder Blütenknospen, seltener an Blattrippen oder der Mittelrippe des Hochblatts, 2–15 mm im Durchmesser. Färbung anfangs grün, später gelblich oder rot. Oft bilden mehrere dieser meist vielkammerigen Kugeln größere Komplexe. In jeder der bis zu 20 Kammern eine gelbe Mückenlarve.
Vorkommen: An verschiedenen *Tilia*-Arten, zerstreut. Besonders in den unteren Bereichen alter Bäume.
Biologie: Eine Generation im Jahr. Die Gallen erscheinen im Mai oder Juni. Ende Juli verlassen die Larven die Galle, überwintern im Boden und verpuppen sich auch dort.

6 *Dasineura tiliae*

Lindenblattrand-Gallmücke

Cecidomyiidae (Gallmücken)

Beschreibung: Rollengalle. Blattrand auf etwa 1–3 cm Länge oder auch vollständig eng nach oben aufgerollt und knorpelig verdickt. Färbung dieser Rolle gelbgrün oder rot bis dunkelviolett. Daneben auf der Blattfläche meist weitere, ebenso gefärbte Flecke, die oft wie „Blutspritzer" aussehen. In der Blattrolle meist mehrere orangefarbene Mückenlarven.

Vorkommen: An verschiedenen *Tilia*-Arten, ziemlich häufig.

Biologie: Eine Generation im Jahr. Gallen im Mai und Juni. Die Larve verpuppt sich im Boden.

Anmerkung: Die Gallmilbe *Phytoptus tetratrichus* (Nr. 4) löst ebenfalls Blattrandgallen aus, die jedoch enger und häufig nach unten gerollt sind.

7 *Didymomyia tiliacea*

Lindenblattkegel-Gallmücke

Cecidomyiidae (Gallmücken)

Beschreibung: Beutelgalle. Blattfläche zunächst mit meist mehreren kreisrunden, um 4 mm breiten Anschwellungen (**A**), die auf beiden Seiten fast halbkugelig, auf einer Seite, meist der

Oberseite, aber etwas stärker hervortreten. Färbung in der Mitte grün, am Rand oft leuchtend rot. Schließlich grenzt sich an der weiter aufragenden Seite der mittlere Teil durch eine Ringfurche ab, färbt sich braun (**B**) und schiebt sich nach und nach immer weiter wie ein Korken in die Höhe (**C**), bis er sich ganz loslöst und zu Boden fällt. In dieser korkenartigen Innengalle befindet sich die weißliche oder hellgelbe Larve, die sich schließlich am Erdboden verpuppt. Nach dem Abfallen der Innengalle verbleibt am Blatt der ausgehöhlte Rest der Galle (**A**, Bildmitte unten).
Vorkommen: An verschiedenen *Tilia*-Arten, ziemlich häufig.
Biolgie: Eine Generation im Jahr. Die Gallen entwickeln sich ab Juni und sind ab Juli reif. Auch später im Jahr sind noch junge Gallen zu finden.

B

C

Tragopogon Bocksbart

1 *Microbotryum tragopogonis-pratensis*

Bocksbart-Blütenbrand

Microbotryaceae (Blütenbrände)

Beschreibung: Knospige Blütenkörbchen stark gestaucht und aufgetrieben, meist 1,5–2 cm groß (im Foto die beiden rechten Körbchen). Im Innern der Körbchen schwarzbraune Sporenmassen anstelle der Blüten. Hüllblätter anfangs geschlossen, später spreizend und das Sporenpulver freigebend. Wuchs der gesamten Pflanze beeinflusst, am Anfang rascher, später verkümmernd und heller bleibend, ohne normal entwickelte Blütenkörbchen.

Vorkommen: Besonders auf *Tragopogon pratensis* (Wiesen-Bocksbart), selten auf *T. dubius* (Großer Bocksbart) und *T. porrifolius* (Haferwurzel).

Biologie: Der Pilz befällt die Pflanze in seiner parasitischen Phase systemisch. Die veränderten Körbchen sind von Mai bis Juni zu finden. Der Wind verbläst das Sporenpulver.

2 *Aulacidea tragopogonis*

Cynipidae (Gallwespen)

Beschreibung: Unterer Stängelabschnitt oder Wurzelhals mit dickwandigen, ziemlich festen, halbkugeligen Anschwellungen, im Innern jeweils eine 1–2 mm große Larvenkammer mit einer Wespenlarve. Gallen oft zu mehreren zusammenfließend und dann zum Teil bis etwa 5 cm große, zwiebelartige, mehrkammerige Komplexe an der Stängelbasis bildend. Gelegentlich auch Gallen weiter oben am Stängel, diese dann kleiner.

Vorkommen: An *Tragopogon pratensis* (Wiesen-Bocksbart), *T. dubius* (Großer Bocksbart) und anderen Arten der Gattung, ziemlich häufig, aber schwer zu finden.

Biologie: Eine Generation im Jahr. Die Larve überwintert in der Galle und verpuppt sich im Frühling. Die Imagines schlüpfen im Sommer.

Trifolium Klee

1 *Rhizobium sp.*

Wurzelknöllchen der Leguminosen

Bacteria (Bakterien)

Beschreibung: An den Wurzeln etwa 1–4 mm große strukturlose Knöllchen (**A**), weißlich oder in der Farbe der Wurzel. Im Innern massiv und oft rötlich gefärbt.

Vorkommen: An *Trifolium* (Klee), an allen Standorten dieser Pflanze zu finden. Außerdem an über 90 Prozent aller Fabaceae (Schmetterlingsblütler, siehe auch S. 346 f.).

Biologie: Die Wurzeln sondern Signalstoffe ab, die frei im Boden lebende *Rhizobium*-Bakterien anlocken. Diese dringen in die Wurzeln ein, worauf sich die befallenen Stellen zu Wurzelknöllchen entwickeln.

Anmerkungen: Es handelt sich um eine symbiontische Lebensgemeinschaft. Die in den Knöllchen eingekapselten Bakterien binden mithilfe des Enzyms Nitrogenase freien Stickstoff, der in Form von Ammonium der Wirtspflanze zugutekommt. Die Bakterien profitieren von den Kohlenhydraten aus der Fotosynthese des Klees. Aktive Wurzelknöllchen sind innen rot gefärbt (**B**). Das dafür verantwortliche Leghämoglobin ist eng mit dem Blutfarbstoff Hämoglobin verwandt. Es bindet Sauerstoff, der sonst die Nitrogenase blockieren würde.

A

B

Tussilago Huflattich

1 *Puccinia poarum*

Huflattlich-Rispengrasrost

Pucciniales (Rostpilze)

Beschreibung: An der Blattunterseite runde, etwas verdickte und gelblich gefärbte Polster von etwa 5–10 mm Durchmesser. Auf diesen becherförmige oder kurz zylindrische Sporenlager (Aecidien), deren Rand sternförmig zerschlitzt aufreißt und die orangefarbenen Aecidiosporen (I) freigibt. Auf der Blattoberseite sind diese Stellen oft als leicht eingesenkte orangefarbene, meistens rot oder violett umrandete Blattflecken erkennbar. Dort die Spermatien (o) noch als honiggelbe, später braune Punkte erkannbar.

Vorkommen: An *Tussilago farfara* (Huflattich), häufig.

Biologie: Die Aecidien (I) treten von Juni bis Oktober auf. Mit den Aecidiosporen findet ein Wirtswechsel zu *Poa*-Arten (Rispengräser) statt. Auf diesen entstehen Uredolager (II) und Teleutosporenlager (III) ohne Gallbildung.

Anmerkung: Sind keine becherförmigen Sporenlager zu erkennen, sondern nur flache, orange Sporenmassen, handelt es sich um einen anderen Rostpilz (*Coleosporium tussilaginis*). Er bildet keine Gallen auf dem Huflattich. Seine Aecidien entstehen auf den Nadeln zweinadeliger Kiefern (s. *Pinus*, Nr. 233).

Ulmus Ulme

1 *Aceria brevipunctatus (= Eriophyes brevipunctatus)*

Eriophyoidea (Gallmilben)

Beschreibung: Beutelgalle. Kugelige, gelbgrün gefärbte und bis zu etwa 2 mm große Gallen auf der Blattoberseite, meist in größerer Zahl beieinander. Auf der Blattunterseite eine enge, behaarte Öffnung.

Vorkommen: An verschiedenen *Ulmus*-Arten, ziemlich häufig.

2 *Aceria ulmicola*

Ulmen-Gallmilbe

Eriophyoidea (Gallmilben)

Beschreibung: Beutelgalle. Auf der Blattoberseite zahlreiche, um 1 mm große, halbkugelige Emporwölbung (**A**), denen unterseits konische Erhebungen mit Öffnung entsprechen (**B**). Oft sehr zahlreich auf einem Blatt.
Vorkommen: An verschiedenen *Ulmus*-Arten, besonders an kleinblättrigen Arten wie *U. minor* (Feld-Ulme), ziemlich häufig.
Anmerkung: Diese Art wird von manchen Autoren nicht von der vorigen Art abgetrennt.

3 *Colopha compressa*

Ulmenhahnenkamm-Blattlaus

Aphidoidea (Blattläuse)

Beschreibung: Während des Wachstums geschlossene Galle auf der Blattoberseite, seitlich abgeflacht, bis zu 10 mm hoch und am oberen Rand hahnenkammartig gezähnt. Meist leuchtend rot, seltener gelblich gefärbt. Öffnet sich im Sommer an einer Schmalseite mit einem runden Loch, durch das sie von einer geflügelten Blattlausgeneration verlassen wird.
Vorkommen: Fast nur an *Ulmus laevis* (Flatter-Ulme), in wärmeliebenden Auenwäldern, sehr selten an anderen *Ulmus*-Arten.
Biologie: Die Läuse fliegen zu *Carex*- (Seggen) und *Eriophorum*-Arten (Wollgräser) als Sekundärwirt, an deren Wurzeln eine Folgegeneration saugt.

4 *Eriosoma anncharlotteae*

Aphidoidea (Blattläuse)

Beschreibung: Blätter besonders der Triebspitzen von beiden Seiten aus in Längsrichtung tütenförmig nach unten zusammengerollt und knorpelig verdickt. Blattflächen mehr oder weniger stark entfärbt, Adern oft leuchtend rot.
Vorkommen: An *Ulmus minor* (Feld-Ulme) und *U. procera* (Englische Ulme), nicht selten.
Biologie: In jeder Galle können mehrere Stammmütter leben, die zuerst ungeflügelte

Nachkommen gebären. Dann folgen geflügelte Läuse, die ab Ende Juni auf *Ribes alpinum* (Alpen-Johannisbeere) oder seltener *R. sanguineum* (Blut-Johannisbeere) fliegen. An den Wurzeln des Sekundärwirts leben flügellose Läuse. Ab Mitte September fliegen geflügelte Läuse zum Primärwirt zurück.

5 *Eriosoma lanuginosum*

Birnen-Blutlaus

Aphidoidea (Blattläuse)

Beschreibung: Meist ein ganzes Blatt zu einer anfangs geschlossen beutelförmigen, unregelmäßig höckrigen, innen hohlen, 3–8 cm großen blasenartigen Galle umgewandelt. Diese ist gelbgrün oder rötlich gefärbt und öffnet sich bei der Reife im Sommer durch einen unregelmäßigen Spalt. Später vertrocknen die Gallen und können noch bis ins nächste Jahr als braune Massen am Baum hängen.
Vorkommen: Vorwiegend an *Ulmus minor* (Feld-Ulme), seltener auch an *U. glabra* (Berg-Ulme).
Biologie: In der Galle entwickeln sich als Nachkommen von einer oder mehreren Stammmüttern sowohl ungeflügelte als auch geflügelte Tiere. Die geflügelten Nachkommen wandern zum Sekundärwirt *Pyrus* (Birne) oder *Cydonia* (Quitte). Ihre Nachkommen wandern dort in den Boden und saugen an den Wurzeln (Birnen-Blutlaus, Birnenwurzellaus). Da sie reichlich Wachswolle ausscheiden, ähneln die Kolonien denen der Blutlaus an Apfel (*Malus*, siehe S. 209 f.). Sie bilden am Sekundärwirt jedoch keine Gallen. Nach mehreren Folgegenerationen wandern wieder geflügelte Tiere zur Ulme zurück, wo Geschlechtstiere gebildet werden, von denen die Weibchen nach der Paarung jeweils nur ein Ei ablegen. Die daraus im nächsten Jahr schlüpfenden Läuse sind die Stammmütter der gallbildenden Blattlausgeneration.

6 *Eriosoma ulmi*

Ulmenblattrollenlaus

Aphidoidea (Blattläuse)

Beschreibung: Rollengalle. Ein Teil der Blattspreite nach unten eingerollt, meist ausgehend von einem seitlichen Blattrand (**A**), seltener von der Blattspitze, dann oft zusätzlich nach oben gekrümmt (**B**). Galle knorpelig verdickt, gelblich bis weißlich grün, im Bereich der Blattadern mit tiefen Furchen, Oberfläche dadurch stark wellig gerunzelt.
Vorkommen: An *Ulmus glabra* (Berg-Ulme) und *U. minor* (Feld-Ulme), ziemlich häufig.
Biologie: In der Blattrolle wachsen als Nachkommen einer oder seltener mehrerer wachsbedeckter Stammmütter geflügelte Blattläuse heran. Sie fliegen im Frühsommer zu *Ribes*-Arten

(Johannisbeeren) als Sekundärwirt. Dort saugen mehrere ungeflügelte Generationen im Sommer und Frühherbst am Wurzelstock, bis eine wiederum geflügelte Folgegeneration zum Primärwirt zurückfliegt, um dort eine Geschlechtsgeneration zu gebären. Deren Weibchen legen nach der Paarung überwinternde Dauereier ab.
Anmerkung: *Eriosoma grossulariae* bildet ähnliche Gallen. Diese Läuse scheiden jedoch kein Wachs aus.

7 *Kaltenbachiella pallida*

Aphidoidea (Blattläuse)

Beschreibung: Auf der Oberseite der Mittelrippe meist nahe des Blattansatzes eine bis zu 15 mm lange und 10 mm breite, auch unterseits vorragende, kugelige oder etwas längliche, während ihres Wachstums geschlossene Anschwellung. Mittelrippe an der Ansatzstelle meist deutlich geknickt, sodass das Blatt an dieser Stelle eingesenkt erscheint (**A**). Gallenwand dick und fest, fein und dicht filzig behaart. Färbung grünlich weiß, manchmal gerötet. Die Galle öffnet sich im Frühsommer mit einem großen, unregelmäßig sternförmigen Loch (**B**).
Vorkommen: An *Ulmus minor* (Feld-Ulme) und *U. glabra* (Berg-Ulme), nicht häufig.
Biologie: Die aus den Gallen abwandernde, geflügelte Blattlausgeneration fliegt zu verschiedenen Lippenblütlern (Lamiaceae), etwa zu *Mentha-* (Minze), *Stachys-* (Ziest), *Thymus-* (Thymian) oder *Galeopsis*-Arten (Hohlzahn) als Sekundärwirt.

A

B

8 *Tetraneura nigriabdominalis* (= *Tetraneurella alkinire*)

Ulmenbeutelgallenlaus

Aphidoidea (Blattläuse)

Beschreibung: Beutelgallen oft ähnlich denen der folgenden Art (Nr. 9), aber stets deutlich behaart. Form oft bohnenartig, aber oft auch schmaler und unregelmäßig, zum Beispiel nach oben in einen langen Zipfel ausgezogen, der auch nach unten abgebogen sein kann.

Vorkommen: Vorwiegend an *Ulmus minor* (Feld-Ulme), in Südeuropa und im südlichen Mitteleuropa bis nach Österreich und ins Elsass verbreitet, breitet sich weiter aus und ist mittlerweile auch in Deutschland nachgewiesen.

Biologie: Die geflügelten Tiere, die die Gallen nach dem Öffnen entlassen, fliegen zu verschiedenen Süßgräsern (Poaceae) als Sekundärwirte.

9 *Tetraneura ulmi*

Rüster-Blasenlaus, Ulmen-Gallenlaus, Ulmen-Blasenlaus

Aphidoidea (Blattläuse)

Beschreibung: Beutelgalle. Annähernd bohnenförmige, meist deutlich gestielte, unbehaarte, während des Wachstums geschlossene, blasenförmige Galle auf der Blattoberseite, oft mehrere auf dem gleichen Blatt. Färbung grün oder gelblich, auch rötlich überlaufen oder gefleckt. Blattfläche in der Umgebung der Gallen blasig angeschwollen (**A**). Die Gallen öffnen sich im Frühsommer vor dem Ausflug der geflügelten Läuse durch einen Spalt im unteren Bereich des bohnenförmigen Abschnitts (**B**, mittlere Galle). Verlassene Gallen vertrocknen.

Vorkommen: An *Ulmus glabra* (Berg-Ulme) und *U. minor* (Feld-Ulme), häufig, wohl die häufigste gallbildende Blattlaus an Ulmen in Mitteleuropa.

Biologie: Als Nachkommen der Stammmutter (**C**) entwickeln sich in den Gallen geflügelte Läuse. Diese fliegen aus den geöffneten Gallen zu Süßgräsern (Poaceae) als Sekundärwirt, an deren Wurzeln sich ungeflügelte Folgegenerationen entwickeln. Später entstehen wieder geflügelte Tiere, die zum Primärwirt zurückfliegen und dort Geschlechtstiere gebären. Die Weibchen legen dann nach der Paarung überwinternde Dauereier ab.

Urtica Brennnessel

1 *Puccinia urticata* s.l. (*Aecidium urticae*)

Brennnessel-Seggenroste

Pucciniales (Rostpilze)

Beschreibung: Blattunterseite, Blattstiele oder Stängel mit halbkugeligen bis länglichen, oft orange, leuchtend rot oder violett gefärbten, festen Anschwellungen, die meist starke Verkrüm-

mungen bewirken. Auf der Oberfläche bald Sporenlager (Aecidien), die sich becherförmig mit krönchenartigem Rand öffnen und leuchtend gelborange Sporenmassen freigeben.
Vorkommen: Nicht selten an feuchten Orten an *Urtica dioica* (Große Brennnessel), selten an *U. urens* (Kleine Brennnessel).
Biologie: Der Befall auf Brennnessel tritt vorwiegend im Mai und Juni, vereinzelt bis in den August auf. Die Spermogonien (o) entstehen meist auf der Blattoberseite. Mit den Aecidiosporen (I) findet ein Wirtswechsel zu verschiedenen *Carex*-Arten (Seggen) statt. Auf diesen entstehen Uredolager (II) und Teleutosporenlager (III) ohne Gallbildung. Je nach *Carex*-Art handelt es sich um eine andere Kleinart von *Puccinia urticata*, die auf der Brennnessel nicht unterscheidbar sind.

2 *Cuscuta europaea*

Nessel-Seide, Europäischer Teufelszwirn

Convolvulaceae (Windengewächse)

Beschreibung: Fadenartig dünne, schlaffe, weiße, beige oder etwas rot überlaufene Triebe winden zwischen und über die Wirtspflanze und bilden dort auch ihre Blüten aus (**A**). Oft mit einzelnen Trieben auch an benachbarte Pflanzen übergreifend und dort ebenfalls Haustorien bildend. An Kontaktstellen mit dem Wirt tragen die Triebe zapfenartige Verdickungen. Die Wirtstriebe sind an den entsprechenden Stellen mehr oder weniger verdickt.
Vorkommen: An feuchten Orten an *Urtica dioica* (Große Brennnessel), *Humulus lupulus* (Gewöhnlicher Hopfen), *Artemisia vulgaris* (Gewöhnlicher Beifuß), *Salix* (Weide) und einigen anderen Pflanzen.
Biologie: Die Nessel-Seide ist eine einjährige, vollparasitische Blütenpflanze ohne Chlorophyll, deren Blätter zu winzigen Schuppen reduziert sind. Die Blüten sitzen in Knäueln. Der Keimling der einjährigen Pflanze findet seinen Wirt über chemische Signale. An den Kontaktstel-

len dringen Haustorien der Seide in die Leitbündel des Wirts ein (**B**) und entziehen diesem Wasser und Nährstoffe. Die fadenförmigen Triebe wachsen mit kreisenden Bewegungen über 5 cm am Tag und kommen so mit weiteren Trieben derselben Pflanze oder weiteren Pflanzen in der Nachbarschaft in Konktakt. Zerreißen die Triebe zwischen zwei Haustorien, können beide weiterwachsen. Wenn sich die kugeligen Fruchtkapseln öffnen, fallen die Samen heraus. Oft keimen sie im nächsten Jahr direkt neben derselben Wirtspflanze.

Anmerkung: Weitere *Cuscuta*-Arten auf anderen Pflanzen (siehe auch S. 129).

3 *Trioza urticae*

Brennnessel-Blattfloh

Psylloideae (Blattflöhe)

Beschreibung: Spitzenwachstum der Sprosse gehemmt, Blätter gekrümmt, gekräuselt und verbogen, Blattränder eingerollt. Im Innern flache Larven mit Wachsausscheidungen.

Vorkommen: An *Urtica dioica* (Große Brennnessel) und *U. urens* (Kleine Brennnessel), häufig.

Biologie: Die 3–3,5 mm großen Imagines überwintern auf verschiedenen Pflanzen. Im Jahr können sich bis zu 4 Generationen entwickeln. Die Gallen treten von Mai bis Oktober auf.

4 *Dasineura urticae*

Brennnesselwarzen-Gallmücke

Cecidomyiidae (Gallmücken)

Beschreibung: Beutelgalle. 3–8 mm große, unregelmäßige Anschwellungen an den Blättern, den Blattstielen und in den Blütenständen, blassgrün bis purpurrot gefärbt. Oft zu mehreren zusammenfließend und dann manchmal größere Komplexe bildend. Einkammerig, oberseits mit einer spaltenförmigen Öffnung. Im Innern weiß oder gelblich gefärbte Mückenlarven.

Vorkommen: An *Urtica dioica* (Große Brennnessel) häufig, seltener an *U. urens* (Kleine Brennnessel).

Biologie: Vom Sommer bis in den Herbst in zwei oder mehr Generationen. Die Larven verpuppen sich im Boden. Gelegentlich in den Gallen zu findende rote, rosa oder orangefarbene Larven stammen von anderen Gallmücken, die als Parasitoide oder Inquilinien leben.

Vaccinium Heidelbeere Preiselbeere u. a.

1 *Exobasidium expansum*

Schmalsporige Rauschbeer-Nacktbasidie

Exobasidiales (Nacktbasidienartige)

Beschreibung: Alle Blätter eines Zweiges etwas verdickt und gelblich oder rötlich gefärbt, der Zweig selbst dagegen wenig verändert. Es kann auch die ganze Pflanze befallen sein. Später weißliche Sporenlager reifartig auf der Blattunterseite zwischen den Blattnerven. **Vorkommen:** An *Vaccinium uliginosum* (Rauschbeere), selten, vor allem in den Alpen.

2 *Exobasidium rostrupii*

Moosbeerblätter-Nacktbasidie

Exobasidiales (Nacktbasidienartige)

Beschreibung: Anfangs kleine rote Flecken auf der Blattoberseite einzelner Blätter, später Blätter etwas verdickt und Teile oder gesamte Fläche der Blattoberseite leuchtend rot gefärbt. Blattunterseite später mit weißlichen, reifartigen Sporenlagern.

Vorkommen: An *Vaccinium oxycoccus* (Gewöhnliche Moosbeere), ziemlich selten, aber wohl auch vielfach übersehen.

3 *Exobasidium vaccinii*

Preiselbeerblätter-Nacktbasidie

Exobasidiales (Nacktbasidienartige)

Beschreibung: Blattfläche in unterschiedlichem Umfang etwas eingesenkt oder kissenartig emporgewölbt und unterseits angeschwollen. Oberseite gelblich bis leuchtend karminrot gefärbt (**A**), Unterseite später mit dem weißlichen Sporenlager reifartig bedeckt. Oft

auch einzelne Blütenknospen (**B**) oder Sprossspitzen (**C**) befallen, aber zumindest die unteren Blätter des Triebs unbefallen und grün.

Vorkommen: An *Vaccinium vitis-ideae* (Preiselbeere), gebietsweise ziemlich häufig.

Biologie: Die Infektion ist lokal, nur an der vom Pilz befallenen Stelle verändert sich das Gewebe zur Galle.

Anmerkung: An der Preiselbeere gibt es noch andere *Exobasidium*-Arten (*Exobasidium splendidum, E. juelianum*), die umfangreichere Infektionen hervorrufen. Bei diesen sind ganze Triebe oder die ganze Pflanze befallen und alle Blätter entweder vergrößert oder reduziert und hellrot gefärbt. Bei Sprossinfektionen ist deshalb immer auf die unteren Blätter der Triebe zu achten.

Verbascum Königskerze

1 *Asphondylia verbasci*

Cecidomyiidae (Gallmücken)

Beschreibung: Ambrosiagalle. Blütenknospen blasig angeschwollen, sich nicht öffnend, 3–10 mm groß (**A**). Innen mit anfangs hellem, später dunkelgrauem bis schwärzlichem Pilzmyzel ausgekleidet und 1–3 gelblichen oder bräunlichen Mückenlarven bzw. Puppen (**B**).
Vorkommen: An verschiedenen *Verbascum*-Arten, ziemlich häufig.
Biologie: 2–3 Generationen im Jahr. Die Gallen erscheinen von Juni bis September.

A

B

Veronica Ehrenpreis

1 *Puccinia veronicarum*

Ehrenpreisrost

Pucciniales (Rostpilze)

Beschreibung: Auf der Blattoberseite gelbe Flecken, in der Mitte oft vertieft und ausgetrocknet (**A**). Unterseits länglich-runde, hellbraune Sporenlager, in Kreisen von etwa 1–2 mm Durchmesser angeordnet, im Zentrum des Kreises ein weiteres, dunkler gefärbtes Sporenlager (**B**).
Vorkommen: Besonders an *Veronica urticifolia* (Nesselblättriger Ehrenpreis), auch an *V. montana* (Berg-Ehrenpreis, Fotos), *V. officinalis* (Echter Ehrenpreis) und anderen.
Biologie: Dieser Rostpilz macht keinen Wirtswechsel. Er bildet nur Teleutosporen (III). Die aus den hellen Lagern keimen sofort, jene aus dem dunklen Lager erst nach dem Winter.

A

2 Gymnetron villosulum
Behaarter Ehrenpreisrüssler
Curculionidae (Rüsselkäfer)

Beschreibung: Blüten durch starke Anschwellung des Fruchtknotens und unter Verlust der Blütenkrone und Staubgefäße zu einer kugeligen, bis zu 6 mm großen, fleischigen, an eine Erbse erinnernde Galle umgewandelt (**A**). Färbung grün oder dunkelbraunrot. Im Innern jeweils eine weiß oder gelblich gefärbte Larve (**B**).
Vorkommen: An *Veronica anagallis-aquatica* (Bachbungen-Ehrenpreis) und anderen im Wasser wachsenden *Veronica*-Arten, ziemlich selten.
Biologie: Die Gallen entwickeln sich von Juni bis September, Käfer (Abbildung S. 34) ab Juli.

3 *Jaapiella veronicae*

Ehrenpreisschopf-Gallmücke

Cecidomyiidae (Gallmücken)

Beschreibung: Das letzte oder die beiden letzten Blattpaare an den Triebspitzen verdickt und zu einer aufwärtsgerichteten, zweiklappigen Tasche aneinandergelegt. Je nach Wirtsart wenig bis auffallend stark und zum Teil lang weißwollig behaart. Im Innern mehrere orangerot gefärbte Mückenlarven. In mehreren Generationen von Mai bis in den Winter.

Vorkommen: Vor allem an *Veronica chamaedrys* (Gamander-Ehrenpreis), doch auch an anderen Arten der Gattung, ziemlich häufig.

Biologie: Mehrere überlappende Generationen im Jahr. Die Larven der ersten Generation verpuppen sich im Innern der Galle in einem weißen Kokon. Spätere Larven überwintern im Boden und verpuppen sich dort im Frühjahr.

Viburnum Schneeball

1 *Eriophyes viburni*

Schneeball-Gallmilbe

Eriophyoidea (Gallmilben)

Beschreibung: Beutelgalle. Blätter mit meist zahlreichen annähernd halbkugeligen, etwa 3 mm großen Gallen vorwiegend auf der Oberseite. Diese fein samtartig behaart, zunächst grün, später rötlich oder braun. Unterseits mit einer haarigen Öffnung. Bei starkem Befall Blätter oft deutlich deformiert.

Vorkommen: An *Viburnum lantana* (Wolliger Schneeball), nicht selten.

2 *Contarinia viburnorum*

Cecidomyiidae (Gallmücken)

Beschreibung: Blütenknospen angeschwollen, sich nicht öffnend. Kelchblätter meist rot gefärbt. Oft auch der Fruchtknoten deutlich angeschwollen. Im Innern eine bis mehrere zunächst weiß, später gelb gefärbte Mückenlarven mit Sprungvermögen.

Vorkommen: An *Viburnum lantana* (Wolliger Schneeball) und *V. opulus* (Gewöhnlicher Schneeball), häufig.

Biologie: Eine Generation im Jahr. Gallen im Mai und Juni. Die Larven verpuppen sich im Boden.

3 *Sackenomyia reaumurii*

Cecidomyiidae (Gallmücken)

Beschreibung: Blätter mit meist zahlreichen rundlichen, 3–5 mm großen, linsenförmigen Gallen, die auf der Oberseite stärker gewölbt sind als unterseits. Oberfläche glatt und glänzend, zunächst grün gefärbt, später oberseits meist gerötet. Im Innern eine schmutzig gelborange gefärbte Larve.

Vorkommen: An *Viburnum lantana* (Wolliger Schneeball), häufig.

Biologie: Eine Generation im Jahr. Von Mai oder Juni bis in den Herbst zu finden. Die Larven überwintern und verpuppen sich im Boden.

Vicia Wicke

1 *Contarinia craccae*

Vogelwickenblüten-Gallmücke

Cecidomyiidae (Gallmücken)

Beschreibung: Blütenknospen deutlich angeschwollen und sich nicht öffnend, bis zu 6 mm lang. Oft mehrere Knospen eines Blütenstandes betroffen. Im Innern jeweils mehrere zunächst weiße, später orangegelbe Mückenlarven.

Vorkommen: An *Vicia cracca* (Vogel-Wicke), nicht selten.
Biologie: Von Juli bis September in zwei Generationen. Die Larven überwintern im Boden.

2 *Dasineura viciae*
Wickenblattfalten-Gallmücke
Cecidomyiidae (Gallmücken)

Beschreibung: Fiederblätter etwas fleischig verdickt und hülsenartig nach oben gefaltet, oft rot gefärbt. Nicht selten auch Triebspitzen gestaucht und mit den Blättern knäuelig zusammengezogen. In den Hohlräumen zunächst weiß, später blassorange oder blassgelb gefärbte Mückenlarven.
Vorkommen: An *Vicia sepium* (Zaun-Wicke), *V. angustifolia* (Schmalblättrige Wicke), *V. sativa* (Futter-Wicke) und nah verwandten Arten, häufig.
Biologie: Zwei oder drei Generationen im Jahr. Die Larven verpuppen sich im Boden.

Viola Veilchen

1 *Dasineura odoratae*

Veilchenblattroll-Gallmücke

Cecidomyiidae (Gallmücken)

Beschreibung: Rollengalle. Blattränder oft an beiden Blattseiten nach oben umgerollt, fleischig-wulstig verdickt und dicht behaart (**A**). Im Innern der Blattrolle zahlreiche zunächst weiße, später orangegelbe Mückenlarven.

Vorkommen: An *Viola odorata* (Wohlriechendes Veilchen), nicht selten, vor allem in Gärten.

Biologie: 3–4 sich überlappende Generationen im Jahr. Die Larven verpuppen sich in einem silberweißen Kokon in den Gallen (**B**) oder im Boden. Schon zur Blütezeit des Veil-

chens können leere Hüllen und Puppen in den Gallen gefunden werden. Die vergallten Blätter verbleiben meist auch im Winter an der Pflanze.
Ähnlich: An anderen *Viola*-Arten ähnlich geformte Gallen anderer Gallmückenarten.

Vitis Weinrebe

1 *Colomerus vitis (= Eriophyes vitis)*

Rebenblattfilz-Gallmilbe, Rebenblatt-Gallmilbe, Rebenpockenmilbe

Eriophyoidea (Gallmilben)

Beschreibung: Filzgalle. Blattunterseite mit zunächst weißen (**A**), später braunen Filzrasen, darin zahlreiche Gallmilben, oberseits mit leichten Emporwölbungen (**B**). Bei starkem Befall auch die Blattoberseite mit Filzrasen und das Blatt stark deformiert, gelegentlich auch die Blütenknospen betroffen.
Vorkommen: An *Vitis vinifera*, meist nicht selten.
Biologie: Die Milben überwintern in den Knospen.
Anmerkung: Im Weinbau verursachen diese Gallmilben kaum Schäden, sondern sind eher nützlich: Sie bilden nicht nur eine wichtige Nahrungsquelle für die Raubmilbe *Typhlodromus pyri*, sondern in dem Filzrasen können die Raubmilben geschützt leben und sich rasch vermehren. Winzer schätzen die Raubmilbe als natürlichen Gegenspieler von Spinnmilben.

2 *Daktulosphaira vitifoliae (= Viteus vitifoliae)*

Reblaus

Aphidoidea (Blattläuse)

Beschreibung: Beutelgalle. Blattunterseite mit meist zahlreichen, 3–7 mm großen, halbkugeligen Gallen mit meist runzliger Oberfläche (**A**). Diese sind deutlich behaart und grün oder gelblich bis leuchtend rot gefärbt und haben auf der Blattoberseite eine enge, von einem Haarkranz verdeckte Öffnung (**B**). Im Innern gelb gefärbte Blattläuse (**C**). Wurzelgallen als weiche, knotig verdickte Wucherungen an jungen Wurzelspitzen (Nodositäten) oder als krebsartige Anschwellungen mit Rindenzerstörungen an verholzten Wurzeln (Tuberositäten).

Vorkommen: An *Vitis vinifera* und den amerikanischen Unterlagsreben *V. riparia* (Ufer-Rebe), *V. rupestris* (Sand-Rebe), *V. cinerea* (Flaumige Rebe) sowie Kreuzungen und Hybriden. Vor allem in klimatisch begünstigten Gebieten meist häufig. Blattgallen entstehen fast nur bei amerikani-

schen Reben und sind damit besonders dort zu finden, wo Weinberge aufgegeben, aber nicht geräumt wurden, sodass die Unterlagsreben austreiben konnten.

Biologie: Rebläuse können sich mit einem Holozyklus mit einer zweigeschlechtlichen und vielen eingeschlechtlichen Generationen entwickeln. Dabei vermehren sich die Läuse zuerst in mehreren Generationen rein parthenogenetisch in den Blattgallen, zusätzlich in zunehmender Individuenzahl an den Wurzeln der Wirtspflanze. Als Nachkommen der Wurzelläuse entstehen schließlich auch Geschlechtstiere, von denen die Weibchen nach der Paarung jeweils ein Dauerei in Rindenritzen ablegen. Daraus schlüpfen wieder Weibchen, die Blattgallen erzeugen. In Mitteleuropa vermehrt sich die Laus fast ausschließlich parthenogenetisch an den Wurzeln der Weinstöcke. Dabei gibt es weder Stammmütter noch sich paarende Geschlechtstiere oder Dauereier. Vielmehr überwintern die Larven der letzten Generation.

Anmerkung: Die aus Nordamerika eingeschleppte Reblaus richtete unter den europäischen Reben im 19. Jahrhundert verheerende Schäden an, da diese durch das Saugen an den Wurzeln stark geschädigt wurden und zum Teil großflächig abstarben. Erst nachdem man dazu übergegangen war, heimische Reben auf unempfindlichere oder resistente amerikanische Unterlagsreben zu pfropfen, ließ sich das Rebensterben zurückdrängen. Wurzelgallen, besonders Nodositäten, treten zwar auch an den meisten amerikanischen Reben auf, richten dort aber kaum Schäden an.

Zea Mais

1 *Ustilago maydis*

Maisbeulenbrand

Ustilagomycotina (Brandpilze)

Beschreibung: Vor allem die Blüten- und Fruchtstände, an diesen häufig auch einzelne Früchte, daneben auch Teile der Stängel mit beulenartigen, bis über faustgroßen, blasigen Anschwellungen. Diese zunächst weißgrau behäutet, bei der Reife aufplatzend und dann schwarze, staubende Sporenmassen freigebend. An jungen Maispflanzen können die Hauptadern der Blätter mit Reihen kleiner Beulen besetzt sein, die später eintrocknen.

Vorkommen: An *Zea mays*, häufig.

Biologie: Die in den Beulen gebildeten Brandsporen können im Boden oder in Pflanzenrückständen mehrere Jahre überdauern, bevor sie auswachsen. In den Brandsporen vereinigen sich die beiden Zellkerne, in der auswachsenden Hyphe findet die Reifeteilung (Meiose) statt. Es entstehen 4 haploide Sporen, die mit dem Wind oder spritzendem Regenwasser auf junge Maispflanzen übertragen werden können. Erst wenn das auskeimende Myzel mit dem Myzel eines anderen Paarungstyps verschmilzt und damit ein zweikerniges Myzel (Dikaryon) entsteht, kann die Maispflanze infiziert werden. Dies geschieht meistens über eine Wunde, bei der Infektion von Früchten über die Blütengriffel.

Anmerkung: Der an Maiskulturen oftmals sehr schädliche Pilz wurde im 18. Jahrhundert als Neomyzet aus Nordamerika eingeschleppt. Er tritt weltweit im Maisanbau auf, in den Tropen ist er jedoch nur selten zu finden, da er zwar wärmeliebend ist, aber eher trockenes Klima mit Dürreperioden seine Entwicklung fördert. In Mexiko werden junge, infizierte Maiskolben als Nahrungsmittel geerntet, bevor die Sporen reifen.

Glossar

Abiotisch: Ohne Beteiligung von Lebewesen.

Afterraupe: Walzenförmige Larve der Blattwespen mit rundlichem Kopf, zwei deutlichen Punktaugen, 3 Paar gegliederten Brustbeinen und 7 oder 8 Paar ungegliederten Bauchbeinen.

Agam: Ungeschlechtliche Fortpflanzung, siehe dort.

Ascus: Sporenschlauch. Von den Schlauchpilzen (Ascomycota) gebildetes Fortpflanzungsorgan, in dessen Innerem nach einer Reduktionsteilung (Meiose) haploide Ascosporen gebildet werden.

Bisexuelle Fortpflanzung: Generative Fortpflanzung. Für diese zweigeschlechtliche Fortpflanzung sind zwei Individuen unterschiedlichen Geschlechts oder bei Pilzen unterschiedlichen Paarungstyps erforderlich. Zuerst wird durch Meiose das in diploiden Zellen vorliegende Erbgut halbiert (haploider Chromosomensatz), anschließend findet bei der Vereinigung zweier haploider Zellen unterschiedlichen Typs eine Vermischung der Gene statt. Häufig wird dieser Fortpflanzungstyp einfach als sexuell bezeichnet. Dies führt jedoch bei Organismen, die zwei- und eingeschlechtliche Fortpflanzung haben können, zu Verwirrung.

Chitin: Wichtigster chemischer Stoff im Außenskelett von Insekten, Spinnentieren und anderen Gliederfüßern. Außerdem Hauptbestandteil in der Zellwand der meisten Pilze.

Chromosomensatz: Gesamtheit aller Chromosomen einer Zelle. Die Chromosomen sind die Partikel, die die Gene, also das Erbgut, enthalten. Liegt jedes Chromosom nur einmal vor, ist der Chromosomensatz haploid, liegt jedes doppelt vor, handelt es sich um einen diploiden Satz.

Deutogyne: Winterweibchen der Gallmilben.

Dikaryotisch, Dikaryon: Zweikernige (paarkernige) Zellen bei Schlauch- und Ständerpilzen. Jeder Zellkern enthält einen Chromosomensatz.

Diploid: Im Chromosomensatz liegt jedes Chromosom zweimal vor.

Epiphyt: Pflanze, die auf anderen Pflanzen wächst, ohne diesen Wasser oder Nahrung zu entziehen (Aufsitzerpflanze).

Epidermis: Bei höheren Pflanzen die äußerste Gewebeschicht (Abschlussgewebe).

Generationswechsel: Verschiedene Generationen derselben Art pflanzen sich auf unterschiedliche Weise fort. So findet zum Beispiel bei Blattläusen ein Wechsel zwischen bisexueller Fortpflanzung und Vermehrung über Parthenogenese statt. Oft ist ein Generationswechsel mit einem Wirtswechsel verbunden, so auch bei vielen Rostpilzen.

Geschlechtliche Fortpflanzung: Für zweigeschlechtliche Fortpflanzung siehe bisexuelle Fortpflanzung. Für eingeschlechtliche Fortpflanzung siehe Parthenogenese.

Innengalle: Bei manchen Gallen, besonders solchen von Gallwespen, vorhandenes kapselartiges Gebilde innerhalb der Galle, in dem sich die Larve entwickelt. Sie enthält Nährgewebe und ist von einer Schutzschicht umgeben. Die Innengalle kann auf verschiedene Weise in der Außengalle verankert sein.

Haploid: Im Chromosomensatz liegt jedes Chromosom nur einmal vor.

Haustorium: Besonders ausgebildetes Saugorgan, mit dem eine Pflanze oder ein Pilz Stoffe aus einem anderen Organismus aufnehmen kann.

Heterogonie: Regelmäßiger Wechsel von bisexueller und parthenogenetischer Vermehrungsweise.

Hemimetabol: Siehe unter Metamorphose.

Holometabol: Siehe unter Metamorphose.

Honigtau: Blattläuse, Schildläuse, Blattflöhe und zahlreiche Zikaden nehmen große Mengen Pflanzensaft auf, um neben Zucker genugend andere Nährstoffe aus der Pflanze zu erhalten. Den Überfluss an Wasser und Zucker scheiden sie als Honigtau wieder aus.

Hyphen: Verzweigte oder unverzweigte Zellfäden von Pilzen.

Imago, Imagines: Geschlechtsreifes, erwachsenes Insekt.

Inquiline: Art, die regelmäßig als Einmieter lebt, im vorliegenden Fall in den Gallen einer anderen Art.

Jungfernzeugung: Siehe Parthenogenese.

Kallus: Bei einer verletzten Pflanze zur Wundheilung gebildetes Gewebe aus undifferenzierten Zellen. Entsteht durch starke Vermehrung der an die Wundfläche angrenzenden Gewebe.

Kambium: Wachstumsschicht in Stämmen, Zweigen und Wurzeln, die für das Dickenwachstum verantwortlich ist. Löst man bei einem Baum die Rinde ab, so trennt sich diese am Kambium vom Holz.

Klon: Genetisch identische Lebewesen.

Koevolution: Während der Stammesgeschichte stattfindende wechselseitige Anpassung von Arten, die miteinander in Beziehung stehen.

Konidie, Konidiospore: Ungeschlechtlich gebildete Spore. Ihr Erbgut entspricht dem des Mutterorganismus.

Konidienträger: Spezialisierte Hyphe, an der die Konidien entstehen.

Kokon: Gehäuse zum Schutz von Eiern oder Entwicklungsstadien. Von den Elterntieren oder dem Jungtier produziert. So spinnen viele Nachtschmetterlinge einen Kokon aus selbst ausgeschiedenen Fäden und verpuppen sich darin. Auch viele Gallmücken verpuppen sich in Kokons.

Kutikula: Bei Pflanzen die oft wachshaltige Schutzschicht auf den Außenwänden der äußeren Zellschicht (Epidermis). Bei Insekten und anderen Gliederfüßern versteht man unter der Kutikula das Außenskelett der Tiere.

Larve: Nahrungsaufnehmendes Entwicklungsstadium eines Tieres zwischen dem Eistadium und dem Erwachsenenstadium.

Made: Larve der Fliegen. Sie hat weder eine Kopfkapsel noch Beine.

Metamorphose: Umwandlung einer Larve zum erwachsenen Tier. Vollzieht sich bei holometabolen Insekten wie Schmetterlingen, Käfern und Fliegen als vollständige Metamorphose, bei der während eines Puppenstadiums ein kompletter Umbau der Organe stattfindet. Hemimetabole Insekten wie zum Beispiel Wanzen haben eine allmähliche Metamorphose, bei der eine schrittweise Umwandlung während der Larvenstadien stattfindet und kein Puppenstadium vorhanden ist.

Mimese: Täuschung durch Nachahmung eines Objektes, das für den anderen uninteressant ist, zum Beispiel Kot oder Äste. Der Nachahmer kann zwar gesehen, seine wirkliche Natur aber kaum erkannt werden.

Mimikry: Ähnlichkeit einer Tierart mit einer anderen Tierart. Am bekanntesten ist die Nachahmung eines giftigen oder gefährlichen Tieres durch ein harmloses Tier, sodass Feinde getäuscht werden.

Mykorrhiza: Symbiose zwischen Pflanze und Pilzen im Wurzelbereich („Pilzwurzel").

Myzel: Geflecht aus vegetativen Hyphen eines Pilzes.

Nahrungskette: Aufeinanderfolgende Nahrungsbeziehungen von Organismen. Am Anfang steht ein Produzent, es folgen Konsumenten. Das Pflanzengewebe dient zum Beispiel Gallwespenlarven als Nahrung. Von dieser leben parasitische Erzwespen, diese werden von kleinen Vögeln gefressen, diese wiederum von Greifvögeln gejagt.

Neomyzet: Pilz, der sich nach der Entdeckung Amerikas (1492) in einem anderen Kontinent angesiedelt hat.

Neophyt: Pflanze, die sich nach der Entdeckung Amerikas (1492) in einem anderen Kontinent angesiedelt hat.

Neozoon: Tier, das sich nach der Entdeckung Amerikas (1492) in einem anderen Kontinent angesiedelt hat.

Nymphe: Spätes Larvenstadium von Gliederfüßern, das dem Imago bereits stark ähnelt, zum Beispiel bei hemimetabolen Insekten und Milben.

Ökologie: Wissenschaft von den Beziehungen der Lebewesen untereinander und zu ihrer unbelebten Umwelt.

Oospore: Dickwandige, diploide Spore der Algenpilze (Oomycota), die im Rahmen der geschlechtlichen Fortpflanzung gebildet wird.

Paarungstyp: Kreuzungstyp bei Pilzen. Nur unterschiedliche Kreuzungstypen können sich im Rahmen der bisexuellen Fortpflanzung miteinander vereinigen.

Parasit: Organismus, der sich von anderen Lebewesen ernährt oder diesen für seine Fortpflanzung nutzt. Parasiten schädigen ihre Wirte, töten sie aber meist nicht. Ektoparasiten leben ausschließlich auf der Oberfläche ihres Wirtes. Dazu gehören zum Beispiel die Echten Mehltaupilze. Endoparasiten leben dagegen zumindest zeitweise im Innern ihres Wirtes, zum Beispiel die Rostpilze.

Parasitoid: Organismus, meist ein Insekt, der in seiner Entwicklung parasitisch lebt und den Wirt zum Schluss tötet. In der Regel benötigen Parasitoide zu ihrer Entwicklung nur ein Individuum des Wirtes.

Parthenogenese: Jungfernzeugung, eingeschlechtliche Fortpflanzung. Die Nachkommen entstehen ohne Paarung mit einem Männchen aus unbefruchteten Eizellen (unbefruchteten Geschlechtszellen). Die Nachkommen enthalten damit nur das Erbgut des Muttertiers und sind Klone von diesem. Häufig bei Insekten. Bei manchen, wie Blattläusen und Gallwespen, können sich Generationen mit Jungfernzeugung mit bisexuellen, zweigeschlechtlichen, Generationen abwechseln.

Phloem: Leitungsbahnen der Pflanzen, die organische Stoffe wie die verschiedenen Zuckerarten aus der Fotosynthese und Aminosäuren transportieren. Sie leiten diese Stoffe vom Ort der Produktion oder Speicherung an den Ort, an dem die Pflanze sie benötigt.

Protogyne: Sommerweibchen der Gallmilben.

Puppe: Ruhe- und Übergangsstadium zwischen Larve und Imago bei Insekten mit vollständiger Metamorphose. Bei freien Puppen sind die Scheiden der Körperanhänge nicht mit dem Körper verklebt. Bei Mumienpuppen kleben die Scheiden der Körperanhänge zumindest teilweise am Körper. Bei Tönnchenpuppen liegt eine freie Puppe in der vorletzten und letzten Larvenhaut.

Saprobe Phase: Entwicklungsphase, bei der der Organismus saprobiontisch lebt. Wechselt zum Beispiel bei Brandpilzen mit einer parasitischen Phase ab.

Saprobiont: Bakterien, Pilze, Pflanzen und Tiere, die von totem organischem Material leben.

Schmetterlingsraupen: Larven der Schmetterlinge. Sie tragen am Kopf deutliche Mundwerkzeuge und unscheinbare Punktaugen. An den ersten 3 Körpersegmenten sitzen gegliederte Beinpaare, weitere Segemente können insgesamt bis zu 4 Paar ungegliederte Bauchbeine tragen. Am letzten Hinterleibssegment sitzt ein Paar Nachschieber.

Spore: Einzellige Fortpflanzungs- oder Vermehrungszelle von Pilzen, Moosen, Farnen, Bakterien und anderen. Sie dienen zum Teil auch dazu, ungünstige Zeiten wie Winter oder Trockenheit zu überdauern. Ungeschlechtlich entstandene Sporen sind zum Beispiel die Konidiosporen vieler Pilze. Ascosporen und Basidiosporen dagegen sind Sporen der sexuellen Fortpflanzung, bei der das Erbgut neu gemischt wird.

Sukzession: Zeitliche Abfolge von Organismengesellschaften und -arten an einem Standort.

Symbiose: Lebensgemeinschaft von Individuen verschiedener Arten, die für alle Partner von Vorteil ist.

Systemisch: Im ganzen Organismus vorkommend.

Ungeschlechtliche Fortpflanzung: Agame oder asexuelle Fortpflanzung, ungeschlechtliche Vermehrung, vegetative Vermehrung. Die Nachkommen entstehen durch mitotische Teilung unter Beteiligung nur eines Organismus und damit ohne Vermischung und Verteilung des Genoms. Alle Nachkommen sind damit Klone ihres Erzeugers. Im Gegensatz zur Parthenogenese werden keine Eizellen (Geschlechtszellen) gebildet. Beispiele für ungeschlechtliche Fortpflanzung sind Ausläufer von Pflanzen sowie Hyphenbruchstücke, Konidiosporen und sprossende Hefezellen bei Pilzen.

Wirt: Lebewesen, von dem ein oder viele andere Organismen ihre Nährstoffe erhalten. Die Beziehung kann sowohl eine Symbiose als auch ein Parasitismus sein.

Wirtswechsel: Regelmäßiger Wechsel eines Parasiten von einem Wirt zum anderen. Häufig lassen sich ein Sommer- und ein Winterwirt unterscheiden. Ein Wirtswechsel ist oft mit einem Generationswechsel verbunden.

Zweigeschlechtliche Fortpflanzung: Siehe bisexuelle Fortpflanzung.

Literaturverzeichnis

Alfaro-Fernández, A., Abad-Campos, P., Hernández-Llopis, D., Serrano-Fernández, A. & Font-San-Ambrosio, M.I. (2011): Detection of stolbur phytoplasma in willow in Spain. Bulletin of Insectology 64 (Supplement), S. 111–112.

Alford, D.V. (2012): Pests of Ornamental Trees, Shrubs and Flowers – A Colour Handbook. 2nd edition. CRC Press, London.

Alford, D.V. (2014): Pests of Fruit Crops – A Colour Handbook. 2nd edition. CRC Press, London.

Beiderbeck, R. & Koevoet, I. (1979): Pflanzengallen am Wegesrand. Franckh-Kosmos Verlag, Stuttgart.

Bellmann, H. (2012): Geheimnisvolle Pflanzengallen. Quelle & Meyer Verlag, Wiebelsheim.

Blackman, R.L. & Eastop, V.F. (2006): Aphids of the World's Herbaceous Plants and Shrubs. 2 Volumes. John Wiley & Sons, Ltd. The Natural History Museum, London.

Bodenheimer, F.S. (1951): Insects as Human Food: A Chapter of the Ecology of Man. Springer-Science + Business Media, Dordrecht.

Buhr, H. (1964/65): Bestimmungstabellen der Gallen an Pflanzen Mittel- und Nordeuropas. 2 Bände. G. Fischer Verlag, Jena.

Chinery, M. (2011): Britain's Plant Galls: A Photographic Guide. Princeton University Press, New Jersey, USA.

Coulianos, C.-C. & Holmasen, I. (1991): Galler, En fälthandbok om gallbildningar pa vilda och odlade växter. Interpublishing, Stockholm.

Cole, T.C.H. (2016): Wörterbuch der Wirbellosen/Dictionary of Invertebrates. Latein-Deutsch-Englisch. Springer Spektrum.

Csóka, G. (1997): Gubacsok/Plant galls. Forest research Institute, Budapest.

Csóka, G., Mattson, W.J., Stone, G.N. & Price, P.W. (1997): The Biology of Gall-Inducing Anthropods. United States Department of Agriculture, Forest Service, North Central Research Station, General Technical Report NC 199, Minnesota.

Docters van Leeuwen, W.M. & Roskam, H. (2009): Gallenboek. 4. editie. KNNV Uitgeverij, Zeist.

Dauphin, P. & Aniotsbehere, J.-C. (1997): Les Galles de France. Mem. Soc. Linneenne Bordeaux Tome 2, S. 1–382.

Dauphin, P. (2012): Guide des galles de France et d'Europe. Belin Editeur, Paris.

Deckert, C. & Deckert, J. (2014): Pflanzengallen im Unteren Odertal. Kommentierte Artenliste. Nationalpark-Jahrbuch Unteres Odertal 12, S. 143–158.

Eder, R. & Kiewnick, S. (2013): Nematodenschäden an Karotten. Merkblatt Agroscope, www.agroscope.ch.

Folliot, R. (1964): Contibution à l'Étude de la Biologie des Cynipides Gallicoles (Hyménoptères, Cynipoidea). Ann. Sci. nat. Zoologie 12e Série, Tome VI, S. 407–564, Paris.

Flügel, H.-J. (2016): Die Pflanzengallen (Zoocecidien) im Bereich des Lebendigen Bienenmuseums in Knüllwald (Nordhessen). Lebbimuk, Abhandl. Ber. Lebend. Bienenmuseum Knüllwald 13, S. 3–48. https:/www.researchgate.net/publication/307956078.

Grosscurt, A. (2017): Plantengallen. Gallen in Nederland. Ruim 400 Soorten. KNNV Uitgeverij.

Hellrigl, K. (2003): Faunistik der Gallmilben Südtirols (Acari: Eriophyoidea). Gredleriana Vol. 3, S. 77–142.

Hellrigl, K. (2004): Über Gallmilben, Gallmücken und gallenbildende Blattwespen: Nachträge zur Faunistik Südtirols. Forest Observer 1, S. 197–206, Bozen.

Hellrigl, K. (2006): Gallmücken und Gallmilben: Nachträge zur Faunistik Südtirols (2). Forest Observer Vol. 2/3, S. 251–280, Bozen.

Hellrigl, K. (2008): Faunistik der Gallwespen von Südtirol-Trentino (Hymenoptera: Cynipoidea). Forest Observer 4, S. 3–247, Bozen.

Hellrigl, K. (2010): Pflanzengallen und Gallenkunde. Forest Observer 5, S. 207–328, Bozen.

Hellrigl, K. (2012): Gallenkunde – Cecidologie in Südtirol: Gallwespen (Hym., Cypnipidae), 3. Teil. Forest Observer Vol. 6, S. 311–399, Bozen.

Hering, M.E. (1957): Bestimmungstabellen der Blattminen von Europa. Uitgeverij Dr. W. Junk' S-Gravenhage.

Horvath, Z. & Bujaki, G. (1990): New data on the biology of *Smicronyx jungermanniae* Reich. (Col.: Curculionidae). Novenyvedelem 26(8), S. 346–350.

Hoy, M. A. (2011): Agricultural Acarology: Introduction to Integrated Mite Management. CRC Press, Taylor & Francis Group, London, New York.

IRPCM Phytoplasma/Spiroplasma Working Team – Phytoplasma Taxonomy Group (2004): 'Candidatus Phytoplasma', a taxon for the wall-less, non helical prokaryotes that colonize plant phloem and insects. In. J. Syst. Evol. Microbiol. 54, S. 1243–55.

Jage, H., Klenke, F., Kruse, J., Kummer, V., Scholler, M., Thiel, H. & Thines M. (2017): Neufunde und bemerkenswerte Bestätigungen phytoparasitischer Kleinpilze in Deutschland – Albuginales (Weißroste) und obligat biotrophe Peronosporales (Falsche Mehltaue). Schlechtendalia 33, S. 1–134.

Jeppson, L.R., Keifer, H.H. & Baker, E.W. (1975): Mites Injuries to Economic Plants. University of California Press. Berkeley, Los Angeles, London.

Kadereit, J.W., Körner, C., Kost, B. & Sonnewald, U. (2014): Lehrbuch der Pflanzenwissenschaften. 37. Auflage. Springer Spektrum, Berlin, Heidelberg.

Kahl, G. & Schell, J.S. (2014): Molecular Biology of Plant Tumors. Academic Press.

Klenke, F. & Scholler, M. (2015): Pflanzenparasitische Kleinpilze. Springer-Verlags GmbH, Berlin, Heidelberg.

Kopelke, J.-P. (1985): Über die Biologie und Parasiten der gallenbildenden Blattwespenarten *Pontania dolichura* (Thoms. 1871), *P. vesicator* (Bremi 1849) und *P. viminalis* (L. 1758) (Hymenoptera: Tenthredinidae). Faun.-ökol. Mitt. 5. S. 331–344.

Kopelke, J.-P. (1998): Gallentypen europäischer Blattwespenarten der Gattungen *Euura*, *Phyllocolpa* und *Pontania* (Hymenoptera: Tenthredinidae). In: Taeger, A. & Blank, S.M.: Pflanzenwespen Deutschlands (Hymenoptera, Symphyta) kommentierte Bestandsaufnahme, Verlag Goecke & Evers, Keltern S. 137–140, Tafel 1–2.

Kopelke, J.-P. (1999): Gallenerzeugende Blattwespen Europas – Taxonomische Grundlagen, Biologie und Ökologie (Tenthredinidae: Nematinae: *Euura*, *Phyllocolpa*, *Pontania*). Courier Forschungsinstitut Senckenberg 212, S. 1–183, Frankfurt a. M.

Kopelke, J.-P. (2000): Gallenbildung der Blattwespen. Eine besondere Form der Brutfürsorge. Natur und Museum, 130 (4) S. 101–113.

Kruse, J. (2018): Faszinierende Pflanzenpilze. Erkennen und Bestimmen. Quelle & Meyer Verlag, Wiebelsheim.

Küster, E. (1911): Die Gallen der Pflanzen. S. Hirzel, Leipzig.

Kurtzmann, C., Fell, J.W. & Boekhout, T. (2011): The Yeasts, a Taxonomic Study. Vol. 1. Elevier, London.

Kwast, E. (1996): Zum Auftreten von *Andricus coriarius* (Hartig, 1843) in Deutschland (Hym., Cynipidae). Entomologische Nachrichten und Berichte 40, S. 104–106.

Lampel, G. & Meier, W. (2003): Fauna Helvetica 8. Hemiptera: Sternorrhyncha – Aphidina. Teil 2: Aphididae. Schweizerische Entomologische Gesellschaft CSCF & SEG, Neuchâtel.

Lampel, G. & Meier, W. (2007): Fauna Helvetica 8. Hemiptera: Sternorrhyncha – Aphidina. Teil 1: Non Aphididae. Schweizerische Entomologische Gesellschaft CSCF & SEG, Neuchâtel.

Lehmann, W. & Hannover, B. (2016): Tiere als Gallerreger in drei hessischen Naturparken – ein Beitrag zur Erfassung der hessischen Biodiversität. Lebbimuk, Abhandl. Ber. Lebend. Bienenmuseum Knüllwald 13, S. 49–88. https://www.researchgate.net/publication/307956078., Tabelle: https://www.researchgate.net/publication/305986369_Gallen-Naturparke_Lehmann.

Lindquist, E.E., Sabelis, M.W. & Bruin, J. (1996): Eriophyoid Mites. Their Biology, Natural Enemies and Control. Elsevier, Amsterdam.

Mani, M.S. (1964): Ecology oft Plant Galls. Springer-Science + Business Media Dordrecht, Den Haag.

Melika, G., Csóka, G. & Pujade-Villar, J. (2000): Check-list of oak-Gall wasps of Hungary, with some taxonomic notes (Hymenoptera: Cynipidae, Cynipinae, Cynipini). Annales historic-naturales Musei nationalis hungarici 92, S. 265–296.

Naef, A., Roy, B.A., Kaiser, R. & Honegger, R. (2002): Insect-mediated reproduction of systemic infections by *Puccinia arrhenatheri* on *Berberis vulgaris*. New Phytologist 154, S. 717–730.

Nieves-Aldrey, J.L. (2001): Hymenoptera, Cynipidae. Fauna Iberica 16. Museo Nacional de Ciencias Naturales. CSIC. Madrid.

Ossiannilsson, F. (1992): The Psylloidea (Homoptera) of Fennoscandia and Denmark (Fauna Entomologica Scandinavica Vol. 26). E.J. Brill, Leiden.

Ozaki, K. & Yukawa, T. (2006): Galling Arthropods and Their Associates: Ecology and Evolution. Springer-Verlag, Tokyo.

Pfunder, M. (1999): Genetic variation, spatial distribution, and reproductive biology of pseudoflower-forming rost (*Uromyces pisi* and relatives) on *Euphorbia cyparissias*. Diss. ETH Zürich.

Pfützenreiter, F. & Weidner, H. (1958): Die Eichengallen im Naturschutzgebiet Favoritepark und ihre Bewohner. Veröff. Landesst. Naturschutz u. Landsch.-Pflege 26, S. 88–130, Ludwigsburg.

Pschorn-Walcher, H. (1975): Massenauftreten der Blattwespe *Hoplocampoides xylostei* Giraud (Hymn: Tenthredinidae) im badischen Rheintal und ihr Vorkommen im Schweizer Jura. Mitteilungen der Schweizerischen Entomologischen Gesellschaft Band 48, S. 141–145.

Plantard, O., Rasplus, J.-Y., Mondor, G., Le Clainche, I. & Solignac, M. (1998): *Wolbachia*-induced thelytoky in the rose gallwasp *Diplolepis spinosissimae* (Giraud) (Hymenoptera: Cypnipidae), and its consequences on the genetic structure of its host. Proc. R. Soc. Lond. B, 265, S. 1075–1080.

Redfern, M. (2011): Plant Galls. Collins Publishers, London.

Redfern, M., Shirley, P. (2002): British Plant Galls. Field Studies 10, 207–531, Shrewsbury.

Riedel, M. (1910): Gallen und Gallwespen. K.G. Lutz' Verlag, Stuttgart.

Rohfritsch, O. (2008): Plants, gall midges, and fungi: a three-component system. Entomologia Experimentalis et Applicata. Vol. 128, S. 208–216.

Rokas, A., Melika, G., Abe, Y., Nieves-Aldrey, J.-L., Cook, J.M. & Stone, G.N. (2003): Lifecycle closure, lineage sorting, and hybridization revealed in a phylogenetic analysis of European oak gallwasps (Hymenoptera: Cynipidae: Cynipini) using mitochondrial sequence data. Molecular Phylogenetics and Evolution 26, S. 36–45.

Roskamp, J.C. (1977): Biosystematics of insects living in female birch catkins. I. Gall midges of the genus *Semudobia* Kieffer (Diptera, Cecidornyiidae). Tijdschrift Voor Entomologie 120, S. 153–197.

Ross, H. (1911): Die Pflanzengallen Mittel- und Nordeuropas. Gustav Fischer Verlag, Jena.

Ross, H. & Hedicke, H. (1927): Pflanzengallen Mittel- und Nordeuropas. Gustav Fischer Verlag, Jena.

Schönrogge, K., Begg, T., Williams, R., Melika, G., Randle, Z. & Stone, G.N. (2011): Range expansion and enemy recruitment by eight alien gall wasp species in Britain. Insect Conservation and Diversity. doi: 10.1111/j.1752-4598.2011.00161.x

Skuhravá, M. & Skuhravy, V. (1973): Gallmücken und ihre Gallen auf Wildpflanzen, 2. Aufl. Neue Brehm Bücherei 314. Ziemsen Verlag, Wittenberg Lutherstadt.

Skuhravá, M. & Skuhravy, V. (1992): Zwei an Ahorn lebende Gallmückenarten und weitere Gallmücken (Diptera, Cedidomyiidae) im Nationalpark Bayerischer Wald. Entomologische Nachrichten und Berichte, 36, S. 97–101.

Skuhravá M., Skuhravy, V., Skrzypczynska, M. & Szadziewski, R. (2008): Gall midges (Cecidomyiidae, Diptera) of Poland. Annals of the Upper Silesian Museum (Entomology) 16, S. 5–160.

Skuhravá, M. (2009): New Records and Name Changes in Cecidomyiidae (Diptera) of Czech Republic and Slovakia with Comments on their Occurance. Folia faunistica Slovaca, 14 (22), S. 131–137.

Skuhravá, M., Skuhravý, V. & Meyer, H. (2014): Gall midges (Diptera: Cecidomyiidae: Cecidomyiinae) of Germany – Faunistics, ecology and zoogeography. Faunistisch-Ökologische

Mitteilungen Supplement 38. Hrsg. Faunistisch-Ökologische Arbeitsgemeinschaft, Ökologie-Zentrum, Universität Kiel.

Soika, G. & Kozak, M. (2013): Eriophyes species (Acari: Eriophyoidea) inhabiting lime trees (Tilia spp.: Tiliaceae) – supplementary description and morphological variability related to host plants and female forms. Zootaxs 3646: S. 349–85.

Southworth, D. (2012): Biocomplexity of Plant-Fungal Interactions. Wiley-Blackwell, John Wiley & Sons, Inc. Chichester.

Sorg, M. (2007): Rosengallen: Eine Einführung in das Kleinökosystem von *Diplolepis rosae* (L.) (Hymenoptera: Cynipidae) verursachten Gallen. Mitteilungen aus dem Entomologischen Verein Krefeld. Heft 1, S. 1–19.

Spohn, M. & Spohn, R. (2016): Bäume und ihre Bewohner. Haupt Verlag, Bern.

Spohn, M. & Spohn, R. (2015): Blumen und ihre Bewohner. Haupt Verlag, Bern.

Steffan, A.W. (1972): Unterordnung Aphidina, Blattläuse. In: Schwenke: Die Forstschädlinge Europas, 1. Band. Parey Verlag, Hamburg und Berlin.

Stone, G.N., Schönrogge, K., Atkinson, R.J., Bellido, D. & Pujade-Villar, J. (2002): The Population Biology of Oak Gall Wasps (Hymenoptera: Cypnipidae). Annu. Rev. Entomol. 47, S. 633–68.

Sturhan, D., Hallmann, J. & Niere, B. (2008): Ein nematologisches Jubiläum: 150 Jahre *Ditylenchus dipsaci* (Kühl, 1857). Nachrichtenbl. Deut. Pflanzenschutzd. 60 (12), S. 261–266.

Todorov, I., Stojanova, A., Parvanov, D. & Buyadzhiev, P. (2012): Studies on the Gall Community of *Diplolepis rosae* (Hymenoptera: Cypnipidae) in Vitosha Mountain, Bulgaria. Acta Zoologica Bulgarica, Suppl. 4, S. 27–37.

Tokuda, M. (2012): Biology of Asphondyliini (Diptera: Cecidomyiidae). Review Article. Entomological Science 15, S. 361–383.

Ueckermann, E.A. (editor) (2010): Eriophyoid Mites: Progress and Prognoses. Springer Dordrecht, Heidelberg, London, New York.

Vacante, V. (2016): The Handbook of Mites of Economic Plants. Identification, Bio-Ecology and Control. CAB International, Oxfordshire UK.

van Emden, H.F. (2013): Handbook of Agricultural Entomology. Wiley-Blackwell, Chichester, West Sussex.

Vogel, M. (1984): Ökologische Untersuchungen in einem *Phragmites*-Bestand. Berichte der Akademie für Naturschutz und Landschaftspflege Laufen/Salzach (Berichte der ANL) Heft 8, S. 130–166.

Wachmann, E., Melber, A. & Deckert, J. (2006): Wanzen Band 1, Tierwelt Deutschlands 77. Verlag Goecke & Evers, Keltern.

White, I.M. (1988): Tephrid Flies. Diptera: Tephritidae. Handbooks for the Identification of British Insects Vol. 10, Part 5a. Royal Entomological Society of London.

Williams, R. (2010): Oak-galls in Britain. Volume 1, Sections one & two, Introduction & Keys. Vanellus Publications, Wedmore, Somerset.

Internet:

www.bladmineerders.nl

www.ukflymines.co.uk

http://offene-naturfuehrer.de/web/Häufige_Pflanzengallen_in_Deutschland_(Alexandra_Kehl)

http://www.cecidologie.de

http://www.digital-nature.de/gallen/pflanzengallen.html

http://www.arbofux.de/datenbank_diagnose_schluessel.php

http://aramel.free.fr/INSECTES39.shtml

http://ecoflora.org.uk

http://www.brc.ac.uk

http://influentialpoints.com

http://aphidsonworldsplants.info

www.britishplantgallsociety.org

https://www.for.gov.bc.ca/hra/plants/biocontrol/detailed_bioagent_pages/

http://eol.org

https://fauna-eu.org/

Bildnachweis

Die Abkürzungen bedeuten: l = links, m = mittig, o = oben, ol = oben links, or = oben rechts, r= rechts, u = unten, ul = unten links, ur = unten rechts

Julia Kruse: 20u, 394u

Margot Spohn: 27o, 27u, 37o, 75u, 85o, 87o, 87u, 103, 143u, 144o, 144u, 191u, 192o, 196u, 206u, 207o, 233u, 338u, 406u, 440u, 441o, 461u

Roland Spohn: 12u, 14o, 17, 18, 19, 20o, 21, 23, 26o, 28, 33, 48l, 48r, 50o, 53o, 53m, 53u, 54, 55, 59u, 60o, 60u, 66, 67o, 67u, 73or, 76o, 77u, 82o, 84o, 89u, 90u, 94u, 96o, 97u, 98, 99u, 101u, 109o, 110o, 114u, 115, 124o, 124u, 128u, 131o, 131u, 132u, 133o, 134ol, 136ul, 136ur, 137u, 138o, 145u, 148, 151o, 152u, 163m, 163u, 164u, 166u, 168o, 170u, 171o, 175o, 175u, 177o, 177u, 180u, 183o, 183u, 186u, 187ul, 188ul, 192u, 197o, 201, 202o, 204o, 208o, 208u, 210u, 211u, 216ur, 221u, 222o, 222u, 223, 227u, 230o, 231u, 234ol, 234or, 236, 237ol, 237or, 243o, 246o, 260o, 263o, 265o, 266u, 268u, 271o, 271u, 274o, 275o, 275u, 285u, 286o, 294u, 296o, 296u, 318u, 331o, 340u, 342ur, 346u, 348o, 348u, 352o, 352u, 358u, 359, 360u, 367o, 370or, 371o, 375o, 382o, 384ur, 385u, 386o, 390u, 391ol, 391or, 392m, 392u, 395o, 395u, 399o, 399u, 400u, 402ul, 402ur, 403o, 404o, 408u, 417o, 420u, 422o, 422u, 425o, 425u, 428o, 432o, 434o, 434u, 435o, 439u, 446u, 448o, 449o, 461m sowie alle Fotos zu den Pflanzengattungen und alle Illustrationen

Heiko Bellmann: alle anderen Fotos

Die Autoren

Dr. Heiko Bellmann (†) studierte Biologie und lehrte an der Universität Ulm. Vielen Lesern war er als Autor von Bestimmungsbüchern und Feldführern zu Insekten und Pflanzen bekannt. Viele Jahre galt seine Leidenschaft aber auch den Pflanzengallen, die eine gesonderte Stellung in der Botanik einnehmen.

Margot Spohn hat Biologie in Tübingen studiert. Ihre Schwerpunkte waren Botanik und Pharmazeutische Biologie. Zusammen mit ihrem Mann hat sie bereits mehrere botanische Bestimmungsbücher sowie Naturführer veröffentlicht. Hauptberuflich arbeitet sie in der Zulassung komplementärmedizinischer Arzneimittel.

Dr. Roland Spohn studierte Biologie in Tübingen und promovierte mit einem Thema zur Schlafforschung. Seither arbeitet er als selbstständiger Biologe im Bereich Sachillustration und Naturfotografie und führt ein umfangreiches Fotoarchiv. Außerdem kombiniert er biologische Themen zu phantasievollen Gemälden und stellt diese regelmäßig aus. Zusammen mit seiner Frau leitet er auch Exkursionen und hält Vorträge.

Register

D

K

L

M

N

Q

R